基于机器学习的固体变形与疲劳断裂分析

康国政　阚前华　张　旭　胡雅楠　编著

科学出版社

北京

内 容 简 介

本书共6章，第1章为绪论；第2章为机器学习算法及流程简介，介绍常用的机器学习算法及其使用流程；第3章为基于机器学习的多尺度塑性力学分析，介绍基于机器学习的分子动力学模拟、离散位错动力学模拟、晶体塑性有限元模拟和本构建模过程；第4章为基于机器学习的材料断裂行为研究，介绍机器学习在裂纹源、裂纹扩展行为、断裂强度和断裂韧性预测中的应用；第5章为基于机器学习的材料疲劳寿命预测，介绍基于数据驱动和机理驱动的机器学习方法，以及疲劳寿命预测研究方面的进展；第6章为基于机器学习的固体结构分析，介绍机器学习在固体结构变形、疲劳与断裂行为研究中的应用。

本书可供高等学校力学、机械、土木、航空航天等专业本科生使用，也可供研究生和工程技术人员参考。

图书在版编目（CIP）数据

基于机器学习的固体变形与疲劳断裂分析 / 康国政等编著. -- 北京：科学出版社，2024.10.（2025.2 重印） -- ISBN 978-7-03-079494-9

Ⅰ.O37；O346.1

中国国家版本馆 CIP 数据核字第 2024AH4223 号

责任编辑：华宗琪 / 责任校对：彭　映
责任印制：罗　科 / 封面设计：义和文创

科　学　出　版　社 出版
北京东黄城根北街 16 号
邮政编码：100717
http://www.sciencep.com

成都锦瑞印刷有限责任公司印刷
科学出版社发行　各地新华书店经销

*

2024 年 10 月第　一　版　　开本：787×1092　1/16
2025 年 2 月第三次印刷　　印张：13 1/4
字数：315 000

定价：110.00 元
（如有印装质量问题，我社负责调换）

前　　言

固体变形与疲劳断裂分析是固体力学领域的核心研究方向，在重大工程和装备服役行为评估中扮演着关键角色。准确地预测固体材料和结构的变形与疲劳断裂行为对于保障其服役安全性和可靠性至关重要，也为现有材料的改性和新材料的研发提供重要参考。然而，固体变形与疲劳断裂问题受到多因素耦合作用，机理错综复杂，采用传统的基于经验或物理模型的分析方法难以对其进行准确高效预测，成为固体力学领域面临的重要挑战。20 世纪以来，作为大数据与人工智能技术发展到一定阶段的必然产物，机器学习方法为有效处理高维物理数据之间的复杂非线性关系提供了契机，在深入挖掘多因素耦合且机理错综复杂的固体变形与疲劳断裂规律方面展现出突出的优势，为固体变形与疲劳断裂研究带来了新的机遇。

张统一院士将力学与机器学习相结合的交叉学科称为"力学信息学"，国内很多高校的本科生和研究生以及力学工作者已将机器学习作为有力的工具来解决力学中的难题。同时，已有高校为力学等相关专业的本科生和研究生开设了机器学习相关的核心课程。然而，尽管国内学者目前已发表了一些优秀的机器学习著作，但在固体力学领域，尤其是在基于机器学习的固体变形与疲劳断裂分析方面还缺乏系统性的总结和应用范例介绍。因此，为了更好地促进机器学习等方法在固体力学研究领域的应用，作者编著了本书。除了在固体力学领域常用的机器学习算法和通用的使用流程外，本书包含了作者课题组近年来在固体材料多尺度模拟（分子动力学模拟、离散位错动力学模拟、晶体塑性有限元模拟）和疲劳寿命预测（数据驱动和机理驱动）方面的研究成果；同时，本书对机器学习方法在材料本构模型、断裂行为，以及结构变形和疲劳断裂分析方面的应用进展进行了介绍。基于机器学习的固体变形与疲劳断裂研究正处于蓬勃发展的阶段，本书虽然致力于重点介绍该领域的主要研究思路、实施流程和应用案例，但仍有许多重要的内容尚未涉及，难免挂一漏万。因此，作者期待有兴趣的读者进一步深入研究和探索，共同推进机器学习在固体力学领域的创新发展。

本书的具体编写分工如下：康国政负责全书内容设计、修改、校对和第 1 章编写，阚前华负责编写第 5 章和第 6 章，张旭负责编写第 3 章，胡雅楠负责编写第 2 章和第 4 章。作者在本书的编写过程中参考了相关研究的论著，并在正文中进行了必要的引用标注（见参考文献部分），在此对这些论著的作者表示衷心的感谢。另外，本书的出版得到了国家自然科学基金重大项目课题四（12192214）和西南交通大学校级教材（本科）建设研究项目（2022）资助，作者对此深表感谢！

康国政，阚前华，张旭，胡雅楠

2024 年 3 月于四川成都

目 录

第1章 绪 论

1.1 引 言

固体材料与结构的变形和疲劳断裂研究在众多领域中发挥着关键作用。例如，在航空航天、交通运输、生物医学、国防军工和能源环保等领域中，固体力学展现出了极强的应用性，直接促进了相关行业的发展。准确预测固体材料和结构的变形和疲劳断裂性能对于保障工程结构服役安全性与可靠性至关重要，也为新材料的研发和现有材料的改性提供了重要参考。

数据在固体力学发展中始终扮演着最基础且至关重要的角色。但数据本身不是知识，数据只有被分析、理解、归纳和总结后，才能上升为知识。因此，固体力学工作者们十分重视数据分析，从海量实验和模拟数据中，归纳总结出各种运动规律。固体变形和疲劳断裂研究经历了四个发展阶段[1]：第一阶段为经验范式，该阶段以实验观察为依据开展变形和疲劳断裂研究；第二阶段为理论范式，基于演绎法的理论来描述变形和疲劳断裂过程；第三阶段为计算范式，计算机能力的提升与理论模型的完善，使得复杂的变形行为和疲劳断裂现象的模拟成为可能；第四阶段为数据密集型科学范式。值得注意的是，归纳法侧重于对具体实验现象的分析，理论的通用性不足。演绎法以物理机制和规律为基础，强调因果逻辑。然而，固体变形和疲劳断裂机制的复杂性，使得演绎法在建立模型时需要进行假设和理想化，这会导致理论模型与实验现象之间存在差异。此外，固体变形和疲劳断裂机制与多因素的耦合，如尺寸相关性、材料种类、制造工艺、服役条件等，通常导致物理模型难以捕捉实际情况中存在的随机性、变异性、非线性等因素的影响，从而显著影响固体变形和疲劳断裂的准确描述。

20世纪以来，大数据和人工智能技术的快速发展为固体变形和疲劳断裂研究带来了新的机遇和挑战，推动了这一领域向第四发展阶段的转变，即以机器学习（machine learning，ML）为代表的数据密集型科学范式。机器学习为有效处理高维物理数据之间的复杂非线性关系提供了契机，在深入挖掘多因素耦合且机理错综复杂的固体变形和疲劳断裂规律方面优势突出，具有较高的预测精度和效率。目前，机器学习已在固体材料多尺度塑性力学、断裂行为分析、疲劳寿命预测以及固体结构的变形和疲劳断裂研究中得到广泛应用，很有必要对研究现状和主要分析思路、流程及结果进行较为细致的介绍，让更多的研究者能够更快地进入该领域，促进固体变形与疲劳断裂分析的发展。基于此目的，作者结合已有的研究成果，特别是作者所在课题组取得的相关研究成果，编写了本书。本章将对机器学习方法和相关的研究进展做一个概述，然后分章节具体介绍基于机器学习的固体变形和疲劳断裂分析的研究思路、实施流程及研究结果。

1.2 机器学习简介

机器学习是关于计算机基于数据构建概率统计模型，并运用模型对数据进行预测与分析的一门学科，广泛用于解决分类、回归、聚类等问题。特点是：①机器学习是一个交叉学科，融合了概率论、统计学、信息论、计算理论、最优化理论、计算机科学的概念与方法，并在发展中逐步形成自己的理论体系与方法论；②机器学习以数据为研究对象，是数据驱动的科学；③机器学习的目的是对数据进行预测与分析，特别是对未知新数据的预测与分析；④机器学习以方法为中心，基于机器学习方法构建模型，并应用模型进行预测与分析[2]。机器学习是大数据与人工智能发展到一定阶段的必然产物。以下简要介绍机器学习的发展历程，详细内容可参见专著《机器学习》[3]。

20 世纪 50～70 年代，人工智能研究处于"推理期"，那时只要赋予机器逻辑推理能力，机器就具有智能。然而，随着研究的不断发展，人们逐渐认识到，仅具有逻辑推理能力远远实现不了人工智能；要使机器具有智能，必须设法使机器拥有知识。从 20 世纪70 年代中期开始，人工智能研究进入"知识期"。但是，该时期的挑战是专家系统面临"知识工程瓶颈"，即由人类把知识总结出来再教给计算机是相当困难的。如果机器能够自主学习，将有效解决上述问题。到了 20 世纪 80 年代，人工智能研究正式进入"学习期"，机器学习被视为解决知识工程瓶颈问题的关键，从而走上人工智能研究的主舞台。

20 世纪 80 年代以来，研究最多、应用最广的机器学习方法是"从样例中学习"，也称为广义的归纳学习，即从训练样例中归纳出学习结果。在 20 世纪 80 年代，"从样例中学习"的一大主流技术是符号主义学习，代表性技术是决策树（decision tree，DT）。当时，符号主义学习占据主流地位，与人工智能的发展历程密不可分。在人工智能"推理期"，人们采用符号知识表示和演绎推理技术，取得了很大成就；在"知识期"，人们采用符号知识表示，通过获取和利用领域知识建立了专家系统，并取得了大量成果。因此，在"学习期"开始，符号知识表示仍受到青睐。在 20 世纪 90 年代中期以前，"从样例中学习"的另一主流技术是基于神经网络的连接主义，代表性技术是反向传播算法（back propagation，BP）。与符号主义学习不同的是，连接主义学习不具有明确的概念表示，呈现的是"黑箱"模型。此外，连接主义学习过程涉及大量参数，而参数的设置缺乏理论指导，主要靠手工"调参"，但参数调节上失之毫厘，学习结果可能谬之千里。到 20 世纪 90 年代中期，"统计学习"闪亮登场并迅速占据主流人工智能舞台，代表性技术是支持向量机（support vector machine，SVM）。

到了 21 世纪初期，连接主义学习又卷土重来，掀起了以"深度学习（deep learning，DL）"为名的热潮。所谓深度学习，狭义地说就是"很多层"的神经网络。深度学习模型复杂度非常高，只要将参数调节好，就可以获得满意的性能。可见，深度学习显著降低了机器学习应用者的门槛，为机器学习走向工程实践带来了便利。深度学习之所以再次返回人工智能的主舞台主要源于大数据时代的到来和计算机能力的提升。深度学习模型中的参数众多，若数据样本少，则很容易导致过拟合；面对如此复杂的模型和如此大的数据样本，若缺乏强力计算设备，则根本无法求解。目前，人类进入了大数据时代，数据储备量与计算机设备都有了长足发展，使连接主义学习能够焕发又一春[4-6]。

最初的机器学习是基于数据驱动的，即在物理机制未知的前提下从大量数据中挖掘隐含规律。然而，这类以数据驱动的机器学习方法由于缺乏相关的物理约束，导致模型的可解释性差，即通常所说的"黑箱"模型。为了提高机器学习模型的可解释性、透明度和分析能力，一种融入物理机理或先验知识的、机理驱动的机器学习方法（physics-informed machine learning，PIML）近年来引起了学术界和工程界的广泛关注。PIML 具有以下突出优势：首先，PIML 突破了传统机器学习模型因数据信息不够丰富受到的限制，并为确定模型的最优解指明了方向，提升了数据的利用率与计算效率；其次，传统的机器学习模型通常需要大量的数据样本，而 PIML 即使在数据样本很小的情况下，依然保持着出色的泛化能力；最后，物理信息的引入丰富了机器学习的理论内涵，明确了模型的内部预测机制，这在一定程度上提高了机器学习模型的可解释性。

PIML 本质是将物理场集成到数据驱动模型中。常见的有三种集成方法，即物理信息模型输入、物理信息模型构建和物理信息模型输出，如图 1-1 所示[7]。

（1）物理信息模型输入：对数据集进行预处理，提取隐含的物理信息。根据特定的物理标准，将与输出目标弱相关的原始特征转化为强相关特征。为了进一步提高数据的可解释性，将物理模型与具有物理相关性和物理一致性的实验数据和仿真结果相结合，以增强机器学习模型的训练样本。

（2）物理信息模型构建：利用可解释的物理信息限制机器学习模型内部单元的演变，使其符合物理规律，从而指导建模。常见的是在损失函数和激活函数中引入物理约束。例如，采用损失函数惩罚模型中输入与过程变量的偏差，确保两者物理一致性；修改激活函数，使变量达到阈值后激活神经元。

（3）物理信息模型输出：常见的是构造含有物理信息的损失函数，使得输出变量限制在与输入变量具有物理一致性的空间内。此外，还可将已知的输入和输出变量之间的关系嵌入损失函数中，约束模型的预测结果。

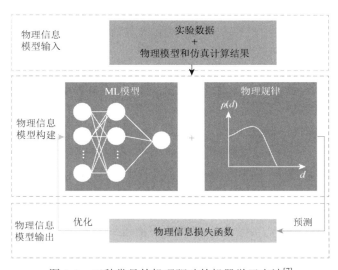

图 1-1　三种常见的机理驱动的机器学习方法[7]

扫一扫　见彩图

需要指出的是，本节仅对机器学习的发展历程进行了简要介绍，一些常用的机器学习方法将在第 2 章中专门介绍。

1.3　机器学习在固体力学研究中的应用

机器学习已在固体力学领域得到了较为广泛的应用。通过机器学习方法深入挖掘数据中隐含的关联关系，并给出数据所遵循的公式形式，将数据上升为知识，用以解释科学现象、解决工程问题。张统一院士[8]将机器学习与力学相结合的交叉学科称为"力学信息学"。基于力学信息学，固体力学学科迎来了新的机遇，并已取得了一定的成果。本节将重点对机器学习在固体变形与疲劳断裂中的应用进行概述，典型案例的具体细节将在本书的后续章节详细介绍。

1.3.1　多尺度模拟

金属的塑性变形是一个复杂而多层次的过程，涵盖了从纳米尺度到宏观尺度多个时空范围。该过程经历了一系列阶段，从纳米尺度的原子层剪切，到微米尺度的大规模位错运动和相互作用，再到细观尺度的局部滑移带形核，最终形成宏观尺度的滑移带。不同尺度下的塑性变形对金属整体变形行为均有显著影响。传统的材料力学理论和测试方法难以全面捕捉跨尺度的塑性变形过程，因此需要新的方法来深入研究这一现象。近年来，多尺度模拟方法得到广泛发展，提供了一种理解金属材料塑性变形机理的新途径。这些方法包括：纳米尺度的原子模拟，用于模拟原子层级的变形行为；微米尺度的位错动力学，用于研究大规模位错的运动和相互作用；细观尺度的晶体塑性模拟，用于分析局部滑移带的形成和演化。通过这些多尺度模拟方法，人们能够更加深入地理解金属材料中不同尺度下的损伤演化过程，进而揭示材料的塑性变形机制。

尽管多尺度模拟在理解材料跨尺度变形行为方面取得了一定进展，但仍存在挑战。例如，多尺度模拟虽然有助于理解缺陷演化行为，但难以揭示影响这些行为的重要因素，进而难以建立关联材料成分与宏观性能的跨尺度映射。这主要是因为材料变形过程跨越多个时空尺度，复杂演化过程难以捕捉和分析。对此，机器学习为有效解决材料性能跨时空映射问题提供了一种可行的技术途径，有助于加速材料研究和应用的进程，推动固体变形研究领域的发展。

目前，机器学习在材料的拉伸变形行为[9]、包辛格效应[10]、本构模型（屈服函数[11]、J_2 塑性本构模型[12]、应变率-温度耦合本构模型[13]）等方面均有应用。此外，在多尺度模拟中，已有研究借助机器学习方法，促进了分子动力学模拟从短时间尺度向长时间尺度、从分散向集中的演变[14]；在机器学习的损失函数与优化器中加入分子动力学方程，发展了深度势分子动力学（DeePMD）模拟方法[15]；结合机器学习和分子动力学模拟，高效、高精度地预测了原子空位[16]；开展了结合机器学习与离散位错动力学的位错行为研究[17-20]；在晶体塑性方面的研究涉及结合机器学习和晶体塑性有限元预测孪晶形核[21]、蠕变寿命[22]、晶界损伤[23]、变形行为[24]等。

本书第 3 章将介绍机器学习在多尺度模拟中的典型应用，涉及在原子模拟、离散位错动力学、晶体塑性有限元和本构模型中的应用。

1.3.2　断裂行为分析

断裂问题无处不在，涵盖了广泛的应用领域，包括航空航天、交通运输、石油化工、生物医学、能源、建筑、地质等行业。历史上难以计数的断裂事故造成了不可挽回的生命和经济损失及重大的社会影响。因此，断裂机理、断裂性能、预防措施的研究受到高度重视。幸运的是，断裂力学的出现和断裂力学理论的不断发展为断裂问题的研究提供了坚实的理论基础和可靠的研究方法，为工程结构服役可靠性与安全性保驾护航。此外，连续损伤力学模型和考虑破坏机理的细观损伤力学模型也为材料的断裂行为分析提供了强有力的工具。

尽管断裂力学和损伤力学在材料的断裂行为理解和断裂性能预测中取得了突出进展，但仍存在着一定的局限性。作为一种新的科学研究范式，机器学习方法在某些方面可以弥补传统研究方法的局限性，并提供额外的分析优势。例如，断裂问题涉及材料的微结构特征、载荷工况、环境条件等多个复杂因素的相互作用，这使得传统的分析方法难以完全捕捉所有因素的影响。但是，机器学习能够通过学习大量数据中蕴含的模式和规律来处理这种复杂性，发现隐藏在数据中的关联关系。此外，传统的断裂力学方法通常是基于已知的物理模型和理论假设，在建立模型时需要确定好模型的参数和假设条件。相比之下，机器学习具有实时更新和自适应性的特点，能够根据新的数据不断更新模型，从而更好地适用于不断变化的条件和环境。断裂问题往往涉及从微观到宏观多个尺度，传统的断裂力学方法难以同时考虑这些尺度之间的相互作用和影响。然而，机器学习能够基于多尺度数据进行建模，有效处理多尺度信息，从而提高建模的准确性和可靠性。

目前，机器学习已在材料的断裂行为研究中得到广泛应用，主要涉及损伤形核位点的预测（极限梯度提升[23]）、疲劳裂纹源识别（极限梯度提升[25]、核支持向量机[26]）、短裂纹扩展速率（贝叶斯网络[27-28]）和长裂纹扩展速率（神经网络[29-31]、高斯过程回归[32]）预测、裂纹扩展路径预测（神经网络[33-34]、卷积神经网络[35]、融合物理信息的神经网络[36]、贝叶斯网络[27]）、断裂韧性（K 均值聚类[37]、神经网络[38-39]、随机森林[38]、梯度提升[38]、回归树[40]）和断裂应变（回归树[41]、集成模型[42-43]、神经网络[44]）预测等方面。

本书第 4 章将介绍机器学习在材料断裂分析中的典型应用，涉及裂纹源识别、裂纹扩展速率与路径预测、断裂强度与断裂韧性预测等。

1.3.3　疲劳寿命预测

近年来，随着计算能力的提高和数据科学的发展，机器学习为疲劳寿命预测模型的建立提供了新的思路。最新的疲劳寿命预测综述性论文[45-46]的展望中指出：机器学习可能成为发展复杂多轴疲劳寿命预测模型的最可行方案。本节简要介绍基于机器学习的疲劳寿命预测方法的研究现状。

1. 纯数据驱动的机器学习方法

目前，基于机器学习的疲劳寿命预测方法研究主要是基于全连接神经网络（fully connected neural network，FCNN）来开展的。以疲劳寿命作为输出，在输入中同时考虑加载工况（如应变幅值、应力比、平均应力等）和一些在传统模型中难以准确表征的复杂影响因素（如环氧复合材料的纤维取向角[47]；低碳钢喷丸强化时的喷丸强度和范围[48]；沥青混合料的沥青含量和孔隙率[49]；火箭燃烧室的结构尺寸和环境温度[50]；增材制造合金的工艺参数，包括激光功率、扫描速度、扫描间距、铺粉层厚度[51]；316 不锈钢的蠕变-疲劳交互作用[52]）。除上述建模方式以外，基于经典的疲劳寿命预测模型[如 Manson-Coffin（曼森-科芬）方程]，通过全连接神经网络建立了模型参数与材料的静力学性能（如弹性模量、断面收缩率、硬度、屈服应力等）[53]和化学成分[54]之间的映射关系，进而实现不同材料的疲劳寿命预测。也有学者[55-57]基于已有的概率模型，通过在神经网络的输入中考虑与疲劳失效相关的概率值来实现材料在不同工况下的概率疲劳寿命预测。除神经网络以外，也基于其他机器学习方法，如随机森林[58-60]（random forest，RF）和支持向量机[61-63]（support vector machine，SVM）开展了类似的研究。

由上可见，以数据驱动的机器学习方法不依赖于先验的简化假设，可灵活运用到不同场景的寿命预测中。同时，得益于机器学习方法的强大非线性表示能力，已有研究均得到了比传统模型更高的预测精度。然而，已有的工作仍集中于材料的单轴疲劳寿命预测，鲜有考虑更符合实际的多轴加载情形。基于全连接神经网络的机器学习寿命预测方法依赖于对影响因素（如上文提到的材料类别、制备工艺、强化处理等）的特征提取，当拓展到多轴加载情形时[64-65]，需要在输入中使用传统模型中发展的非比例度[64]或路径系数[65]来表征多轴加载条件的路径特征。然而，这些参数仍依赖于对材料属性/加载条件的简化假设，由此发展的机器学习模型也不具有足够宽广的适用性，仅适用于特定材料/加载条件，并未从实质上突破传统多轴疲劳寿命预测模型的局限性。

2. 机理驱动的机器学习方法

需要注意的是，上一小节总结的基于机器学习的寿命预测研究基本都是在纯数据驱动的机器学习范式下开展的。在实际工程应用中，纯数据驱动的机器学习模型需要大规模的训练数据集以涵盖所关注影响因素的整个范围，从而保障训练后的模型具有鲁棒性和可靠性。然而，受限于疲劳实验昂贵的时间和经济成本，实际的疲劳寿命数据往往难以满足此类机器学习的"大数据"样本需求。

针对这类数据量有限的机器学习训练问题，目前提出了一种新的、机理驱动的机器学习范式，即通过在机器学习模型中嵌入已知的物理机理来引导模型的训练过程，从而在数据集有限的情况下得到满足需求的训练效果。近年来，该学习范式已在其他领域[66-67]（如量子力学[68]、生物物理[69]、量子化学[70]、地球物理[71]等）取得了一定进展，但在疲劳分析方面的研究还相当有限。例如，Vassilopoulos[72]基于模糊逻辑方法，将先验的寿命变化规律融入神经网络训练中，结果表明，该方法可使模型对数据的需求量减少 40%～50%；Chen 和 Liu[73-75]基于实验得到的概率疲劳寿命特征来限制神经网络模型参数更新空间，使预测得到的概率疲劳 $S-N$ 曲线满足客观物理规律；此外，Dourado 等[76]也提出了一种混合形式的腐蚀-疲劳裂纹扩展预测方法，采用经典的 Walker 模型[77]描述疲劳载荷的作用，同时以循环神经网络表征腐蚀作用。

可见，一方面，应进一步结合机器学习强大的非线性表示能力来解决疲劳寿命预测中长期存在的挑战性问题（如突破传统多轴疲劳寿命预测模型仅适用于特定材料/加载条件的局限性和考虑多轴随机、变幅加载历史的寿命预测等）；另一方面，也应探索相应的机理驱动策略，以应对相对有限的疲劳数据。

本书第 5 章将介绍机器学习在材料疲劳寿命预测中的应用，涉及基于长短期记忆网络的疲劳寿命预测、基于自注意力机制的复杂加载条件下的疲劳寿命预测、基于机理驱动机器学习的有限样本下的疲劳寿命预测和基于领域知识引导符号回归的增材制造金属疲劳寿命预测等。

1.3.4 结构分析

结构变形与疲劳断裂是固体力学的核心研究领域。结构的变形与疲劳断裂可能导致构件或设备的失效，从而造成严重的安全事故和经济损失。因此，准确预测固体结构的变形与疲劳断裂行为是保障工程服役可靠性与安全性的重要前提。此外，通过研究结构的变形与疲劳断裂行为，可以更好地理解其在不同工况下的性能表现，为优化设计和材料选型提供参考，有助于更耐久、更安全、更经济的结构设计。然而，由于固体结构的变形与疲劳断裂受到多因素耦合作用，且机理错综复杂，采用传统的基于经验或者物理模型的分析方法难以对其进行准确高效预测，成为固体力学研究面临的重要挑战。

结构的变形通常源于制造、装配、服役等多个环节。传统的力学分析方法在以下情形的结构变形预测中面临挑战：具有复杂几何特征的结构；结构的变形涉及非线性行为；处理复杂边界条件或者非标准边界条件；结构的变形受到多个物理场的耦合影响等。结构变形的实验数据通常十分有限，此外，传统的数值分析方法在进行复杂结构的变形分析时存在计算效率低、耗时长等问题，尤其是在处理复杂大型结构或进行大量参数敏感性分析时。针对以上诸多挑战，近年来，机器学习方法由于在逼近复杂非线性关系方面表现突出，为固体结构变形预测提供了新的契机和思路，广泛应用于制造、装配、服役导致的结构变形预测中，以提高预测的准确性、效率和适用性。

机器学习在结构疲劳断裂分析中也具有广泛应用。结构的疲劳断裂分析通常涉及众多因素，包括材料性能、结构的几何构型、载荷历史等，这些因素的复杂性使得传统的基于经验或者物理模型的分析方法难以全面考虑，而机器学习能够通过学习大量数据中的模式和规律来应对这种复杂性。此外，传统的力学分析方法还会存在预测精度不高的问题，而机器学习方法能够通过不断训练和优化模型来提高预测精度，通过适当选择和设计特征、模型结构、算法优化，机器学习可以在疲劳断裂行为预测中取得更好的效果。工程结构的疲劳断裂性能受到多种因素的影响，例如材料老化、载荷变化等。机器学习方法能够根据实时采集的数据进行训练和优化，从而实现对疲劳断裂性能的实时监测和预测，这种实时性和自适应性有助于及时发现疲劳断裂问题，并采取相应的措施。可见，在结构疲劳断裂分析中，机器学习在处理复杂性、多因素、提高预测精度、实现实时性和自适应性等方面均展现出了优势，为结构疲劳断裂行为研究和性能预测提供了有效的分析手段[78]。

目前，机器学习已应用在固体结构的变形、疲劳与断裂性能等预测中。例如，基于神经网络[79-81]、卷积神经网络[82-83]、生成对抗网络[83-84]、变分自编码器-长短期记忆模型[85]的结构变形预测，基于堆叠自编码器[86]、随机森林[87-88]、高斯回归[89]、回归树[88]、梯度提升[88]、k 近邻[88]的结构疲劳寿命预测和基于神经网络[90]、卷积神经网络[91]的结构断裂行为和性能预测等。

本书第 6 章将介绍机器学习在固体结构变形与疲劳断裂分析中的应用，涉及复合材料工艺诱导变形、加筋板三维变形和梁屈曲预测、增材制造缺口试样、薄膜弯曲和高强度螺栓疲劳寿命预测、混凝土裂纹扩展预测和钢结构断裂自动化评估等。

1.4 章 节 安 排

本书共 6 章。第 1 章为绪论，简要介绍了机器学习的发展历程及其在固体变形和疲劳断裂分析中的典型应用现状；第 2 章为机器学习算法及流程简介，介绍目前常用的几种机器学习算法及其使用流程；第 3 章为基于机器学习的多尺度塑性力学分析，依次介绍机器学习在原子模拟、离散位错动力学、晶体塑性有限元及本构模型中的应用；第 4 章为基于机器学习的材料断裂行为研究，涉及裂纹源识别、裂纹扩展速率和路径预测、断裂强度和断裂韧性预测；第 5 章为基于机器学习的材料疲劳寿命预测，依次介绍基于长短期记忆网络的疲劳寿命预测、基于自注意力机制的复杂加载条件下的疲劳寿命预测、基于机理驱动机器学习的有限样本下的疲劳寿命预测、基于领域知识引导符号回归的增材制造金属疲劳寿命预测；第 6 章为基于机器学习的固体结构分析，涵盖机器学习在工程结构变形、疲劳和断裂中的应用。

参 考 文 献

[1] 胡雅楠，余欢，吴圣川，等. 基于机器学习的增材制造合金材料力学性能预测研究进展与挑战[J]. 力学学报，2024，56（7）：1892-1915.

[2] 李航. 机器学习方法[M]. 北京：清华大学出版社，2022.

[3] 周志华. 机器学习[M]. 北京：清华大学出版社，2016.

[4] 孙志军，薛磊，许阳明，等. 深度学习研究综述[J]. 计算机应用研究，2012，29（8）：2806-2810.

[5] 胡越，罗东阳，花奎，等. 关于深度学习的综述与讨论[J]. 智能系统学报，2019，14（1）：1-19.

[6] 焦李成，杨淑媛，刘芳，等. 神经网络七十年：回顾与展望[J]. 计算机学报，2016，39（8）：1697-1716.

[7] Wang H J，Li B，Gong J G，et al. Machine learning-based fatigue life prediction of metal materials：Perspectives of physics-informed and data-driven hybrid methods[J]. Engineering Fracture Mechanics，2023，284：109242.

[8] 张统一. 材料信息学导论（上）：机器学习基础[M]. 北京：科学出版社，2022.

[9] Jenab A，Sari Sarraf I，Green D E，et al. The use of genetic algorithm and neural network to predict rate-dependent tensile flow behaviour of AA5182-O sheets[J]. Materials & Design，2016，94：262-273.

[10] Gorji M B，Mozaffar M，Heidenreich J N，et al. On the potential of recurrent neural networks for modeling path dependent plasticity[J]. Journal of the Mechanics and Physics of Solids，2020，143：103972.

[11] Yang H，Qiu H，Xiang Q，et al. Exploring elastoplastic constitutive law of microstructured materials through artificial neural network：A mechanistic-based data-driven approach[J]. Journal of Applied Mechanics，2020，87（9）：091005.

[12] Jang D P，Fazily P，Yoon J W. Machine learning-based constitutive model for J_2-plasticity[J]. International Journal of Plasticity，2021，138：102919.

[13] Wen J C，Zou Q R，Wei Y J. Physics-driven machine learning model on temperature and time-dependent deformation in Lithium metal and its finite element implementation[J]. Journal of the Mechanics and Physics of Solids，2021，153：104481.

[14] Mardt A，Pasquali L，Wu H，et al. VAMPnets for deep learning of molecular kinetics[J]. Nature Communications，2018，9（1）：5.

[15] Wang H，Zhang L F，Han J Q，et al. DeePMD-kit：A deep learning package for many-body potential energy representation and molecular dynamics[J]. Computer Physics Communications，2018，228：178-184.

[16] Zheng B W，Gu G X. Machine learning-based detection of graphene defects with atomic precision[J]. Nano-Micro Letters，2020，12（1）：181.

[17] Yassar R S，AbuOmar O，Hansen E，et al. On dislocation-based artificial neural network modeling of flow stress[J]. Materials & Design，2010，31（8）：3683-3689.

[18] Tao J，Wei D A，Yu J S，et al. Micropillar compression using discrete dislocation dynamics and machine learning[J]. Theoretical and Applied Mechanics Letters，2024，14（1）：100484.

[19] Steinberger D，Song H X，Sandfeld S. Machine learning-based classification of dislocation microstructures[J]. Frontiers in Materials，2019，6：141.

[20] Salmenjoki H，Alava M J，Laurson L. Machine learning plastic deformation of crystals[J]. Nature Communications，2018，9（1）：5307.

[21] Gui Y W，Li Q A，Zhu K G，et al. A combined machine learning and EBSD approach for the prediction of {10-12} twin nucleation in an Mg-RE alloy[J]. Materials Today Communications，2021，27：102282.

[22] Huang Y Y，Liu J D，Zhu C W，et al. An explainable machine learning model for superalloys creep life prediction coupling with physical metallurgy models and CALPHAD[J]. Computational Materials Science，2023，227：112283.

[23] Zhang S，Wang L Y，Zhu G M，et al. Predicting grain boundary damage by machine learning[J]. International Journal of Plasticity，2022，150：103186.

[24] Dai W，Wang H M，Guan Q，et al. Studying the micromechanical behaviors of a polycrystalline metal by artificial neural networks[J]. Acta Materialia，2021，214：117006.

[25] Balamurugan R，Chen J，Meng C Y，et al. Data-driven approaches for fatigue prediction of Ti–6Al–4V parts fabricated by laser powder bed fusion[J]. International Journal of Fatigue，2024，182：108167.

[26] Li A Y，Baig S，Liu J，et al. Defect criticality analysis on fatigue life of L-PBF 17-4 PH stainless steel via machine learning[J]. International Journal of Fatigue，2022，163：107018.

[27] Rovinelli A，Sangid M D，Proudhon H，et al. Using machine learning and a data-driven approach to identify the small fatigue crack driving force in polycrystalline materials[J]. NPJ Computational Materials，2018，4：35.

[28] Rovinelli A，Sangid M D，Proudhon H，et al. Predicting the 3D fatigue crack growth rate of small cracks using multimodal data via Bayesian networks：In-situ experiments and crystal plasticity simulations[J]. Journal of the Mechanics and Physics of Solids，2018，115：208-229.

[29] Fathi A，Aghakouchak A A. Prediction of fatigue crack growth rate in welded tubular joints using neural network[J]. International Journal of Fatigue，2007，29（2）：261-275.

[30] Mortazavi S N S，Ince A. An artificial neural network modeling approach for short and long fatigue crack propagation[J]. Computational Materials Science，2020，185：109962.

[31] Younis H B，Kamal K，Sheikh M F，et al. Prediction of fatigue crack growth rate in aircraft aluminum alloys using optimized neural networks[J]. Theoretical and Applied Fracture Mechanics，2022，117：103196.

[32] Hu D Y，Su X，Liu X，et al. Bayesian-based probabilistic fatigue crack growth evaluation combined with

machine-learning-assisted GPR[J]. Engineering Fracture Mechanics，2020，229：106933.

[33] Gope D，Gope P C，Thakur A，et al. Application of artificial neural network for predicting crack growth direction in multiple cracks geometry[J]. Applied Soft Computing，2015，30：514-528.

[34] Wang B W，Xie L Y，Song J X，et al. Curved fatigue crack growth prediction under variable amplitude loading by artificial neural network[J]. International Journal of Fatigue，2021，142：105886.

[35] Kamiyama M，Shimizu K，Akiniwa Y. Prediction of low-cycle fatigue crack development of sputtered Cu thin film using deep convolutional neural network[J]. International Journal of Fatigue，2022，162：106998.

[36] Goswami S，Anitescu C，Chakraborty S，et al. Transfer learning enhanced physics informed neural network for phase-field modeling of fracture[J]. Theoretical and Applied Fracture Mechanics，2020，106：102447.

[37] Alipour M，Esatyana E，Sakhaee-Pour A，et al. Characterizing fracture toughness using machine learning[J]. Journal of Petroleum Science and Engineering，2021，200：108202.

[38] Lawal A I，Kwon S. Reliability assessment of empirical equations，ANN and MARS models for predicting the mode I fracture toughness from non-destructive rock properties[J]. Rock Mechanics and Rock Engineering，2023，56（8）：6157-6166.

[39] Karamov R，Akhatov I，Sergeichev I V. Prediction of fracture toughness of pultruded composites based on supervised machine learning[J]. Polymers，2022，14（17）：3619.

[40] Liu X，Athanasiou C E，Padture N P，et al. A machine learning approach to fracture mechanics problems[J]. Acta Materialia，2020，190：105-112.

[41] Li G C，Sun Y T，Qi C C. Machine learning-based constitutive models for cement-grouted coal specimens under shearing[J]. International Journal of Mining Science and Technology，2021，31（5）：813-823.

[42] Eghtesad A，Luo Q X，Shang S L，et al. Machine learning-enabled identification of micromechanical stress and strain hotspots predicted via dislocation density-based crystal plasticity simulations[J]. International Journal of Plasticity，2023，166：103646.

[43] Milad A，Hussein S H，Khekan A R，et al. Development of ensemble machine learning approaches for designing fiber-reinforced polymer composite strain prediction model[J]. Engineering with Computers，2022，38（4）：3625-3637.

[44] Muhammad W，Brahme A P，Ibragimova O，et al. A machine learning framework to predict local strain distribution and the evolution of plastic anisotropy & fracture in additively manufactured alloys[J]. International Journal of Plasticity，2021，136：102867.

[45] Kamal M，Rahman M M. Advances in fatigue life modeling: A review[J]. Renewable and Sustainable Energy Reviews，2018，82：940-949.

[46] 孙国芹，尚德广，王杨. 金属多轴疲劳行为与寿命预测研究进展[J]. 机械工程学报，2021，57（16）：153-172.

[47] Al-Assaf Y，El Kadi H. Fatigue life prediction of unidirectional glass fiber/epoxy composite laminae using neural networks[J]. Composite Structures，2001，53（1）：65-71.

[48] Maleki E，Unal O，Kashyzadeh K R. Fatigue behavior prediction and analysis of shot peened mild carbon steels[J]. International Journal of Fatigue，2018，116：48-67.

[49] 谢春磊，张勇，耿红斌，等. 基于 BP 神经网络的沥青混合料疲劳性能预测模型[J]. 重庆交通大学学报（自然科学版），2018，37（2）：35-40.

[50] Dresia K，Waxenegger-Wilfing G，Riccius J，et al. Numerically efficient fatigue life prediction of rocket combustion chambers using artificial neural networks[C]. Proceedings of the 8th European Conference for Aeronautics and Space Sciences，Madrid，Spain，2019.

[51] Zhan Z X，Li H. A novel approach based on the elastoplastic fatigue damage and machine learning models for life prediction of aerospace alloy parts fabricated by additive manufacturing[J]. International Journal of Fatigue，2021，145：106089.

[52] Zhang X C，Gong J G，Xuan F Z. A deep learning based life prediction method for components under creep，fatigue and creep-fatigue conditions[J]. International Journal of Fatigue，2021，148：106236.

[53] Genel K. Application of artificial neural network for predicting strain-life fatigue properties of steels on the basis of tensile tests[J]. International Journal of Fatigue，2004，26（10）：1027-1035.

[54] Shiraiwa T，Briffod F，Miyazawa Y，et al. Fatigue performance prediction of structural materials by multi-scale modeling and machine learning[C]//Proceedings of the 4th World Congress on Integrated Computational Materials Engineering（ICME 2017）. Cham：Springer，2017：317-326.

[55] Lee J A，Almond D P，Harris B. The use of neural networks for the prediction of fatigue lives of composite materials[J]. Composites Part A：Applied Science and Manufacturing，1999，30（10）：1159-1169.

[56] Belísio A S，da Cunha Diniz B，Freire R C S Jr. Development of probabilistic constant life diagrams using modular networks[J]. Journal of Composite Materials，2016，50（12）：1661-1669.

[57] da Cunha D B，Junlor S F，Carlos R. Study of the fatigue behavior of composites using modular ANN with the incorporation of a posteriori failure probability[J]. International Journal of Fatigue，2020，131：105357.

[58] Liu Q B，Shi W K，Chen Z Y. Rubber fatigue life prediction using a random forest method and nonlinear cumulative fatigue damage model[J]. Journal of Applied Polymer Science，2020，137（14）：e48519.

[59] Zhan Z X，Hu W P，Meng Q C. Data-driven fatigue life prediction in additive manufactured Titanium alloy：A damage mechanics based machine learning framework[J]. Engineering Fracture Mechanics，2021，252：107850.

[60] He L，Wang Z L，Ogawa Y，et al. Machine-learning-based investigation into the effect of defect/inclusion on fatigue behavior in steels[J]. International Journal of Fatigue，2022，155：106597.

[61] Moghaddam T B，Soltani M，Shahraki H S，et al. The use of SVM-FFA in estimating fatigue life of polyethylene terephthalate modified asphalt mixtures[J]. Measurement，2016，90：526-533.

[62] Liu Q B，Shi W K，Chen Z Y. Fatigue life prediction for vibration isolation rubber based on parameter-optimized support vector machine model[J]. Fatigue & Fracture of Engineering Materials & Structures，2019，42（3）：710-718.

[63] Bao H，Wu S C，Wu Z K，et al. A machine-learning fatigue life prediction approach of additively manufactured metals[J]. Engineering Fracture Mechanics，2021，242：107508.

[64] Zhou K，Sun X Y，Shi S W，et al. Machine learning-based genetic feature identification and fatigue life prediction[J]. Fatigue & Fracture of Engineering Materials & Structures，2021，44（9）：2524-2537.

[65] Jun Z，Hui L，Hai Y L. Evaluation of multiaxial fatigue life prediction approach for adhesively bonded hollow cylinder butt-joints[J]. International Journal of Fatigue，2022，156：106692.

[66] Karpatne A，Atluri G，Faghmous J H，et al. Theory-guided data science：A new paradigm for scientific discovery from data[J]. IEEE Transactions on Knowledge and Data Engineering，2017，29（10）：2318-2331.

[67] Karniadakis G E，Kevrekidis I G，Lu L，et al. Physics-informed machine learning[J]. Nature Reviews Physics，2021，3：422-440.

[68] Zhang L F，Han J Q，Wang H，et al. Deep potential molecular dynamics：A scalable model with the accuracy of quantum mechanics[J]. Physical Review Letters，2018，120（14）：143001.

[69] Kissas G，Yang Y B，Hwuang E，et al. Machine learning in cardiovascular flows modeling：Predicting arterial blood pressure from non-invasive 4D flow MRI data using physics-informed neural networks[J]. Computer Methods in Applied Mechanics and Engineering，2020，358：112623.

[70] Pfau D，Spencer J S，Matthews A G D G，et al. Ab initio solution of the many-electron Schrödinger equation with deep neural networks[J]. Physical Review Research，2020，2（3）：033429.

[71] Zhu W Q，Xu K L，Darve E，et al. A general approach to seismic inversion with automatic differentiation[J]. Computers & Geosciences，2021，151：104751.

[72] Vassilopoulos A P，Bedi R. Adaptive neuro-fuzzy inference system in modelling fatigue life of multidirectional composite laminates[J]. Computational Materials Science，2008，43（4）：1086-1093.

[73] Chen J，Liu Y M. Fatigue property prediction of additively manufactured Ti-6Al-4V using probabilistic physics-guided learning[J]. Additive Manufacturing，2021，39：101876.

[74] Chen J，Liu Y M. Physics-guided machine learning for multi-factor fatigue analysis and uncertainty quantification[C]. AIAA Scitech 2021 Forum，Reston，Virginia，2021：1242.

[75]　Chen J，Liu Y M. Probabilistic physics-guided machine learning for fatigue data analysis[J]. Expert Systems with Applications，2021，168：114316.

[76]　Dourado A，Viana F A C. Physics-informed neural networks for missing physics estimation in cumulative damage models：A case study in corrosion fatigue[J]. Journal of Computing and Information Science in Engineering，2020，20（6）：061007.

[77]　Dowling N E. Mean stress effects in stress-life and strain-life fatigue[J]. SAE Technical Paper，2004，32（12）：1004-1019.

[78]　Afshari S S，Enayatollahi F，Xu X Y，et al. Machine learning-based methods in structural reliability analysis：A review[J]. Reliability Engineering & System Safety，2022，219：108223.

[79]　Liu X，Tao F，Yu W B. A neural network enhanced system for learning nonlinear constitutive law and failure initiation criterion of composites using indirectly measurable data[J]. Composite Structures，2020，252：112658.

[80]　Liu X，Tao F，Du H D，et al. Learning nonlinear constitutive laws using neural network models based on indirectly measurable data[J]. Journal of Applied Mechanics，2020，87（8）：081003.

[81]　Hui X Y，Xu Y J，Zhang W C，et al. Cure process evaluation of CFRP composites via neural network：From cure kinetics to thermochemical coupling[J]. Composite Structures，2022，288：115341.

[82]　Wang L F，Shi D Y，Zhang B Y，et al. Accurate and real-time prediction of umbilical component layout optimization based on convolutional neural network[J]. Ocean Engineering，2023，282：115034.

[83]　Oh S，Jin H K，Joe S J，et al. Prediction of structural deformation of a deck plate using a GAN-based deep learning method[J]. Ocean Engineering，2021，239：109835.

[84]　Yi J N，Chen Z. Prediction of deck grillages lifting deformation using a data-driven Def-GAN network[J]. Ocean Engineering，2023，287：115788.

[85]　Lew A J，Buehler M J. DeepBuckle：Extracting physical behavior directly from empirical observation for a material agnostic approach to analyze and predict buckling[J]. Journal of the Mechanics and Physics of Solids，2022，164：104909.

[86]　Maleki E，Bagherifard S，Sabouri F，et al. Effects of hybrid post-treatments on fatigue behaviour of notched LPBF AlSi10Mg：Experimental and deep learning approaches[J]. Procedia Structural Integrity，2021，34：141-153.

[87]　Kishino M，Matsumoto K，Kobayashi Y，et al. Fatigue life prediction of bending polymer films using random forest[J]. International Journal of Fatigue，2023，166：107230.

[88]　Zhang S J，Lei H G，Zhou Z C，et al. Fatigue life analysis of high-strength bolts based on machine learning method and Shapley Additive Explanations（SHAP）approach[J]. Structures，2023，51：275-287.

[89]　Gao J J，Wang C J，Xu Z L，et al. Gaussian process regression based remaining fatigue life prediction for metallic materials under two-step loading[J]. International Journal of Fatigue，2022，158：106730.

[90]　Zhang L，Wang Z C，Wang L，et al. Machine learning-based real-time visible fatigue crack growth detection[J]. Digital Communications and Networks，2021，7（4）：551-558.

[91]　Perry B J，Guo Y L，Mahmoud H N. Automated site-specific assessment of steel structures through integrating machine learning and fracture mechanics[J]. Automation in Construction，2022，133：104022.

第 2 章　机器学习算法及流程简介

随着大数据时代和人工智能的不断发展，机器学习方法取得了巨大的进展，涌现出多种机器学习算法，用以解决各种类型的问题。本章将针对固体力学研究领域目前常用的几种机器学习算法及其使用流程进行简要介绍，便于读者对常用的机器学习算法和通用的机器学习流程有一个整体性的了解。

2.1　基本算法简介

机器学习算法的基本分类为监督学习（supervised learning）、无监督学习（unsupervised learning）、半监督学习（semi-supervised learning）和强化学习（reinforcement learning）[1-2]：①监督学习是指从标注数据中学习预测模型，本质是学习输入到输出映射的统计规律。其中，标注数据表示输入与输出的对应关系，预测模型对给定的输入产生相应的输出。常见的监督学习任务包括分类和回归。②无监督学习是指从无标注数据中学习预测模型，本质是学习数据中的统计规律或潜在结构。其中，无标注数据是自然得到的数据，预测模型表示数据的类别（聚类模型）、转换（降维模型）或概率分布（概率模型）。③半监督学习介于监督学习和无监督学习之间，结合少量标注数据和大量未标注数据，通过归纳学习方法推断数据的正确标签。④强化学习是指智能系统通过与环境的持续互动学习最优的行为策略，即智能系统根据先前的行动和环境反馈来决定下一步的最佳行动，以最大化长期累积的奖励，本质是学习最优的序贯决策。由于监督学习在力学研究中，特别是在固体的变形与疲劳断裂分析领域具有广泛应用，本节将简要介绍几种常用的监督学习算法，详细内容可参见文献[1]、文献[2]。

2.1.1　基本监督学习算法

监督学习算法包括一系列用于分类和回归任务的方法。基本的监督学习算法包括线性回归（linear regression，LR）、高斯过程回归（Gaussian process regression，GPR）、符号回归（symbolic regression，SR）、k 近邻（k-nearest neighbors，KNN）法、朴素贝叶斯（naive Bayes，NB）法、决策树（decision tree，DT）、随机森林（random forest，RF）、支持向量机（support vector machine，SVM）或支持向量回归（support vector regression，SVR）、梯度提升树（gradient boosting trees，GRB）、回归树集成（ensemble of regression trees，ERT）等。

1. 线性回归

线性回归[3]是机器学习算法中用于获取输入与输出变量之间显式方程的一种建模方

式，是最简单的一种机器学习算法。给定数据集 $D = \{(\boldsymbol{x}_1, y_1), (\boldsymbol{x}_2, y_2), \cdots, (\boldsymbol{x}_m, y_m)\}$，其中 $\boldsymbol{x}_i = (x_{i1}; x_{i2}; \cdots; x_{id})$，$y_i \in \mathbb{R}$。线性回归试图学习一个线性模型，该模型一般写成向量形式 $f(\boldsymbol{x}) = \boldsymbol{\omega}^{\mathrm{T}} \boldsymbol{x} + b$，式中，$\boldsymbol{\omega} = (\omega_1; \omega_2; \cdots; \omega_d)$。可见，只要确定了参数 $\boldsymbol{\omega}$ 和 b，该模型就得以确定。确定 $\boldsymbol{\omega}$ 和 b 的关键在于如何衡量 $f(\boldsymbol{x})$ 与 y 之间的差别。均方误差是回归任务中最常用的性能度量。因此，可通过均方误差最小化来求解参数 $\boldsymbol{\omega}$ 和 b，即

$$\left(\boldsymbol{\omega}^*, b^*\right) = \underset{(\boldsymbol{\omega}, b)}{\arg\min} \sum_{i=1}^{d} \left(f(\boldsymbol{x}_i) - y_i\right)^2 = \underset{(\boldsymbol{\omega}, b)}{\arg\min} \sum_{i=1}^{d} \left(y_i - \boldsymbol{\omega} \boldsymbol{x}_i - b\right)^2 \qquad (2\text{-}1)$$

均方误差对应于常用的 Euclidean（欧几里得）距离。基于均方误差最小化来求解模型的方法称为最小二乘法。在线性回归中，最小二乘法就是试图找到一条直线，使得所有样本到直线上的欧几里得距离之和最小。求解参数 $\boldsymbol{\omega}$ 和 b 使均方误差最小化的过程，称为线性回归模型的最小二乘"参数估计"。

线性回归形式简单，易于建模，计算效率高，稳定性好。此外，由于 $\boldsymbol{\omega}$ 直观表达了各属性在预测中的重要性，模型的可解释性增强。线性回归在求解输入与输出变量之间具有较强线性关系的情况下具有较好的预测能力，但不适用于多重线性、非线性和分类问题，且对异常值敏感。许多功能强大的非线性模型可在线性模型的基础上通过引入层级结构或高维映射获得。

2. 高斯过程回归

高斯过程回归[4]是一种非参数的回归方法，它基于高斯过程模型对连续型数据的分布进行建模和预测。与传统的参数化回归模型（如线性回归）不同，高斯过程回归不对数据的分布和函数的形式进行假设，而是直接对数据的整体分布进行建模。具体来说，高斯过程回归假设待建模的数据是由一个未知的高斯过程生成的，这个高斯过程对于输入空间中的每个点都生成一个随机变量，这些随机变量的联合分布满足多维高斯分布。在这种情况下，不需要事先指定函数的形式和假设数据的分布，通过观察已知的输入与输出数据对来推断高斯过程的参数。

上述过程可表示为：给定数据集 $D = \{(\boldsymbol{x}_i, y_i) | i = 1, \cdots, n\} = \{\boldsymbol{X}, \boldsymbol{y}\}$，其中 $\boldsymbol{x}_i \in \mathbb{R}^d$ 表示 d 维输入变量，$\boldsymbol{X}$ 表示由所有输入变量构成的输入矩阵，$y_i \in \mathbb{R}$ 表示每一个输入变量对应的输出变量，$\boldsymbol{y}$ 为所有输出变量构成的输出向量。高斯过程回归假设输出向量 $\boldsymbol{y}$ 是由一个未知的高斯过程生成的，即

$$\boldsymbol{y} \sim \mathrm{GP}\left(m(\boldsymbol{x}), k(\boldsymbol{x}, \boldsymbol{x}')\right) \qquad (2\text{-}2)$$

式中，$m(\boldsymbol{x})$ 为均值函数；$k(\boldsymbol{x}, \boldsymbol{x}')$ 为核函数（也称为协方差函数），用于度量不同输入变量之间的相似性。常见的协方差函数包括线性核、多项式核、高斯核（也称为径向基函数核）。

在使用高斯过程回归进行预测时，通过已知数据点的输入变量和输出变量，以及输入变量之间的协方差矩阵来建立一个高斯过程模型。然后，通过计算未知输入变量的输出变量的均值和方差，来进行预测并评估预测的不确定性。其中，均值表示对应输入变量的预测输出，方差表示预测输出的不确定性。

由于不需要对数据的分布做出假设，高斯过程回归可以灵活地适用于各种类型的数

据。此外，该方法还可以通过选择不同的协方差函数灵活地构建各种数据之间的关系模型，因此，具有较好的灵活性。高斯过程回归还提供了对预测结果的不确定性估计，对于决策问题具有重要意义。尽管高斯过程回归是一种强大的非参数回归方法，但也存在一些不足之处，如计算复杂度高、内存消耗大、超参数选择困难、预测速度慢、对数据噪声敏感等。

3. 符号回归

符号回归[5]是一种基于符号推理的机器学习模型，利用符号表示的变量和逻辑规则进行回归分析。与传统的回归方法不同，符号回归不仅仅是确定数学模型的参数，而是还要通过搜索和组合基本数学运算符和函数，自动构建出一个数学表达式。同时，符号回归也是为数不多的可解释机器学习模型。此外，相比于线性回归仅能表示线性关系，符号回归能够输出更为复杂的非线性关系（+、−、×、/、sin、cos、exp 等）。然而，由于巨大的搜索空间和计算复杂性，符号回归需要较长的时间来寻找最优解，且结果易受到初始种群和算法参数的影响。因此，在使用符号回归时需要仔细选择算法和参数，并进行适当地调优和验证。实现符号回归的软件或框架有 Eureqa Formulize、PySR 和 gplearn（其中，gplearn 是 Python 最成熟的符号回归算法实现框架）。

符号回归一般包含 7 个步骤。①生成初始种群：创建一个初始的随机种群，其中每个个体都是一个数学表达式。②评估适应度：使用某种适应度函数来评估每个个体的拟合程度，将其与目标数据进行比较。③选择操作：根据适应度函数的结果，选择一些个体作为下一代父代。④变异和交叉操作：对选定的父代进行变异和交叉操作，生成新的个体。⑤更新种群：将新生成的个体加入种群中，替换掉一些较差的个体，如图 2-1 所示。⑥终止条件：根据预设的终止条件（如达到最大迭代次数或达到某个适应度阈值），判断是否终止算法。⑦输出结果：选择适应度最好的个体作为最终的数学表达式，用于预测。

符号回归的优点为：通过符号回归和逻辑推理生成的模型具有很强的可解释性；可以很好地利用领域知识将其转化为逻辑规则或符号，提高模型的性能和泛化能力；对小样本数据具有较好的适应性。然而，符号回归通常更适用于处理符号化或离散化的数据，对于连续数据的处理相对困难。此外，符号回归的性能和泛化能力受限于所使用的领域知识的质量和完整性。当处理复杂的非线性关系或大规模的数据集时，符号回归的性能会受到限制。

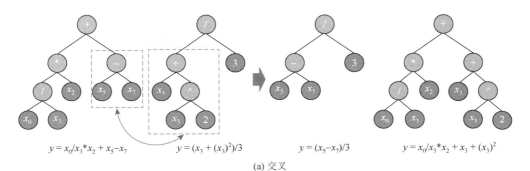

$$y = x_0/x_3*x_2 + x_5 - x_7 \qquad y = (x_3 + (x_3)^2)/3 \qquad y = (x_5 - x_7)/3 \qquad y = x_0/x_3*x_2 + x_3 + (x_3)^2$$

(a) 交叉

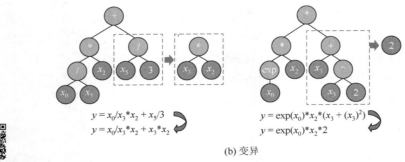

$$y = x_0/x_3*x_2 + x_5/3$$
$$y = x_0/x_3*x_2 + x_3*x_2$$

$$y = \exp(x_0)*x_2*(x_3 + (x_3)^2)$$
$$y = \exp(x_0)*x_2*2$$

(b) 变异

图 2-1　符号回归过程示意图[6]

4. k 近邻法

k 近邻法[7]是一种基本的分类和回归算法。其工作机制为：给定测试样本，基于某种距离度量找出训练集中与其最靠近的 k 个训练样本，然后基于这 k 个"邻居"的信息来进行预测。通常，在分类任务中可使用"投票法"，即选择这 k 个样本中出现最多的类别标记作为预测结果；在回归任务中可使用"平均法"，即将这 k 个样本的实值输出标记的平均值作为预测结果；还可基于距离远近进行加权投票或加权平均，距离越近的样本，其对应的权重越大。

k 近邻法包括以下三个步骤：①计算距离。对于给定的样本，首先计算它与训练集中所有样本的距离。常用的距离度量有欧几里得距离、Manhattan（曼哈顿）距离、Minkowski（闵可夫斯基）距离等。②从计算得到的距离中找出与当前样本最近的 k 个样本，即最近的 k 个邻居。③进行分类或回归。对于分类问题：统计这 k 个样本所属类别的频率，选择出现次数最多的类别作为当前样本的预测类别。对于回归问题：计算这 k 个样本的输出值的平均值，作为当前样本的预测输出值。

k 近邻法的优点包括简单易理解、易于实现、对数据没有假设（非参数模型）等。但其对于大规模数据集的计算资源消耗大，需要计算每个测试样本与所有训练样本之间的距离；需要选择合适的 k 值，当 k 取不同值时，分类结果会有显著不同，如图 2-2 所示；对于高维数据集，由于所谓的"距离"可能不再有效，导致分类性能下降，需要谨慎选择特征或进行降维处理来提高算法的性能。

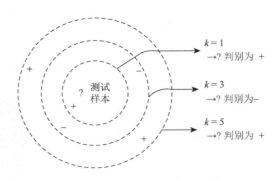

图 2-2　k 近邻分类器示意图[1]

5. 朴素贝叶斯法

朴素贝叶斯法[8]是基于贝叶斯定理与特征条件独立假设的分类方法。实施步骤为：对于给定的训练数据集，首先基于特征条件独立假设，学习输入、输出的联合概率分布；然后，基于此模型，对给定的输入变量，利用贝叶斯定理求出后验概率最大的输出变量。具体来说，设输入空间 $\chi \subseteq \mathbf{R}^n$ 为 n 维向量的集合，输出空间为类标记集合 $Y = \{c_1, c_2, \cdots, c_m\}$，训练数据集 $D = \{(\boldsymbol{x}_1, y_1), (\boldsymbol{x}_2, y_2), \cdots, (\boldsymbol{x}_m, y_m)\}$ 由 $P(X, Y)$ 独立同分布产生，其中，$\boldsymbol{X}$ 和 Y 分别为定义在输入空间 χ 与输出空间 Y 上的随机向量和随机变量，$P(X, Y)$ 为 $\boldsymbol{X}$ 和 Y 的联合概率分布。利用训练数据学习后验概率分布 $P(\boldsymbol{X}|Y)$ 和 $P(Y)$ 的估计，得到联合概率分布 $P(\boldsymbol{X}, Y) = P(Y)P(\boldsymbol{X}|Y)$，采用的概率估计方法通常为极大似然估计或贝叶斯估计。进一步利用贝叶斯定理与学得的联合概率模型进行分类预测，即

$$P(Y|\boldsymbol{X}) = \frac{P(X,Y)}{P(\boldsymbol{X})} = \frac{P(Y)P(\boldsymbol{X}|Y)}{\sum_{Y} P(Y)P(\boldsymbol{X}|Y)} \tag{2-3}$$

将输入 $\boldsymbol{x}$ 分到后验概率最大的类 y 表示为

$$y = \arg\max_{c_k} P(Y = c_k) \prod_{j=1}^{n} P\left(\boldsymbol{X}_j = \boldsymbol{x}^{(j)} \middle| Y = c_k\right) \tag{2-4}$$

朴素贝叶斯法实现简单，鉴于其条件独立性的基本假设，模型所包含的条件概率的数量显著减少，这有利于学习过程的简化与预测效率的提高。然而，朴素贝叶斯法的不足之处在于分类的性能不一定很高，模型的可解释性较差，难以理解特征之间的关系，通常对特征之间的关联性不敏感。

6. 决策树

决策树[9]是一种基本的分类与回归方法。在分类问题中，决策树是从给定训练数据集中学习得到一个模型，用于对新数据进行分类。其实质是从训练集中归纳出一组分类规则，基本流程遵循简单且直观的"分而治之"。决策树是一种树状预测模型，即基于树结构进行决策。一棵决策树包含一个根结点、若干个内部结点和若干个叶结点，如图 2-3 所示。内部结点表示在一个属性上的测试，每个结点包含的样本集根据属性测试的结果

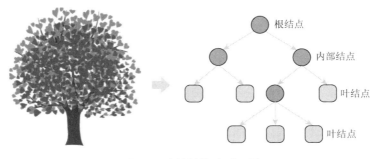

图 2-3　决策树算法原理图

扫一扫　见彩图

可划分到子结点中；叶结点对应于决策结果；根结点包含样本全集，从根结点到每个叶结点的路径对应一个判定测试序列。决策过程中提出的每个判定问题均是对某个属性的"测试"，每个测试结果或是导出进一步的判定问题，或是导出最终结论。

决策树学习通常包括三个步骤，即特征选择、决策树的生成和决策树的修剪。如何选择最优划分属性是决策树学习的关键。希望决策树的分支结点所包含的样本尽可能属于同一类别，即结点的"纯度"越来越高，这有助于提高决策树学习的效率。通常采用信息增益或信息增益比进行决策树划分属性的选择，将信息增益或信息增益比最大的特征作为结点的特征。Quinlan 等于 1986 年和 1992 年先后提出的 ID3 算法和C4.5 算法是常用的决策树学习的生成算法，分别采用信息增益和信息增益比来选择特征[10-11]。但是，由于生成的决策树存在过拟合问题，需要进一步对其进行剪枝处理，即对已生成的决策树进行简化。决策树的剪枝往往是通过极小化决策树整体的损失函数来实现。决策树学习的损失函数通常为正则化的极大似然函数，策略是以损失函数为目标函数的最小化。

决策树适用于可解释性要求较高、数据规模较小、问题相对简单的情况。然而，要特别注意其过拟合倾向以及在复杂数据关系和不平衡类别下的性能限制。通常采取参数调整、剪枝和集成等方法改善模型的性能。

7. 随机森林

随机森林由 Breiman[12]于 2001 年提出，是一种基于决策树的集成学习算法，通过组合多个弱学习器（通常是决策树）的预测结果以产生一个强大的集成模型。随机森林在以决策树为基学习器构建袋装集成的基础上，进一步在训练过程中引入了随机属性选择。具体来说，传统决策树选择划分属性时，在当前结点的属性集合中选择一个最优属性；而在随机森林中，针对基决策树的每个结点，先从该结点的属性集合中随机选择一个包含 k 个属性的子集，再从该子集中选择一个最优属性用于划分，其中参数 k 控制了随机性的引入程度。随机森林的实施步骤包括：随机抽样、特征选择、构建多个决策树、集成。对于分类问题，通常采用多数投票来决定最终的分类结果；对于回归问题，通常采用平均或加权平均来获得最终的回归结果。随机森林的原理图如图 2-4 所示。

随机森林的特点是适用于各种分类和回归问题。由于随机性的引入，模型具有更强的抵抗过拟合的能力、更好的泛化能力和更高的鲁棒性。随机森林在处理非线性数据关系和噪声数据时也表现出色。然而，随机性和多棵决策树的构建，使得模型的训练时间较长，参数调优过程相对复杂。

8. 支持向量机

Vapnik 和 Cortes[14]于 1995 年提出了支持向量机。支持向量机是基于统计学的 VC（以Vapnik 和 Cortes 两人的姓氏命名）维理论与结构风险最小原理的有监督二分类器。分类学习的基本思想是给定训练集 $D = \{(\boldsymbol{x}_1, y_1), (\boldsymbol{x}_2, y_2), \cdots, (\boldsymbol{x}_m, y_m)\}$，$y_i \in \{-1, +1\}$，基于训练集在样本空间中寻找一个划分超平面，从而将不同类别的样本分开。当数据线性可分时，

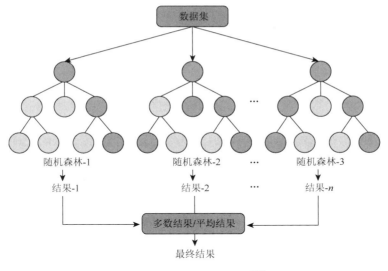

图 2-4　随机森林原理图[13]

支持向量机通过在原始特征空间中构建一个最优分割超平面，将其作为决策面，最大化正负样本之间的边缘距离；当数据线性不可分时，支持向量机使用核函数先将样本数据映射到一个高维空间，再寻找一个最优分类超平面隔离不同类别的样本，从而实现分类。常见的核函数包括线性核函数、多项式核函数、高斯核函数和 Sigmoid 核函数等。

当支持向量机用于回归分析时，也称为支持向量回归。此时，给定训练集 $D = \{(x_1, y_1), (x_2, y_2), \cdots, (x_m, y_m)\}$，$y_i \in \mathbb{R}$，支持向量回归希望学得一个形式如 $f(x) = \omega^T x + b$ 的回归模型，其中 ω 和 b 为模型参数。与传统回归模型不同的是，支持向量回归允许 $f(x)$ 与 y 之间存在最大为 σ 的偏差，即仅当 $f(x)$ 与 y 之间的差别绝对值大于 σ 时才计算损失。这相当于以 $f(x)$ 为中心，构建一个宽度为 2σ 的间隔带，若训练样本落入此间隔带内，则视为被正确预测。支持向量回归的示意图如图 2-5 所示。

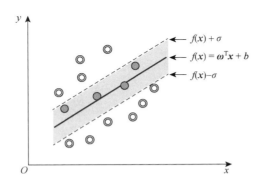

图 2-5　支持向量回归示意图[1]

支持向量机适用于小中规模数据集，在处理具有异常值的问题时表现出色，并且为防止过拟合提供了很好的理论支持。即使数据在原始特征空间线性不可分，只要选取适合的核函数，就能够很好运行。但需要注意的是，支持向量机内存消耗较大，模型难以解释，运行和调参较为繁琐。

9. 梯度提升树

梯度提升树[15]是一种基于决策树的集成学习算法。极限梯度提升（extreme gradient boosting，XGBoost）、梯度提升决策树（gradient boosting decision tree，GBDT）和梯度提升回归树（gradient boosted regression tree，GBRT）均为梯度提升树的变种形式，它们在算法实现和优化方面有所不同，但都遵循了梯度提升树的核心原理。

极限梯度提升由中国科学家陈天奇[16]于 2016 年提出，其核心思想是通过加权迭代的方式，将多个弱学习器（通常是决策树）组合成一个强学习器，从而提高模型的预测准确性，其原理图如图 2-6 所示。具体来说，在每次训练迭代中，极限梯度提升算法通过梯度下降的方式，优化损失函数，找到最优的决策树，加入当前的模型中。同时，极限梯度提升算法中还引入了正则化项，控制模型参数的复杂度和泛化能力，以防止模型出现过拟合。

不论是应用于分类还是回归问题，极限梯度提升均具有较高的预测性能，且运算速度快，预测效率高。此外，它还具有良好的泛化能力，适用于处理大规模和高维特征数据。灵活性高也是极限梯度提升的一大特征，表现在支持各种树结构，且可以采用自定义的评估函数，应对各种场景的需求。然而，极限梯度提升的缺点在于模型中的参数较多，调参过程较为复杂。

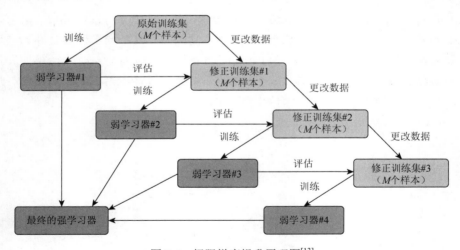

图 2-6　极限梯度提升原理图[13]

梯度提升回归树[15]的基本原理是：采用一个简单的模型（平均值）初始化整个模型；在每次迭代中，构建一个新的决策树来纠正前一次迭代模型的残差；使用梯度下降方法，沿着负梯度的方向拟合一个新的树模型；将新构建的树模型与前一次迭代的模型相加，以更新整体模型；重复迭代过程，直至达到预定的迭代次数或满足停止条件。与极限梯度提升相比，梯度提升回归树在正则化方面没有极限梯度提升那样的内置功能，正则化需要通过调整超参数实现；通常采用平方损失作为默认的损失函数，对异常值较为敏感；主要在树的级别上并行处理，相较于极限梯度提升，在并行性上稍逊；也可用于评估特征的重要性，但不如极限梯度提升提供的详细和准确。

可见，极限梯度提升在许多方面可看作是梯度提升回归树的改进版本，引入了一些额外的功能，包括正则化、更灵活的损失函数和并行性处理，使得极限梯度提升在实践中往往表现更优。然而，在某些情况下，由于数据集的特点，梯度提升回归树仍然是一个有效的选择。

梯度提升决策树[15]与梯度提升回归树在应用领域、损失函数、输出类型等方面略有不同。在应用领域上，梯度提升决策树通常用于解决分类问题，目标是预测样本的类别标签；而梯度提升回归树则专门用于解决回归问题，目标是预测连续型的数值变量。在损失函数上，梯度提升决策树在训练过程中通常使用对数似然函数的负梯度（即残差）来拟合决策树，从而最小化损失函数；梯度提升回归树也采用类似的方式，但其目标是最小化均方误差或其他回归问题的损失函数。在输出类型上，梯度提升决策树输出每个样本点所属的类别标签，通常是一个离散值；而梯度提升回归树输出的是每个样本点的预测值，通常是一个连续值，用于回归分析。

与单个决策树相比，梯度提升决策树的预测准确性更高，尤其在处理高维数据时效果明显。梯度提升决策树对于异常值和噪声具有一定的鲁棒性，不易过拟合。此外，它还能够很好地处理非线性关系，不需要对数据进行复杂的变换或假设线性关系。然而，梯度提升决策树的训练时间较长，对超参数敏感，在处理高维稀疏数据时效果不佳，容易过拟合。

10. 回归树集成

回归树集成[17]与随机森林和梯度提升树类似，均属于基于决策树的集成学习算法。它们通过整合多个回归树的预测结果来构建更强大的预测模型。虽然三种方法都利用了决策树，但在算法原理和实现方式上存在显著的差异。与随机森林的关系：回归树集成和随机森林均属于袋装集成学习的范畴，都通过在随机子集上训练多个决策树，并将它们的预测结果进行平均或投票来进行预测。两者的不同之处在于，回归树集成在构建每棵树时引入了更多的随机性，包括对特征子集和划分点的随机选择，以增加模型的多样性，进一步减少过拟合的风险，并且能够更好地捕获数据中的复杂关系。与梯度提升树的关系：梯度提升树是一种基于提升（boosting）思想的集成学习算法，通过串行训练多个回归树，并逐步提高模型的预测性能来减少残差；而回归树集成则是基于袋装的思想，每棵树都是在随机子集上独立训练的，它们之间相互独立，没有依赖关系。

2.1.2 神经网络与深度学习

2.1.1 节所述的机器学习模型的层次结构相对简单，不涉及多层次的非线性变换，因此也被称为"浅层模型"或"浅层学习"。这些浅层模型在相对简单的任务上表现良好，而在处理大规模、高维度的数据和复杂、非线性的任务时存在局限性，这些限制促使了深度学习的发展。深度学习（deep learning，DL）是一种深层的机器学习模型，其深度体现在对特征的多次变换上。神经网络是深度学习的基础组成部分，深度学习通过深层神经网络进行层次化的特征学习。

神经网络是一种灵活的机器学习模型，可用于监督学习、非监督学习和强化学习，具体取决于任务要求和学习方式。用于监督学习的基本神经网络有前馈神经网络（feed-forward neural network，FFNN）、卷积神经网络（convolutional neural network，CNN）、循环神经网络（recurrent neural network，RNN）、Transformer（转换器）模型、图神经网络（graph neural network，GNN）等。用于非监督学习的基本神经网络有生成对抗网络（generative adversarial network，GAN）、自动编码器（auto encoder，AE）等。本节对上述神经网络模型进行简要介绍。

1. 神经网络

McCulloch 和 Pitts[18]于 1943 年提出了最初的人工神经网络（artificial neural network，ANN），简称神经网络，这是深度学习的基础。目前使用最广泛的一种神经网络的定义为：神经网络是由具有适应性的简单单元组成的、广泛并行互连的网络，以模拟生物神经系统对真实世界物体所作出的交互反应。神经网络中最基本的成分是神经元模型，即上述定义中的"简单单元"。在生物神经网络中，每个神经元与其他神经元相连，当它"兴奋"时，会向相连的神经元发送化学物质，从而改变这些神经元内的电位；而当神经元的电位超过了一定"阈值"时，它就会被激活，即"兴奋"起来，进而向其他神经元发送化学物质。上述过程可简化为"M-P（以 McCulloch 和 Pitts 的姓氏命名）神经元模型"，如图 2-7 所示。

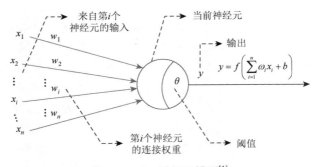

图 2-7　M-P 神经元模型[1]

在 M-P 神经元模型中，神经元接收来自其他神经元传递的输入信息，这些输入信号通过带权重的连接进行传递，然后将神经元接收的总输入值与神经元的阈值进行比较，最终通过激活函数处理后产生神经元的输出。将多个神经元按照一定的层次结构连接起来，就得到了神经网络。输出层与输入层之间的神经元被称为隐藏层，隐藏层与输出层神经元均为拥有激活函数的功能神经元。神经网络的学习过程是根据训练数据来调整神经元之间的"连接权"和每个功能神经元的阈值。这表明，神经网络"学"到的东西，蕴含在连接权和阈值中。

神经网络的优点是：由于是模拟生物神经系统的学习过程，神经网络的预测精度高、并行处理能力强、学习能力强、对噪声神经有较强的鲁棒性和容错能力、能够充分逼近复杂的非线性关系。神经网络的缺点是：需要调节大量的模型参数，模型的可解释性差，结果的可信度和可接受水平不高。

1）前馈神经网络

Rosenblatt[19]于 1958 年发明的感知机可以看作是前馈神经网络的前身。前馈神经网络由多层神经元组成，层间的神经元相互连接，而层内的神经元不连接。其信息处理机制为：前一层神经元通过层间连接向后一层神经元传递信号。因为信号是从前往后传递的，所以是"前馈的"信息处理网络。神经元是对多个输入信号（实数向量）进行非线性转换来产生一个输出信号（实数值）的函数，而整个神经网络是对多个输入信号进行多次非线性转换来产生多个输出信号的复合函数。

学习时通常假设神经网络的架构已经确定，包括网格的层数、每层的神经元数和神经元激活函数类型。所以，前馈神经网络的学习过程变成在给定训练数据集 $D = \{(\boldsymbol{x}_1, y_1),$ $(\boldsymbol{x}_2, y_2), \cdots, (\boldsymbol{x}_n, y_n)\}$ 和网络架构 $f(\boldsymbol{x}; \boldsymbol{\theta})$ 的情况下，最小化目标函数 $L(\boldsymbol{\theta})$，得到最优参数 $\hat{\boldsymbol{\theta}}$ 的优化（最小化）问题。优化目标函数表示为

$$\hat{\boldsymbol{\theta}} = \arg\min_{\theta} L(\boldsymbol{\theta}) = \arg\min_{\theta} \frac{1}{N} \sum_{i=1}^{N} L\big(f(\boldsymbol{x}_i; \boldsymbol{\theta}), y_i\big) \tag{2-5}$$

目标函数的优化等价于极大似然估计。常用的优化算法为随机梯度下降。前馈神经网络学习的具体算法是反向传播算法（由 Rumelhart[20]于 1986 年开发），只需要依照网络结构进行一次正向传播和一次反向传播，就可以执行一次迭代的梯度下降过程。图 2-8 为二层前馈神经网络的示意图。

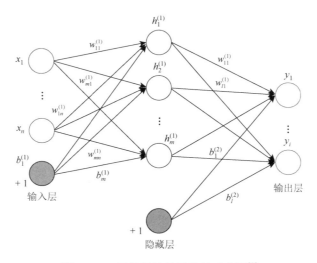

图 2-8　二层前馈神经网络的示意图[2]

全连接神经网络（fully connected neural network，FCNN）[18-19]是前馈神经网络的一种特殊形式。其特点是每一层都是全连接的，即每一层的每个神经元都与上一层的每个

神经元相连接，这表明每个神经元接收来自上一层所有神经元的输入，并产生一个输出，而前馈神经网络并不要求每一层都是全连接的。

前馈神经网络的优势是：能够并行化计算，高效处理大规模数据，且通过激活函数引入非线性性质，学习复杂的非线性关系。不足之处在于：模型的可解释性差；对于高维输入，需要大量的训练数据来避免过拟合；易受到局部极小值的影响，导致训练过程不稳定；无法处理序列数据（如时间序列等）。

2）卷积神经网络

卷积神经网络[21-22]是从生物视觉系统中得到启发而发明的一种机器学习模型，是对图像数据进行预测的神经网络。卷积神经网络是包含卷积运算的一种特殊前馈神经网络：前一层的输出是后一层的输入；前面几层每一层进行卷积或汇聚运算，其中卷积实现的是特征检测，汇聚实现的是特征选择；最后几层是全连接的前馈神经网络，进行分类或回归预测。卷积神经网络的架构如图 2-9 所示，一般由卷积层、池化层和全连接层构成。卷积层进行基于卷积函数的仿射变换和基于激活函数的非线性变换；池化层进行汇聚运算；全连接层是前馈神经网络的一层，进行仿射变换和非线性变换。卷积神经网络的学习算法也是反向传播算法，但与前馈神经网络的反向传播算法不同，卷积神经网络的正向和反向传播均基于卷积函数。卷积神经网络的每次迭代，首先通过正向传播从前往后传递信号，然后通过反向传播从后往前传递误差，最后对每层的参数进行更新。

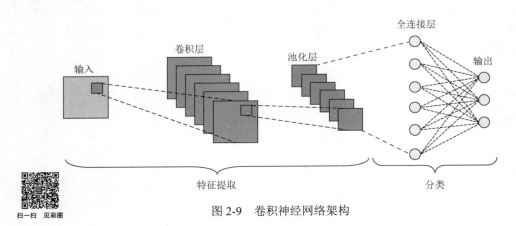

图 2-9　卷积神经网络架构

U-Net[23]属于卷积神经网络的一种特定结构，专门用于图像分割任务。U-Net 的结构由编码器（下采样路径）和解码器（上采样路径）组成，并通过跳跃连接将编码器和解码器之间的特征进行连接，从而有助于捕获多尺度的特征信息。U-Net 架构的示意图如图 2-10 所示。具体来说，U-Net 的编码器部分通常由卷积层和池化层构成，用于提取输入图像的特征表示，并逐步降低特征图的分辨率。解码器部分则由反卷积层和卷积层构成，用于将编码器提取的特征图恢复到原始输入图像的尺寸，并生成像素级别的分割结果。跳跃连接允许解码器可以利用编码器中不同层次的特征信息，从而更好地恢复图像细节和保持空间信息，有助于提高图像分割的精度和准确性。采用适当的损失函数（如交叉熵损失函数）来比较模型预测的分割结果与真实标签之间的差异，并通过反向传播算法更新模型的参数，使得预测结果逼近真实标签。

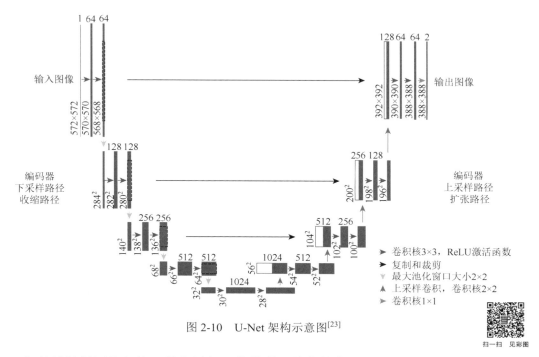

图 2-10　U-Net 架构示意图[23]

扫一扫　见彩图

与前馈神经网络相比，卷积神经网络的学习效率较高。这是因为卷积代表的是稀疏连接，比全连接的数目大大减少；同时，同一层的卷积参数是共享的，这样大幅度地减少了模型中参数的数量；并且，每一层内的卷积运算可以并行处理，这也加快了学习和推理的速度。卷积神经网络的不足之处在于：计算资源需求大、数据需求量大、对位置和尺度敏感、可解释性有限等。

3）循环神经网络

最早的循环神经网络于 1986 年提出[24]。循环神经网络是对序列数据中的依存关系进行建模，用于序列数据的预测。其基本思想是：在序列数据的每一个位置上重复使用相同的前馈神经网络，并将相邻位置的神经网络连接起来；用前馈神经网络隐藏层的输出表示当前位置的"状态"，假设当前位置的状态依赖于当前位置的输入和之前位置的状态。核心在于隐藏层的输出，表示当前位置的状态，描述序列数据的顺序依存关系。采用的学习算法通常也为反向传播算法。

代表性的循环神经网络为 Hochreiter 和 Schmidhuber[25]于 1997 年提出的长短期记忆（long short term memory，LSTM）网络。其基本思想是：记录并使用之前所有位置的状态，描述短距离和长距离依存关系。为此导入两个机制，一个是记忆元，另一个是门控。记忆元用于记录之前位置的状态信息；门控是指用门函数来控制状态信息的使用。有三个门，包括遗忘门、输入门和输出门。长短期记忆网络的整体结构如图 2-11（a）所示。在每一个位置上有输入 x_t、状态 h_t、输出 p_t，特殊的还有记忆元 c_t。状态和记忆元的信息在单元之间传递。

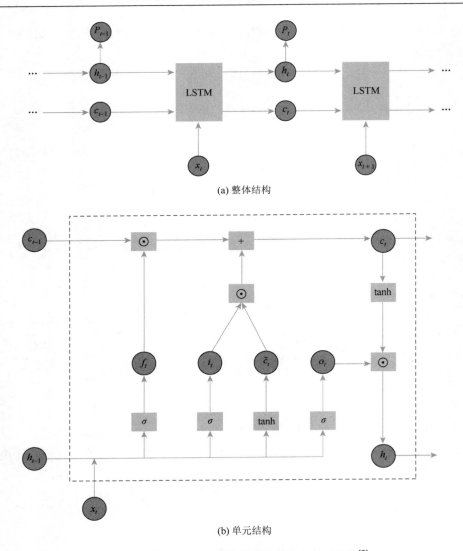

(a) 整体结构

(b) 单元结构

图 2-11　长短期记忆网络的整体结构和单元结构[2]

　　图 2-11（b）所示为长短期记忆网络单元的结构。第 t 个位置上的单元的输入是当前位置的数据 x_t、之前位置的记忆元 c_{t-1} 和状态 h_{t-1}，输出是当前位置的状态 c_t 和记忆元 h_t。内部有三个门和一个记忆元。遗忘门 f_t、输入门 i_t、输出门 o_t 具有相同的结构，都是以当前位置数据 x_t 和之前位置的状态 h_{t-1} 为输入的函数，相当于以 Sigmoid 函数为激活函数的一层神经网络。遗忘门决定忘记之前位置的哪些信息，输入门决定从之前位置传入哪些信息，输出门决定向下一个位置传递哪些信息。为了确定记忆元 c_t 和状态 h_t，首先计算中间结果 $\tilde{c}_t$，其是以当前位置的数据 x_t 和之前位置的状态 h_{t-1} 为输入的函数，相当于以双曲正切函数为激活函数的一层神经网络；然后计算当前位置的记忆元 c_t，其是中间结果 $\tilde{c}_t$ 和之前位置的记忆元 c_{t-1} 的线性组合，分别以输入门 i_t 和遗忘门 f_t 为系数；最后计算当前位置的状态 h_t，其是以记忆元 c_t 为输入的双曲正切函数的输出，并以输出门 o_t 为系

数。学习中由于位置之间的梯度传播不是通过矩阵的连乘，而是通过矩阵连乘的线性组合，所以长短期记忆网络可以有效地避免梯度消失和梯度爆炸问题。

循环神经网络的优点是可以处理任意长度的序列数据，且在不同时间步使用相同的权重参数，有利于减少模型中参数的数量，降低过拟合风险。与其他深度学习模型相比，其内部状态和权重通常更容易解释和可视化，有助于理解模型的工作原理。缺点是不能进行并行化处理以提高计算效率，在训练具有复杂架构的循环神经网络时，需要大量的训练数据和计算资源。

4）Transformer 模型

Transformer 模型是一种基于注意力机制的深度学习模型，最初由 Vaswani 等[26]于 2017 年提出，旨在解决序列到序列任务。相较于传统的循环神经网络和长短期记忆网络，Transformer 模型采用了完全不同的结构。Transformer 模型的核心思想是利用自注意力机制来建立输入序列中各个位置之间的依赖关系。自注意力机制允许模型同时考虑输入序列中所有位置的信息，而不是像循环神经网络和长短期记忆网络那样逐步处理序列，这使得 Transformer 模型能够更有效地捕获长距离依赖，并且允许并行计算，从而提高了训练速度。

Transformer 模型主要由编码器和解码器组成。编码器将输入序列转换为一系列隐藏表示，而解码器则根据这些表示生成输出序列。每个编码器和解码器层都包含多个注意力头，以提高模型对不同特征的抓取能力。具体地，Transformer 模型由多头注意力、位置编码、层归一化和前馈神经网络等构成，如图 2-12 所示。以下重点介绍 Transformer 模型中两个关键模块：位置编码和自注意力机制。

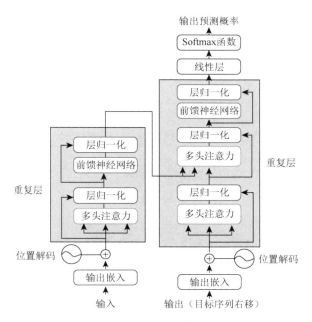

图 2-12　Transformer 模型结构[26]

Transformer 模型引入了位置编码来保留标记表示的位置信息。它为输入序列中的每个位置分配了一个唯一的位置编码。在面向自然语言处理任务时，提出了如下形式的位置编码[26]：

$$PE(pos, 2i) = \sin\left(pos/10000^{2i/d_{model}}\right) \tag{2-6}$$

$$PE(pos, 2i+1) = \cos\left(pos/10000^{2i/d_{model}}\right) \tag{2-7}$$

式中，d_{model} 为自然语言处理任务中的词嵌入维度（常为 256、512，或者更多）。

引入自注意力机制的目的是让模型能够解析整个输入序列数据中不同部分的相关性。图 2-13 中给出了具有 2 个通道、序列数据长度为 2 的自注意力层的网络结构示意图，用于介绍自注意力机制的实现过程。

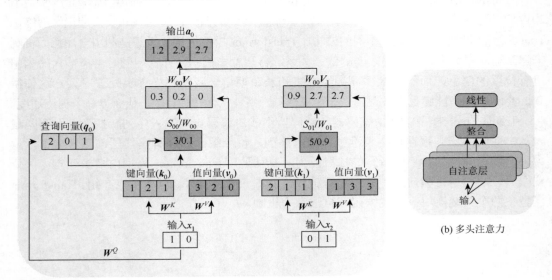

(a) 自注意力层

(b) 多头注意力

图 2-13　自注意机制示意图[27]

扫一扫　见彩图

如图 2-13（a）所示，首先将输入序列数据中每一时间步的状态 x_t 分别与查询矩阵 W^Q、键矩阵 W^K 和值矩阵 W^V 相乘：

$$q_t = x_t W^Q \tag{2-8}$$

$$k_t = x_t W^K \tag{2-9}$$

$$v_t = x_t W^V \tag{2-10}$$

得到每一时间步输入的查询向量 q_t、键向量 k_t 和值向量 v_t。随后，计算 i 时间步的状态 x_i 与 j 时间步的状态 x_j 的关联度 s_{ij}，并通过 softmax 函数计算相应的注意力权重 w_{ij}：

$$s_{ij} = (q_i \cdot k_j) / \sqrt{d_k} \tag{2-11}$$

$$w_{ij} = softmax(s_{ij}) = \frac{e^{s_{ij}}}{\sum_{k=o}^{L} e^{s_{ik}}} \tag{2-12}$$

式中，d_k 为键向量的维度。

在此基础上，即可得到时间步 i 输出的注意力向量：

$$\boldsymbol{a}_i = \sum_{j=0}^{L} w_{ij} \boldsymbol{v}_j \tag{2-13}$$

合并各时间步输出的注意力向量，即可得到该注意力层输出的注意力头 $\boldsymbol{A}$：

$$\boldsymbol{A} = \left[\boldsymbol{a}_1, \boldsymbol{a}_2, \cdots, \boldsymbol{a}_L\right]^{\mathrm{T}} \tag{2-14}$$

如图 2-13（b）所示，在模型构建中可通过多个平行的自注意力层来整合序列数据中不同的注意力头，称之为多头注意力 $\boldsymbol{Z}$。假设使用了 h 个自注意力层，则多头注意力可计算为

$$\boldsymbol{H} = \left[\boldsymbol{A}_1, \boldsymbol{A}_2, \cdots, \boldsymbol{A}_h\right] \tag{2-15}$$

$$\boldsymbol{Z} = \boldsymbol{H}\boldsymbol{W}^0 \tag{2-16}$$

式中，$\boldsymbol{H}$ 为各自注意力层中得到的注意力头的整合，是一个线性变化矩阵。使用多头注意力可以同时关注各个时间步的输入在不同特征子空间中的信息，适用于特征分布非常复杂的案例。

5）图神经网络

图神经网络的发展可以追溯到 20 世纪 60 年代的图论[19]和 20 世纪 80 年代的神经网络[28]。然而，在 2010 年后，随着深度学习的兴起和对图数据处理需求的增加，图神经网络重新引起了广泛关注。图神经网络的基本原理是试图学习每个节点的低维向量表示，使得相邻节点在表示空间中更接近；然后，通过迭代地聚合节点与邻居节点的信息，不断更新节点的表示。对于图分类等任务，还可以学习整个图的表示，通常涉及对所有节点的表示进行池化或聚合。使用节点更新函数，该函数考虑节点自身的特征与邻居节点的信息。典型的节点更新过程可以表示为式（2-17），通常会迭代多次，每一次迭代都会更新节点表示，这样的迭代过程使得模型能够逐步聚合全局信息。

$$h_v^{(l+1)} = f\left(h_v^{(l)}, \left\{h_u^{(l)} \big| u \in N(v)\right\}\right) \tag{2-17}$$

式中，$h_v^{(l)}$ 为节点 v 在第 l 层的表示；$N(v)$ 为节点 v 邻居集合；$f(\cdot)$ 为节点更新函数。

图神经网络的特点为专门设计用于处理图结构数据，能够有效地捕捉节点之间的复杂关系；同时考虑节点的局部信息和全局信息，通过迭代方式逐步聚合全局信息；模型结构具有一定的灵活性，不同的模型和层次结构可以适应不同类型的图数据和任务；但处理大规模图的可扩展性是一项挑战。

6）生成对抗网络

生成对抗网络由 Goodfellow 等[29]于 2014 年提出，是一种基于博弈的生成模型，在图像生成领域得到广泛应用。生成对抗网络由生成网络和判别网络组成，生成网络自动生成数据，判别网络判断数据是已给的（真的）还是生成的（假的）。学习的过程就是博弈的过程，生成网络和判别网络不断通过优化自己网络的参数进行博弈。当达到均衡状态时，学习结束，生成网络可以生成以假乱真的数据，判别网络难以判断数据的真假。借助一个比喻更易于理解生成对抗网络的学习过程：生成网络是仿造者，判别网络是鉴别者。仿造者制作赝品；鉴别者既得到真品又得到赝品，判断作品的真伪。仿造者与鉴别者之间展开博弈，各自不断提高自己的能力，最终仿造者制作出的赝品真假难辨，鉴

别者无法判断作品的真伪。上述过程中鉴别者间接地把自己的判断方法告诉了伪造者，所以两者之间既有对抗关系，又有"合作"关系。最终学习的目标是构建生成网络，能自动生成同已有训练数据同分布的数据。图 2-14 为生成对抗网络的框架。

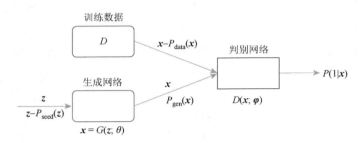

图 2-14　生成对抗网络的框架[2]

假设给定的训练数据集 D 遵循分布 $P_{\text{data}}(\boldsymbol{x})$。生成网络用 $\boldsymbol{x} = G(\boldsymbol{z}; \boldsymbol{\theta})$ 表示，其中 $\boldsymbol{z}$ 为输入向量（种子），$\boldsymbol{x}$ 为输出向量（生成数据），$\boldsymbol{\theta}$ 为网络参数。判别网络是一个二类分类器，用 $P(1|\boldsymbol{x}) = D(\boldsymbol{x}; \boldsymbol{\varphi})$ 表示，其中 $\boldsymbol{x}$ 是输入向量，$P(1|\boldsymbol{x})$ 和 $1-P(1|\boldsymbol{x})$ 是输出概率，分别表示输入 $\boldsymbol{x}$ 来自训练数据和生成数据的概率，$\boldsymbol{\varphi}$ 是网络参数。种子 $\boldsymbol{z}$ 遵循分布 $P_{\text{seed}}(\boldsymbol{z})$。生成网络生成的数据分布表示为 $P_{\text{gen}}(\boldsymbol{x})$，由 $P_{\text{seed}}(\boldsymbol{z})$ 和 $\boldsymbol{x} = G(\boldsymbol{z}; \boldsymbol{\theta})$ 决定。判别网络和生成网络内的博弈关系，可以定义为以下的极小极大问题，即生成对抗网络的学习目标函数，如式（2-18）所示。学习算法就是求极小极大问题的最优解的方法。

$$\min_{\boldsymbol{\theta}} \max_{\boldsymbol{\varphi}} \left\{ E_{\boldsymbol{x} \sim P_{\text{data}(x)}} \left[\log D(\boldsymbol{x}; \boldsymbol{\varphi}) \right] + E_{\boldsymbol{z} \sim P_{\text{seed}(z)}} \left[\log \left(1 - D(G(\boldsymbol{z}; \boldsymbol{\theta}); \boldsymbol{\varphi}) \right) \right] \right\} \qquad (2\text{-}18)$$

生成对抗网络的优点是能够生成高质量、逼真的数据，并且由于生成器与判别器相互对抗训练，有助于提高模型的性能，并推动生成器不断改进。然而，其不足之处在于：生成器与判别器之间的对抗可能导致模型在训练中发生崩溃或者产生不稳定的结果；生成器倾向于生成相似的样本，导致模式坍塌问题，即缺乏多样性；为了训练高质量的生成对抗网络，通常需要大量且多样化的训练数据。

7）自动编码器

自动编码器[30]是一种特殊的多层感知器，由编码器网络和解码器网络组成，两者均由前馈神经网络实现，如图 2-15（a）所示。学习时编码器将输入向量转换为中间表示向量（编码），解码器再将中间表示向量转换为输出向量（解码），实际是对数据进行压缩，得到的中间表示向量能有效地刻画数据的主要特征。预测时通常用编码器将新的输入向量转换为中间表示向量。

对于给定训练集 $\{\boldsymbol{x}_1, \boldsymbol{x}_2, \cdots, \boldsymbol{x}_n\}$，自动编码器的学习目标是输入本身，即

$$h_{w, b}(\boldsymbol{x}_i) = g\left(f(\boldsymbol{x}_i) \right) \approx \boldsymbol{x}_i, \quad i = 1, 2, \cdots, n \qquad (2\text{-}19)$$

式中，$f(\cdot)$ 为编码器函数；$g(\cdot)$ 为解码器函数；$h_{w, b}(\boldsymbol{x}_i)$ 为在自编码器中权值和偏置项分别为 w 和 b 情况下输入为 $\boldsymbol{x}_i$ 时的输出值。

传统自编码器存在一些潜在的问题。例如，当编码器和解码器的能力过强时，编码器可以直接将原始数据 $\boldsymbol{x}_i$ 映射为 i 再由解码器还原，这实际上仅实现了对训练样本的记

忆，没有挖掘数据中的内在规律；此外，传统自编码器对输入数据中的微小扰动非常敏感，导致潜在空间的不稳定性。针对上述不足，提出了一些改进方法。常见的是在损失函数中加入对编码器和解码器的惩罚项或约束，对编码器与解码器的能力进行限制，如稀疏自编码器。采用去噪自编码器，将训练数据进行微小扰动之后输入，并试图恢复加入噪声之前的样本。目前自编码器在数据降维、去噪、特征学习、生成模型等方面均有广泛应用。

变分自编码器（variational autoencoder，VAE）[31]和堆叠自编码器（stacked autoencoder，SAE）[32]均可以看作是自动编码器的变种。

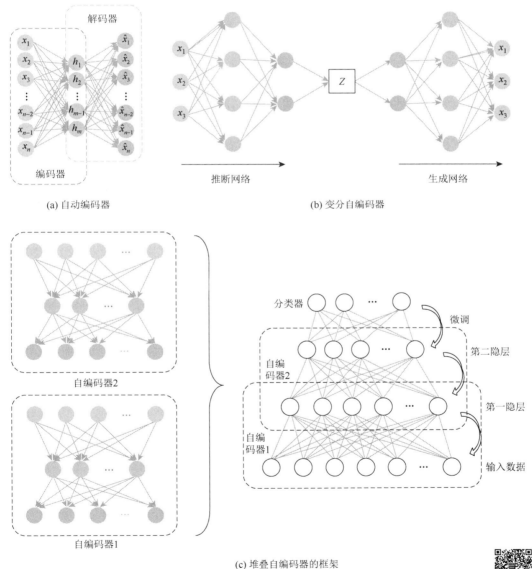

(a) 自动编码器　　　　　　　　　　　(b) 变分自编码器

(c) 堆叠自编码器的框架

图 2-15　自编码器模型示意图[33]

扫一扫　见彩图

变分自编码器是一种数据生成模型，它结合了自动编码器的结构和变分推断的思想，用于学习数据的潜在分布和生成新的数据样本。变分自编码器的目标是学习数据的低维表示，使得这些表示能够捕捉数据的潜在结构，并且能够通过潜在空间中的随机采样来生成新的数据样本。变分自编码器也由编码器和解码器组成。编码器将输入数据映射到潜在空间中的潜在变量，而解码器则将潜在变量映射回原始数据空间，重构输入数据。在训练过程中，变分自编码器同时最大化重构误差和最小化潜在空间的 Kullback-Leibler（库尔贝克-莱布勒）散度，从而学习到一个捕捉数据分布的潜在空间。具体来说，变分自编码器利用两个神经网络建立两个概率密度分布模型：一个用于原始输入数据的变分推断，生成随机变量的变分概率分布，称为推断网络；另一个根据生成的隐变量变分概率分布，还原生成原始数据的近似概率分布，称为生成网络。变分自编码器结构如图 2-15（b）所示。

堆叠自编码器是一种多层次的自编码器结构，图 2-15（c）所示，它由多个编码器和解码器组成，每个编码器负责学习数据的一层表示，而每个解码器负责将这些表示映射回原始数据空间。通过叠加多个自编码器，堆叠自编码器可以学习到数据的更复杂的表示，从而提高模型的表征能力。堆叠自编码器的训练过程通常分为逐层预训练和整体微调两个阶段。在逐层预训练中，首先对每一层解码器-编码器对单独进行训练，以学习到数据在该层的表示。在该阶段，前一层的输出作为后一层的输入，以逐层构建深层表示。在预训练完成后，对整个堆叠自编码器进行端到端的微调，以进一步提高模型的表征能力。

2. 深度学习及其优缺点

深度学习是机器学习的一个重要分支，它以神经网络为基础，通过多层次的神经网络结构（深度神经网络）来模拟和学习数据的复杂表示。深度学习的突出特点是采用多层次的非线性变换来提取和表示数据的高阶特征。值得注意的是，深度学习和神经网络是相关但不同的概念，两者在定义和范围、结构和层次、应用广度等方面有所区别。神经网络是深度学习的一个子集，深度学习不仅仅局限于神经网络，还包括其他深度结构，如深度支持向量机、深度决策树等。在深度学习的背景下，神经网络通常指的是深度神经网络。

深度学习的优点主要体现在以下方面：

（1）学习层次化特征表示。深度学习模型通过多层次的非线性变换自动学习层次化的特征表示，这使得其能够从原始数据中提取更抽象、更高级别的特征，有助于解决复杂任务。

（2）适用于多种数据类型。深度学习广泛应用于数值、文本、图像、音频等不同类型的数据，其通用性使其在不同领域和任务上均能展现出色的性能。

（3）处理复杂关系。深度学习模型的层次结构能够捕捉和表示数据中的复杂非线性关系，这使得深度学习在处理复杂模式和关系时非常强大。

（4）在大规模数据上表现优越。深度学习通常需要大量标记数据来训练，但在拥有足够数据的情况下，这些模型的性能往往非常优越。

深度学习的缺点主要体现在以下方面：

（1）对大量标记数据的依赖。深度学习通常需要大量标记数据来进行训练，以获得良好的性能。然而，在某些领域，获取足够数量和高质量的标记数据可能非常昂贵或困难。

（2）计算资源需求高。训练深度学习模型通常需要大量的计算资源，尤其是在大规模神经网络中，这可能导致高昂的硬件成本和能源消耗。

（3）黑盒模型。深度学习模型通常被视为黑盒模型，其决策过程难以解释。

（4）过拟合的风险。在拥有大量参数的深度学习模型中，存在过拟合的风险，尤其是在训练数据不足或不平衡的情况下。过拟合可能导致模型在新数据上的性能下降。

（5）对超参数敏感。深度学习模型通常有许多超参数，而且对超参数的选择非常敏感。寻找最佳超参数组合可能需要大量的实验和计算资源。

2.2　机器学习流程

机器学习从数据出发，提取数据的特征、抽象出数据的模型、发现数据的知识，又回到对数据的分析与预测中。机器学习的通用流程大致分为三步：数据准备、模型建立、应用与评估，如图 2-16 所示。

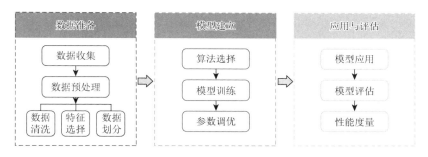

图 2-16　机器学习的通用流程[34]

2.2.1　数据准备

机器学习研究的对象是数据，以变量或变量组表示。数据的质量与规模直接决定着模型的预测精度，因此，要确保收集数据的完整性、准确性与可靠性。在机器学习之前，需要对收集的数据进行预处理，即将原始数据转换为用于模型训练数据的过程，涉及数据清洗、特征提取与选择、数据划分（用于训练模型的训练集、用于选择模型的验证集、用于评估模型的测试集）等。

数据清洗是数据预处理的一个重要环节，主要包括缺失值处理、异常值检测和处理、去除重复数据、数据类型转换、特征标准化或归一化等。在处理缺失值时，可以选择删除包含缺失值的行，用均值、中位数、众数进行填充，或使用插值方法。在处理异常值时，可以选择删除异常值，进行截断或转换，或使用更复杂的异常值处理技术。对数值型特征进行标准化或归一化，确保它们具有相似的尺度，以避免某些特征对模型的影响过大。常见的标准化方法有 z-score 标准化和 MinMax 归一化[35]。数据清洗的目的是优化输入数据，确保模型能够从中学到有用的信息，提高模型的鲁棒性和可靠性。

特征选取涉及从原始数据中提取有价值的信息或特征，用于模型训练。特征选取的质量直接影响模型的性能。常见的特征选取方法有方差阈值法、相关性分析、递归特征消除等。其中，方差阈值法是通过删除方差低于某个阈值的特征来减小数据维度；相关性分析是分析特征之间的相关性，删除高度相关的特征；递归特征消除是通过递归地考察模型的性能来选择重要的特征。以下重点介绍两种常用的相关性分析方法：皮尔逊相关系数（Pearson correlation coefficient，PCC）和最大信息系数（Maximal information coefficient，MIC）。

皮尔逊相关系数是一种用来衡量两个变量之间线性关系强度和方向的统计指标，常用于度量两个连续变量之间的线性相关性，其取值范围在–1 到 1 之间。皮尔逊相关系数 r 的表达式为

$$r(X,Y) = \frac{\sum_{i=1}^{n}(x_i - \overline{x})(y_i - \overline{y})}{\sqrt{\sum_{i=1}^{n}(x_i - \overline{x})^2}\sqrt{\sum_{i=1}^{n}(y_i - \overline{y})^2}} \tag{2-20}$$

式中，$\{(x_i, y_i), i = 1, \cdots, n\}$ 为两个变量的观测值；n 为样本大小。

皮尔逊相关系数的值越接近于 1 或–1，表示两个变量之间的线性关系越强。其中，1 表示完全正相关，即一个变量随着另一个变量的增加而增加；–1 表示完全负相关，即一个变量随着另一个变量的增加而减小。皮尔逊相关系数的值越接近于 0，表示两个变量之间的线性关系较弱或者不存在。皮尔逊相关系数的特点在于不适用于非线性关系的度量；对异常值敏感，即在数据中存在极端值时，皮尔逊相关系数的值可能受到影响；取值范围始终在–1 和 1 之间，可以方便地解释相关性的强度和方向。但皮尔逊相关系数计算基于数据正态分布假设，当数据不满足正态分布时，可能导致误导。

最大信息系数（MIC）是一种基于信息理论的关联度量，用于捕获变量之间广泛线性或非线性关系。其计算基于朴素互信息估计 $I_{\mathrm{MIC}}\{x, y\}$ 和数据依赖的分组方案：

$$\mathrm{MIC}(x, y) = \max \frac{I_{\mathrm{MIC}}\{x, y\}}{\log_2 \min\{n_X, n_Y\}} \tag{2-21}$$

$$I_{\mathrm{MIC}}\{x, y\} = \sum_{x,y} \hat{p}(\tilde{x}, \tilde{y}) \log_2 \frac{\hat{p}(\tilde{x}, \tilde{y})}{\hat{p}(\tilde{x})\hat{p}(\tilde{y})} \tag{2-22}$$

式中，n_X 和 n_Y 分别为施加在 x 和 y 轴的分箱数量；$\hat{p}(\tilde{x}, \tilde{y})$ 为落入 $(\tilde{x}, \tilde{y})$ 区间的数据点的比例。

最大信息系数的计算可以通过选择比例 $\hat{p}(\tilde{x}, \tilde{y})$ 最大的分箱组合来实现，同时确保总的分箱不超过阈值。最大信息系数的取值范围在 0～1 之间，其中 0 表示变量 X 和 Y 之间

的统计独立性，1 表示它们之间存在完全的无噪声依赖关系。虽然最大信息系数提供了很好的非线性关系度量，但会耗费大量计算资源和时间，且无法提供关系的方向或符号（正相关还是负相关）。

最大信息系数的特点在于不依赖于任何分布假设，在不同类型的数据上都可以使用；对于数据中的噪声和异常值有一定的鲁棒性；适用于线性和非线性关系的检测。但它的计算相对较慢，尤其是对于大规模数据集。此外，最大信息系数的值受到数据分辨率的影响，对于分辨率较低的数据可能不够敏感。

由著名数学家格雷戈里·沃罗诺伊（Gregory Voronoi）创立的沃罗诺伊图[36]方法在数据预处理、特征工程和模型解释等方面也具有广泛应用。沃罗诺伊图将空间分割成若干个区域，每个区域内的点均离某一组特定的输入点最近。这些输入点被称为"种子点"或"生成点"，而区域则被称为沃罗诺伊单元。沃罗诺伊图方法的基本思想是将空间中的每个点分配给离它最近的种子点所对应的区域，从而形成一种分割或划分。沃罗诺伊图的原理描述如下：

假设有一个包含 n 个点的平面，记为 $P = \{p_1, p_2, \cdots, p_n\}$，这些点被称为生成点。沃罗诺伊图将平面分割成一组区域，每个区域均与生成点集中的一个点 p_i 相关联，这个区域内的所有点均比其他生成点更接近 p_i。对于每个生成点 p_i，其沃罗诺伊区域 $V(p_i)$ 是所有与 p_i 最近的点组成的区域。可以采用以下表达式定义沃罗诺伊区域：

$$V(p_i) = \left\{ q \in \mathbb{R}^2 : \|q - p_i\| \leqslant \|q - p_j\|, \ \forall p_j \in P, \ p_j \neq p_i \right\} \tag{2-23}$$

式中，$\|q - p_i\|$ 为点 q 到生成点 p_i 的欧几里得距离；$\|q - p_j\|$ 为点 q 到其他生成点 p_j 的欧几里得距离。

基于此，给定一组生成点 P，就可以构建出对应的沃罗诺伊图，其中每个区域 $V(p_i)$ 代表了与特定生成点 p_i 最近的点的集合[37]。

2.2.2 模型建立

数据准备好后，根据数据特点，基于训练数据集，寻找最能反映数据规律的机器学习模型。根据指定的学习策略，通常基于损失函数或者风险函数，从假设空间中选择最优模型，进一步采用合适的学习算法求解最优模型。通常将模型、策略和算法称为机器学习方法的三要素。

网格搜索（grid search，GS）、随机搜索（random search，RS）、贝叶斯优化（Bayesian optimization，BO）和遗传算法（genetic algorithm，GA）是目前最为常用的超参数优化算法，用于调整模型中的超参数，以提高模型的性能。

（1）网格搜索通过在预定义的参数组合上进行穷举搜索来找到最佳的超参数组合。该方法简单易用，适用于小型超参数空间，但计算成本高，特别是在超参数空间较大时，会耗费大量的计算资源和时间。

（2）与网格搜索相比，随机搜索在超参数搜索空间内随机选择一组参数组合进行评估，而不是穷举地遍历所有可能的组合。该方法的特点在于高效和避免局部最优。其中，高效体现在：由于随机搜索随机选择参数组合，通常需要较少的评估来找到较好的超参数；此外，每次评估是独立的，随机搜索易于并行化，可以同时评估多个参数组合，从而进一步提高搜索的效率。由于随机搜索不受限于固定的搜索网络，有助于避免陷入局部最优解。

（3）贝叶斯优化是一种黑盒优化算法，用于求解表达式未知的函数的极值问题。它基于贝叶斯定理，通过构建概率模型来描述目标函数的后验分布，并利用该模型选择下一个采样点，以最大化采样价值。该方法高效，但相对复杂，需要选择合适的贝叶斯模型和优化算法。

（4）遗传算法通过模拟生物进化过程中的选择、交叉和变异来寻找最佳超参数组合。该方法适用于离散和连续参数，能够在大型超参数空间中寻找较好的解。但其计算成本高，需要进行多次模型训练和评估。

超参数优化算法的示意图如图 2-17 所示。

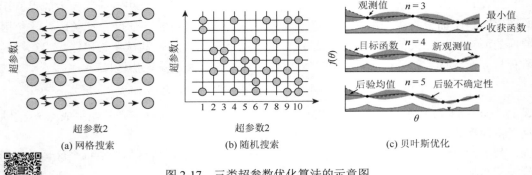

图 2-17　三类超参数优化算法的示意图

2.1 节所介绍的机器学习模型中典型的超参数包括：线性回归中的学习率、正则化参数等；决策树中的划分标准、最大深度、最小样本分割数、最小样本叶结点数等；支持向量机中的核函数、正则化参数等；随机森林中的决策树的超参数、树的数量等；梯度提升树中的决策树的超参数、树的数量、学习率等；神经网络中的学习率、批量大小、隐藏层结构、激活函数、正则化参数等。

2.2.3　模型评估

在模型构建后，根据模型的测试误差对模型进行评估，测试误差小的模型具有更好的预测能力。常见的评估指标包括平均绝对误差（mean absolute error，MAE）、均方根误差（root mean square error，RMSE）、决定系数（R^2）和平均绝对百分比误差（mean absolute percentage error，MAPE），分别如式（2-24）～式（2-27）所示。

$$\text{MAE} = \frac{1}{m}\sum_{i=1}^{m}\left|y_i - \hat{y}_i\right| \tag{2-24}$$

$$RMSE = \sqrt{\frac{1}{m}\sum_{i=1}^{m}(y_i - \hat{y}_i)^2}$$ （2-25）

$$R^2 = 1 - \frac{\sum_{i=1}^{m}(y_i - \hat{y}_i)^2}{\sum_{i=1}^{m}(y_i - \overline{y}_i)^2}$$ （2-26）

$$MAPE = \frac{100\%}{m}\sum_{i=1}^{m}\left|\frac{y_i - \hat{y}_i}{y_i}\right|$$ （2-27）

式中，m 为样本量；y_i 为真实值；$\hat{y}_i$ 为预测值；$\overline{y}_i$ 为平均值。

平均绝对误差和均方根误差表征测量误差的平均大小，其中均方根误差对较大的误差进行更大的惩罚，而平均绝对误差对误差大小进行线性惩罚。决定系数用于衡量预测值与实验结果的拟合优度。平均绝对误差和均方根误差值越小，决定系数值越大，意味着模型的预测准确性越高。

然而，如果一味提高对训练数据的预测能力，所选模型的复杂度往往会比真模型高，对未知数据的预测效果不理想，这种现象称为过拟合，如图 2-18 所示。

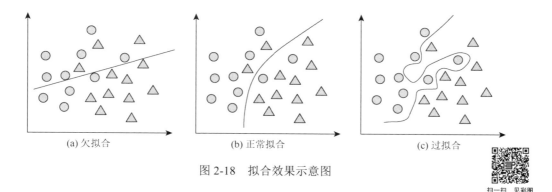

(a) 欠拟合　　　　　　　　　(b) 正常拟合　　　　　　　　　(c) 过拟合

图 2-18　拟合效果示意图

扫一扫　见彩图

为防止出现过拟合，在进行最优模型的选择时，宜选择复杂度适当的模型，以达到使测试误差最小的学习目的。模型选择的典型方法是正则化。正则化是结构风险最小化策略的实现，是在经验风险上加一个正则化项或惩罚项。正则化项一般是模型复杂度的单调递增函数，模型越复杂，正则化值越大。

当样本数据不充足时，可以采用交叉验证方法。常见的有简单交叉验证、K 折交叉验证、留一交叉验证。

（1）简单交叉验证是将原始数据集分成两部分，一部分用于训练模型，另一部分用于测试模型。通常，数据按照一定比例分成训练集和测试集。例如，70%用于训练，30%用于测试。该方法计算成本较低，适用于大规模数据，简单且易于理解，但结果会受到分割比例的影响，对数据分割的随机性敏感。

（2）K 折交叉验证将数据集均匀划分为 K 个子集，其中一个子集被保留用于模型测试，而其余 K-1 个子集用于模型训练。这个过程重复 K 次，每个子集都有机会成为一次测试集。最终，得到 K 个模型性能的评估结果，通常取这 K 次评估的平均值。该方法减少了分割的随机性影响，但计算成本较高。

（3）留一交叉验证是将每个样本都充当一次测试样本，其余样本作为训练集，依次循环，总共进行 n 次（n 为样本数量）模型训练和测试，最后计算 n 次测试结果的平均值。该方法对于小样本数据集准确性较高，但计算成本非常高。

5 折交叉验证与留一交叉验证的示意图如图 2-19 所示。

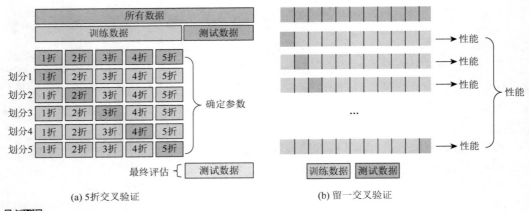

(a) 5折交叉验证　　　　　　　　　　　　(b) 留一交叉验证

图 2-19　交叉验证的示意图

扫一扫　见彩图

2.3　本　章　小　结

本节首先介绍了常见的机器学习算法，重点介绍了在固体力学领域应用广泛的监督学习算法和深度学习算法的原理与特点。然后，介绍了通用的机器学习流程，包括数据准备、模型建立和模型评估。在对机器学习算法和流程有了基本认识后，后文将详细介绍机器学习在固体变形与疲劳断裂分析中的应用。

参　考　文　献

[1]　周志华. 机器学习[M]. 北京：清华大学出版社，2016.

[2]　李航. 机器学习方法[M]. 北京：清华大学出版社，2022.

[3]　Galton F. Regression towards mediocrity in hereditary stature[J]. The Journal of the Anthropological Institute of Great Britain and Ireland，1886，15：246-263.

[4]　Williams C K I，Rasmussen C E. Gaussian processes for regression[C]//Proceedings of the 8th International Conference on Neural Information Processing Systems. New York：ACM，1995：514-520.

[5]　Keijzer M. Symbolic regression[C]//Proceedings of the 10th annual conference companion on Genetic and evolutionary computation.New York：ACM，2008：2895-2906.

[6]　Yu H，Hu Y N，Kang G Z，et al. High-cycle fatigue life prediction of L-PBF AlSi10Mg alloys：A domain knowledge-guided symbolic regression approach[J]. Philosophical Transactions of the Royal Society A：Mathematical，Physical and Engineering Sciences，2024，382（2264）：20220383.

[7]　Cover T，Hart P. Nearest neighbor pattern classification[J]. IEEE Transactions on Information Theory，2006，13（1）：21-27.

[8]   Bayes R T. An essay towards solving a problem in the doctrine of chances[J]. Resonance，2003，8（4）：80-88.

[9]   Hunt E B，Marin J，Stone P J. Experiments in induction[M]. New York：Academic Press，1966.

[10]   Quinlan J R. Induction of decision trees[J]. Machine Learning，1986，1（1）：81-106.

[11]   Olshen R A，Quinlan J R. C4.5：Programs for machine learning[M]. San Francisco：Morgan Kaufmann，1992.

[12]   Breiman L. Random forests[J]. Machine Learning，2001，45：5-32.

[13]   Peng X，Wu S C，Qian W J，et al. The potency of defects on fatigue of additively manufactured metals[J]. International Journal of Mechanical Sciences，2022，221：107185.

[14]   Cortes C，Vapnik V. Support-vector networks[J]. Machine Learning，1995，20（3）：273-297.

[15]   Friedman J H. Greedy function approximation：A gradient boosting machine[J]. The Annals of Statistics，2001，29（5）：1189-1232.

[16]   Chen T Q，Guestrin C. XGBoost：A scalable tree boosting system[C]. Proceedings of the 22nd ACM SIGKDD International Conference on Knowledge Discovery and Data Mining，New York，2016：785-794.

[17]   Kazemi V，Sullivan J. One millisecond face alignment with an ensemble of regression trees[C]. 2014 IEEE Conference on Computer Vision and Pattern Recognition，New York，2014：1867-1874.

[18]   McCulloch W S，Pitts W. A logical calculus of the ideas immanent in nervous activity[J]. Bulletin of Mathematical Biology，1990，52（1/2）：99-115.

[19]   Rosenblatt F. The perceptron：A probabilistic model for information storage and organization in the brain[J]. Psychological Review，1958，65（6）：386-408.

[20]   Rumelhart D E，Hinton G E，Williams R J. Learning representations by back-propagating errors[J]. Nature，1986，323：533-536.

[21]   Fukushima K. Neocognitron：A self-organizing neural network model for a mechanism of pattern recognition unaffected by shift in position[J]. Biological Cybernetics，1980，36（4）：193-202.

[22]   LeCun Y，Boser B，Denker J S，et al. Backpropagation applied to handwritten zip code recognition[J]. Neural Computation，1989，1（4）：541-551.

[23]   Ronneberger O，Fischer P，Brox T. U-net：Convolutional networks for biomedical image segmentation[C]//International Conference on Medical Image Computing and Computer-Assisted Intervention. Berlin：Springer，2015：234-241.

[24]   Hinton G E，McClelland J L，Rumelhart D E. Distributed representations[M]//Parallel distributed processing：Explorations in the microstructure of cognition：Volume I. Cambridge MIT Press，1986.

[25]   Hochreiter S，Schmidhuber J. Long short-term memory[J]. Neural Computation，1997，9（8）：1735-1780.

[26]   Vaswani A，Shazeer N，Parmar N，et al. Attention is all you need[C]. Proceedings of the 31st International Conference on Neural Information Processing Systems，New York，2017：6000-6010.

[27]   Yang J Y，Kang G Z，Kan Q H. A novel deep learning approach of multiaxial fatigue life-prediction with a self-attention mechanism characterizing the effects of loading history and varying temperature[J]. International Journal of Fatigue，2022，162：106851.

[28]   Erdős P，Rényi A. On the evolution of random graphs[J]. Publicationes Mathematicae Institute Hungarici Academiae Scientiarum，1960，5：17-60.

[29]   Goodfellow I J，Pouget-Abadie J，Mirza M，et al. Generative adversarial nets[C]//Proceedings of the 27th International Conference on Neural Information Processing Systems. Cambridge：MIT Press，2014：2672-2680.

[30]   Hinton G E，Zemel R S. Autoencoders，minimum description length and Helmholtz free energy[C]. Proceedings of the 6th International Conference on Neural Information Processing Systems，New York，1993：3-10.

[31]   Kingma D P，Welling M. Auto-encoding variational Bayes[J]. arXiv preprint arXiv：1312.6114，2013.

[32]   Hinton G E，Salakhutdinov R R. Reducing the dimensionality of data with neural networks[J]. Science，2006，313（5786）：504-507.

[33]   胡越，罗东阳，花奎，等. 关于深度学习的综述与讨论[J]. 智能系统学报，2019，14（1）：1-19.

[34] 胡雅楠，余欢，吴圣川，等. 基于机器学习的增材制造合金材料力学性能预测研究进展与挑战[J]. 力学学报，2024，56（7）：1892-1915.

[35] Wang H J，Li B，Gong J G，et al. Machine learning-based fatigue life prediction of metal materials：Perspectives of physics-informed and data-driven hybrid methods[J]. Engineering Fracture Mechanics，2023，284：109242.

[36] Metropolis N，Sharp D H，Worlton W J，et al. Frontiers of supercomputing[M].California：University of California Press，1986.

[37] Bayar G，Bilir T. A novel study for the estimation of crack propagation in concrete using machine learning algorithms[J]. Construction and Building Materials，2019，215：670-685.

第 3 章　基于机器学习的多尺度塑性力学分析

如第 1 章所述，尽管多尺度模拟在理解材料跨尺度变形行为方面取得了一定进展，但在揭示影响这些行为的重要因素以及建立关联材料微观结构与宏观性能的跨尺度映射方面仍然面临着巨大挑战。这主要是因为材料的塑性变形过程涉及多个时空尺度，演化过程异常复杂，难以准确捕捉和分析。以金属材料为例，其塑性变形过程包括纳米尺度下的位错形核、微米尺度下大量位错交互作用、细观尺度下滑移带的形成和发展等。分子动力学（molecular dynamics，MD）模拟、离散位错动力学（discrete dislocation dynamics，DDD）模拟、晶体塑性有限元方法（crystal plasticity finite element method，CPFEM）方法是不同时空尺度下研究材料塑性变形行为的重要手段，然而，计算效率和计算准确性、不同尺度手段之间的耦合关联等问题阻碍了多尺度模拟方法的发展。为解决这些问题，近年来不断发展的机器学习方法成为一种有望的途径，目前已在材料塑性力学行为分析方面取得了一定的进展。这一方法有望弥补传统多尺度塑性力学行为模拟的不足，提高对材料塑性变形行为的理解，进而为材料设计和工程应用提供更为精准的指导。因此，本章将着重介绍机器学习方法在材料多尺度塑性力学分析中的若干应用，重点突出作者课题组在基于机器学习的分子动力学模拟、离散位错动力学模拟和晶体塑性有限元模拟方面的研究成果[1-2]；另外，还将介绍其他研究团队在基于机器学习的本构模型研究方面的进展。

3.1　基于机器学习的原子模拟

近年来，机器学习在材料塑性变形行为的原子模拟方面取得了较多应用成果，特别是在机器学习势函数的构建及其在探索材料力学性能的应用方面。这些研究工作不仅突显了机器学习在解决材料科学中复杂问题方面的潜力，同时也为固体力学学科研究提供了全新的思维方式。本节将对相关研究的最新发展进行简要介绍，包括机器学习势函数的构建流程以及基于机器学习势函数进行大规模原子模拟、探索纳米尺度下材料变形机理方面的研究成果。

3.1.1　深度学习势函数的构建

长期以来，传统的势函数，如伦纳德-琼斯（Lennard-Jones）势、嵌入原子势法（embedded atom method，EAM）和反应力场（ReaxFF）等，在金属、化合物等材料力学行为模拟中扮演了重要角色。然而，这些传统势函数往往存在精度不高的问题，限制了原子模拟的精确性和可靠性。机器学习势函数因其灵活的函数形式而备受瞩目，其通过高维数据的拟合，显著提升了势函数的精度和适用性。正如图 3-1 所示，中心原子 i 的能量与其和近邻原子的相互作用紧密相关，这种相互作用包括径向和角度的关系，以及满足平移和旋转对称性。通过基于第一性原理计算的结构和能量数据，机器学习模型能够进行深度拟合，从而准确地预测体系的能量变化。

机器学习势函数运用了一种数据驱动的方法，包括训练、验证和测试阶段，数据集源自基于第一性原理计算的结果。因此，高质量的机器学习势函数不仅能够接近量子力学方法[如密度泛函理论（density functional theory，DFT）]的精度，还能够用较少的参数来描述那些传统势函数难以涵盖的复杂系统。近年来，机器学习势函数不断地发展，涌现出多种框架，其中包括 GAP（gaussian approximation potential，高斯近似势能）、SNAP（spectral neighbor analysis potential，谱邻域分析势能）、MTP（moment tensor potential，矩张量势能）[3]以及 NEP（neural evolution potential，神经进化势能）[4]等。根据所采用的机器学习方法不同，这些框架可以进一步细分为传统机器学习势和深度学习势。本节以 VCoNi 三元中熵合金体系为例，介绍机器学习在深度学习势函数构建中的应用。

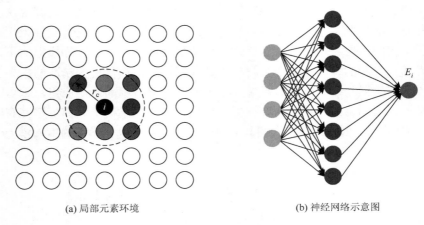

(a) 局部元素环境　　　　　　　　　(b) 神经网络示意图

图 3-1　　原子局部环境示意图

r_c 代表中心原子 i 与近邻原子的径矢，并将数据信息传递给神经网络预测原子能量 E_i

1. 机器学习势函数

选用神经演化势 NEP[4]作为势函数框架。该框架认为原子 i 的位能是具有 N_{des} 个分量的径向函数的组合，$U_i(q) = U_i\left(\left\{q_\nu^i\right\}_{\nu=1}^{N_{des}}\right)$，$U_i$ 代表单原子势能，$\left\{q_\nu^i\right\}$ 是一个高维矢量并构成神经网络的输入。通过具有 N_{neu} 个神经元的、单个隐藏层的前馈神经网络可以对该函数进行建模，即

$$U_i = \sum_{\mu=1}^{N_{neu}} \boldsymbol{\omega}_\mu^{(1)} \tanh\left(\sum_{\nu=1}^{N_{des}} \boldsymbol{\omega}_{\mu\nu}^{(0)} q_\nu^i - \boldsymbol{b}_\mu^{(0)}\right) - b^{(1)} \tag{3-1}$$

式中，tanh(·) 为神经网络隐藏层的激活函数；$\boldsymbol{\omega}_\mu^{(0)}$ 为连接输入层和隐藏层的权重矩阵；$\boldsymbol{\omega}_\mu^{(1)}$ 为连接隐藏层和输出层的权重矩阵；$\boldsymbol{b}_\mu^{(0)}$ 为隐藏层中的偏置向量；$b^{(1)}$ 为节点 U_i 的偏置向

量；N_{neu} 为隐藏层神经元数目；N_{des} 为描述符维度；μ 和 v 为求和变量。这些参数需要通过训练来确定。描述符包含径向和角度描述符，训练过程使用可分离自然进化策略来优化 NEP 中的自由参数提高势函数精度。

不同机器学习势精度和速度存在很大差异，可以以计算耗时和势函数预测精度为指标来对 GAP、MTP、NEP 等多种机器学习势框架进行对比。根据 Fan 等[4]的测试结果表明：在相同的算力条件下，传统机器学习势 GAP 表现出更大的误差和更长的计算时间；MTP 方法在保持较高精度的同时表现出不错的计算速度；而基于 GPU 显卡计算开发的 NEP 势则展现出高出其他机器学习势数个数量级的速度，甚至可以与传统势函数，如 EAM 相媲美。

2. 机器学习势函数构建流程

机器学习势函数通过一定的技术手段，能够将第一性原理计算的精确性有效地映射到原子模拟尺度上，从而实现了在大规模范围内进行高精度的原子模拟。机器学习势函数的构建过程如图 3-2 所示。首先，最关键的一步是获取第一性原理计算得到的结构数据，包括合金中每个元素的基态结构、在一定应变下的结构、通过从头算分子动力学所得到的静态结构，以及各种表面和空位构型等。为了进一步扩展势函数的适用范围，往往需要添加特定环境下的结构数据，比如高温下的液态结构、低温下的固态结构、含有如晶界和位错等缺陷的特殊结构等。这些结构数据所包含的信息涵盖了体系的能量和原子受力等重要特征。

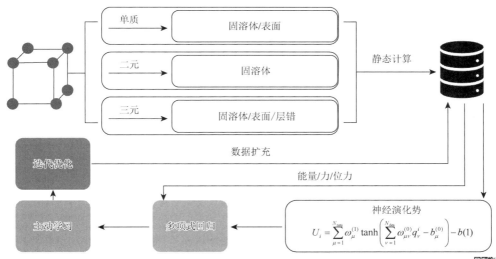

$$U_i = \sum_{\mu=1}^{N_{neu}} \omega_\mu^{(1)} \tanh\left(\sum_{v=1}^{N_{des}} \omega_{\mu v}^{(0)} q_v^i - b_\mu^{(0)}\right) - b(1)$$

图 3-2　机器学习势函数通用拟合流程

扫一扫　见彩图

另外，构建一个三元体系势函数还需要一个涵盖单质、二元和三元体系的超胞构型。然而，实际上不同元素在体系内的分布往往存在一定程度的波动。由于第一性原理计算的超胞总原子数通常只有一两百个，难以包含所有可能的元素分布情况。因此，为了能够更准确地模拟多元合金的性质，需要构建特殊的准随机无序超胞来考虑各种元素的不同分布情况。

当获得了数据集后，接下来就是运用神经网络方法构建势函数。这需要建立一种能够恰当描述系统能量和原子受力信息的模型。通过神经网络的前向传递和反向传播过程，不断地对模型进行拟合和优化，从而提高预测的精度。同时，还需要不断调整超参数，以增加势函数对弹性常数、晶格常数、熔点等基本物理性质的准确预测能力。此外，还可以不断地向数据集中添加新的构型，以进一步提升势函数的普适性和适用范围。迭代过程使得机器学习势函数在逐步发展中不断提升预测能力和精确性，从而更好地预测高熵合金等材料的弹塑性变形行为。

下面以三元 VCoNi 中熵合金的势函数构建为例介绍深度学习势函数的构建流程。如图 3-3 所示，为了覆盖原子模拟的所有环境，需要准备大量固态和液态下的原子构型。此外，合金在弹塑性变形过程中往往会有位错、层错和空位等缺陷形成，也可能发生相变过程，因此，这些构型都必须包含在数据集中，并通过第一性原理计算得到能量、原子力等信息。获得的数据集导入神经网络中进行拟合迭代获得初始势函数。初始势函数还需要进行进一步的力学测试，如拉伸、剪切等来检验其合理性，测试过程中出现的不合理构型将被导出，并重新进行第一性原理计算，这些修正后的构型将被加入数据集中进行进一步迭代，进而获得新的势函数。

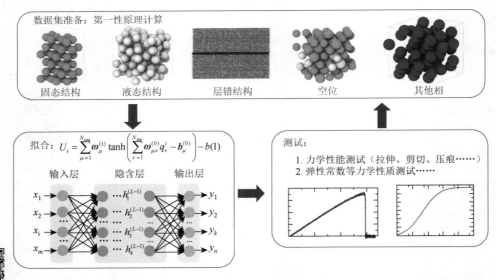

图 3-3　VCoNi 深度学习势函数拟合过程，包括数据集准备、神经网络拟合和势函数测试

训练深度学习势时超参数的选择对势函数的精度和计算效率都至关重要，表 3-1 总结了训练 VCoNi 体系 NEP 势所选择的超参数值。其中，元素类型包括 V、Co 和 Ni；截止半径 cutoff 包含径向和角度量，分别为 6Å 和 4Å；n_max 决定了径向和角度描述符的数量，都设置为 8；neuron 为隐藏层神经元数目，设置为 50；lambda_e、lambda_f 和 lambda_v 分别为训练时能量、力和位力的相对权重，分别设置为 1、1 和 0.1，这表明在训练过程

中能量和力的误差会减少得更快; population 代表神经演化算法中种群的数目,设置为 60;总训练步数 generation 设置为 500000。随着不断训练, NEP 的训练误差不断减少直至收敛, 而对应的能量、力和位力误差也相应较小, 使得 NEP 预测精度不断提高, 预测值和 DFT 数据集更加接近。

表 3-1　VCoNi 体系 NEP 模型训练超参数

超参数名称	超参数值
元素类型	V, Co, Ni
cutoff/Å	6, 4
n_max	8, 8
neuron	50
lambda_e	1
lambda_f	1
lambda_v	0.1
population	60
generation	500000

3. 机器学习势函数的验证

获得的机器学习势函数需要验证其准确性,最常见的是基于机器学习势计算材料基本物理量并与实验结果进行对比。表 3-2 总结了通过 NEP 框架拟合得到的 VCoNi 深度学习势对单质和合金的晶格常数 (a)、弹性常数 (C_{11}、C_{12} 和 C_{44})、不稳定层错能 (γ_{usf})、层错能 (γ_{sfe}) 和熔点 (T_m) 的预测结果, 并与实验和 DFT 计算结果进行了对比, 结果表明:深度学习势对单质和合金的预测结果均与实验或第一性原理结果接近。例如, VCoNi 的熔点实验值为 1523 K, 而深度学习势函数预测结果约 1486 K。这表明, 深度学习势函数对体系结构的描述比较合理。另外, 深度学习势函数预测的 VCoNi 合金层错能约为 41 mJ/m², 接近第一性原理计算得到的 30 mJ/m²。这些结果表明, 基于神经网络构建的 VCoNi 深度学习势函数对合金基本性质具有较好的预测结果, 为大规模分子动力学模拟提供了基础。

表 3-2　NEP 预测基本性能参数与实验及 DFT 结果对比

单质或合金	数据来源	a / Å	C_{11} /GPa	C_{12} /GPa	C_{44} /GPa	γ_{usf} / (mJ/m²)	γ_{sfe} /(mJ/m²)	T_m /K
	Expt.	3.03	232	119	45	—	—	2183
V	DFT	2.99	261	140	24	655	0	—
	NEP	2.99	249	144	14	886	0	2155
	Expt.	2.50	303	154	74	—	—	1768
Co	DFT	2.45	465	143	93	318	−65	—
	NEP	2.45	443	156	105	368	−27	1805

单质或合金	数据来源	a / Å	C_{11} /GPa	C_{12} /GPa	C_{44} /GPa	γ_{usf} / (mJ/m²)	γ_{sfe} /(mJ/m²)	T_m /K
	Expt.	3.52	261	150	131	—	—	1728
Ni	DFT	3.51	263	158	115	273	120	—
	NEP	3.51	248	175	116	277	150	1545
	Expt.	—	—	—	—	—	—	1523
VCoNi	DFT	3.577	279	183	121	276	30	—
	NEP	3.577	251	192	107	211	41	1486

注：Expt.代表实验。

3.1.2 基于深度学习势探究合金化学有序强化机理

　　基于机器学习势开展大规模分子动力学模拟已成为探究纳米尺度下材料变形机制的重要手段，特别对以高熵合金为代表的多主元合金，其晶格畸变和化学浓度波动等复杂构型特征有赖于精确的势函数来进行描述。多主元合金由于其高度复杂的构型熵，根据吉布斯自由能公式，在高温下能够稳定体系结构；然而，随着温度的降低，构型熵不再主导自由能的变化，某些特定的化学成分偏好逐渐变得显著，导致不同程度的有序结构出现。低温有助于合金形成长程或短程的有序结构（图 3-4）。这些有序结构会阻碍位错的运动，而位错的运动又会对材料的强度和塑性变形产生深远影响，因此，深入研究这些有序结构有助于更好地理解高熵合金材料的变形机制。本节中以 VCoNi 中熵为研究对象，基于 3.1.1 节中获得的 VCoNi 体系深度学习势，开展大规模分子动力学模拟，研究 VCoNi 合金化学有序结构导致的强化现象，并探究化学有序强化机理。

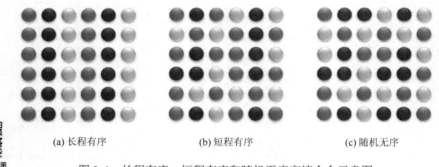

　　(a) 长程有序　　　　　　　　(b) 短程有序　　　　　　　　(c) 随机无序

图 3-4　长程有序、短程有序和随机无序高熵合金示意图

扫一扫　见彩图

1. VCoNi 短程有序结构

　　为了得到 VCoNi 体系的短程有序（short-range order，SRO），对初始随机分布的等原子 VCoNi 合金模型进行了混合蒙特卡罗/分子动力学（MC/MD）模拟。在模拟中，随机挑选原子对，并根据交换后体系势能是否降低决定是否执行交换，使得体系势能逐渐降低、结构更加稳定；MC/MD 模拟选择的系综为 NVT 正则系综，每 100MD 步后执行 100

次 MC 交换。图 3-5 说明了在 650 K 和 1250 K 下，单原子势能随 MC 模拟步数变化，结果表明，势能随着模拟的进行逐渐降低，以促进能量上有利的原子构型形成，在 650 K 和 1250 K 下退火的样品中，势能的总降低分别为 0.082 eV 和 0.06 eV。这表明，较低的退火温度在能量上形成了更有利的构型。由图 3-5 给出的退火后的原子构型可知，该结构具有局部化学有序性，表现为 V-V 对的排斥，而倾向于 V-Co 或 V-Ni 对，这与实验表征结果[5]一致。图 3-5 中的黑色线框表明富 V 平面被贫 V 平面分开，其中 Co 或 Ni 随机占据贫 V 面上格点位置，富 V 平面与富钴/富镍平面在空间上交替。事实上，原子半径较大的 V 原子倾向于与原子半径较小的 Co 或 Ni 原子形成键对，从而降低系统的自由能。

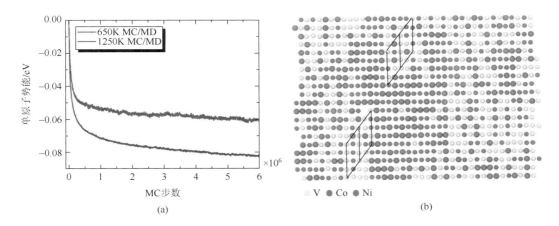

图 3-5　VCoNi 模型在 650 K 和 1250 K 下进行 MC/MD 退火势能演化曲线及退火得到的化学有序构型

注：黑色线框表明 V 原子排斥形成的条带结构

扫一扫　见彩图

2. VCoNi 短程有序强化

为了进一步探究短程有序结构的强化效应，对 650 K 和 1250 K 下退火构型和初始随机无序（random solid state，RSS）的 VCoNi 构型进行单轴拉伸模拟。模拟单元为边长为 7 nm 的立方单晶，总原子数为 32000；模拟环境为室温，单轴拉伸应变率为 5×10^8/s。由模拟得到的应力-应变曲线（图 3-6）可见，引入化学短程有序构型后，峰值应力从 7 GPa 上升至约 15 GPa，表现出明显的强化效应。这表明，化学短程有序构型的引入大大提高了位错形核能垒和形核应力。然而，对应的原子构型表明，化学短程有序构型的引入提高了位错形核能垒、降低了位错密度。例如，在 650 K 模型中红色（见二维码）的层错结构相较于 RSS 模型大大减少。

为了进一步验证化学有序结构对位错形核能垒的影响，还计算了 SRO 和 RSS 模型的广义层错能曲线。金属的广义层错能曲线深刻反映了位错滑移势能变化过程，即随位错芯滑动体系能量和力的变化曲线，广义层错能曲线最大梯度对应于理想晶体剪切强度。如图 3-7 所示的结果表明：SRO 相较于 RSS 构型来说，不稳定层错能和稳定层错能均有明显提升，分别为 120 mJ/m² 和 210 mJ/m²；前者反映了位错形核和滑移能垒，后者体现了金属位错、孪生能力；引入 SRO 后合金力学性能发生了显著变化。

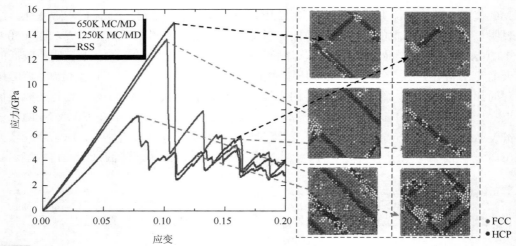

图 3-6 退火构型和随机无序构型单轴拉伸曲线及在不同应变下对应的原子结构

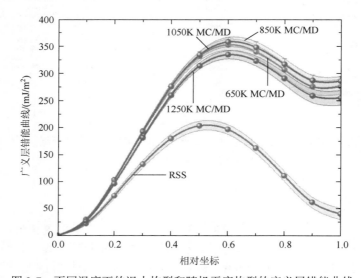

图 3-7 不同温度下的退火构型和随机无序构型的广义层错能曲线

本节探讨了机器学习在原子模拟中的应用，重点介绍了机器学习势的构建过程，机器学习方法显著提升了势函数精度，为大规模原子模拟提供基础，促进了材料微纳尺度变形机理研究。当前机器学习势函数在多元复杂系统中的推广性仍需进一步研究，通过扩展数据集、构建通用势函数等手段将促进对复杂体系的研究和材料的制造设计。

3.2 基于机器学习的离散位错动力学模拟

本小节将介绍单晶微柱压缩的离散位错动力学（DDD）模拟与机器学习的结合应用，并通过引入易激活位错来提高离散位错动力学模拟对微柱塑性变形行为的预测能力[1]。内容包括机器学习框架建立、输出结果分析及特征分析。

3.2.1　基于机器学习的单晶微柱离散位错动力学模拟

1. 数据集建立

为了综合考虑试样整体屈服响应并对屈服应力进行预测，本节通过三维离散位错动力学模拟来研究群体位错行为。内外部特征的设置如图 3-8（a）所示，表 3-3 列出了部分参数。将试样尺度（d）和试样加载轴取向（α）作为外部特征，将较易激活位错源，与边界取向（β^{FS}）①，与边界的距离（d^{FS}）以及长度（L_{FR}）②、施密德因子（m）和初始位错密度（ρ）作为内部特征。应变率设置为 $5000\ s^{-1}$，将 0.2% 塑性应变时的应力定义为屈服应力。对于该数据集，采用四组特征作为输入，具体如表 3-4 所示。数据集包含 140 组模拟，属于小型数据集。图 3-8（b）展示了数据的分布特征，呈现出明显的尺寸效应，即随着尺度减小，屈服应力呈上升趋势；此外，可以清晰地看出存在取向效应。为了更准确地预测屈服应力，需要建立机器学习模型，以捕捉这两种效应。

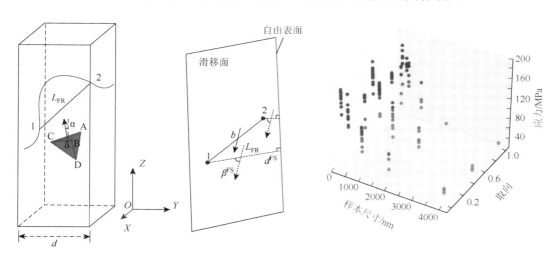

(a) 外部特征（微柱）和内部特征（易激活位错）的几何意义　　　　　(b) 微柱的取向和尺寸分布

图 3-8　特征设置与数据分布[1]

扫一扫 见彩图

表 3-3　数据集参数及取值范围

设置参数	符号	分布范围
试样尺度/nm	d	250，500，1000，2000，4000
试样加载轴取向/(°)	α	0，15，30，45，60，75，90
初始位错密度/($10^{13}\ m^{-2}$)	ρ	1，5

---

① FS: free surface，自由表面。
② FR: Frank-Read（弗兰克-里德），这里指弗兰克-里德位错源。

表 3-4　四类特征组所包含的具体特征

特征组类型	特征
外部特征	d, α
内部特征（不包含 L_{FR}）	d^{FS}, β^{FS}, m, ρ
内部特征（包含 L_{FR}）	d^{FS}, β^{FS}, m, ρ, L_{FR}
内部特征 + 外部特征	d, α, d^{FS}, β^{FS}, m, ρ, L_{FR}

2. 机器学习模型

此外，数据存在不均匀性。因此，需要考虑所选择的机器学习模型对不均匀数据集的适应性，以减少数据不平衡对预测结果的影响。针对这种不平衡的小数据集，本节选择并比较了一些传统机器学习方法，包括线性回归[6]、决策树[7]、随机森林[8]、梯度提升树[9]等方法，并通过机器学习库 sklearn[10]来实现这些算法，详细算法说明参见第 2 章。将数据划分为训练集和测试集，二者比例为 4∶1。对数据进行清洗、归一化，并比较不同机器学习方法的预测效果，选择具有最稳定预测效果的模型。机器学习流程如图 3-9 所示。

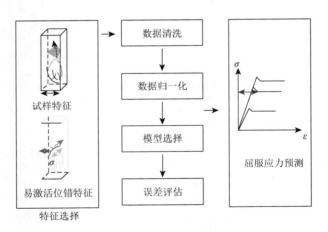

图 3-9　机器学习流程框架[1]

SHAP（Shapley additive explanations，沙普利加和解释）[11]，是一种博弈论方法，可用于量化单个特征的边际效应及两个特征之间的协同或相互作用。它是提高机器学习模型可解释性的有力工具。它通过计算每个变量对输出的贡献，可以解释机器学习模型的输出与输入之间的关联性。SHAP 通过为每个变量分配一个分数来揭示其对输出的重要程度，表达式如下：

$$f(x) = \phi_0 + \sum_{i=1}^{M} \phi_i \qquad (3\text{-}2)$$

式中，ϕ_0 为没有因素影响时模型的输出；M 为特征数；ϕ_i 为 Shapley（沙普利）值，即每个特征对于结果输出的影响。

3.2.2　预测结果与讨论

1. 预测结果

　　在对训练集应用随机森林进行学习后，得到了一个机器学习模型。训练集的学习效果如图 3-10（a）所示，数据点主要分布在 $y = x$ 轴线的两侧。训练集的决定系数（R^2）和均方根误差（RMSE）分别为 0.96 和 24.71MPa。测试集的 R^2 和 RMSE 分别为 0.94 和 32.65MPa，略低于训练集，但仍能有效地预测屈服应力。在训练集和测试集中，不同形状的点代表不同试样尺寸的样本。由图可见，模型能够较好地捕捉样本尺寸的影响。图中两条虚线之间的阴影区域表示置信区间，区间范围为正负三倍 STD（误差带），约为 50MPa，大约 95% 的结果会落在这个区间内。

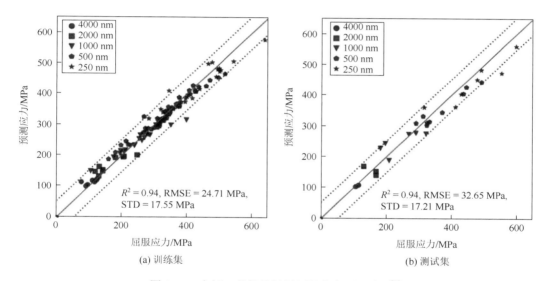

图 3-10　内部 + 外部特征组屈服应力预测效果[1]

注：横坐标代表 DDD 模拟的屈服应力，纵坐标代表机器学习模型产生的预测应力

　　通过将 FR（弗兰克-里德位）位错源的长度和易激活位错源的 Schmid（施密德）因子等包含尺寸和取向信息的内部特征，以及易激活位错源与自由表面夹角、距离等几何特征作为输入，而不考虑外部特征，使用相同的机器学习模型（随机森林）进行预测，结果如图 3-11 所示，可见：测试集的预测分布基本与使用内部和外部特征组合进行预测的结果相一致。这表明，机器学习模型能够从两种特征组合中提取类似的信息，并学习尺寸效应和取向效应。

　　为了研究机器学习方法对加载过程中的应力-应变响应曲线的预测效果，以加载过程中的应力作为标签，并在每增加 0.01% 的塑性应变时进行采样。由于计算资源的限制，模拟过程中仅模拟到屈服点（塑性应变达到 0.2%）。由于不同尺寸试样的屈服应力不同，模拟在不同的应变停止。前人的实验与模拟[12-14]显示，微柱压缩屈服后的应力-应变曲线基本呈水平状态，额外强化并不明显。为了获得一个"整齐"的数据集，对从屈服后应变增加至 1%的过程中的应力进行近似处理，假设其保持屈服应力的数值不变。对应变为0%～1%的 100 个采样点分别进行机器学习。如图 3-12（a）所示，通过模型的初始位错特征，模型能够预测应力-应变响应曲线。图 3-12（b）展示了预测效果随时间变化的趋势，用 R^2 来衡量预测效果，其中低于 0 的部分被视为 0。如图所示，预测效果呈先下降后上升的趋势。

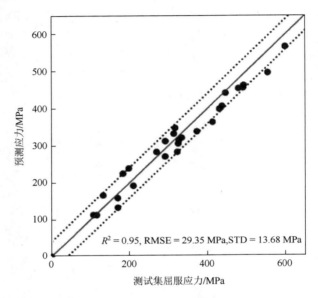

图 3-11　含位错源长度信息的内部特征组测试集屈服应力预测效果[1]

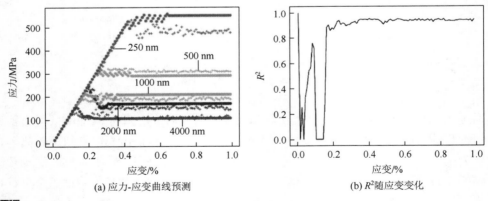

(a) 应力-应变曲线预测　　　　　　　　　(b) R^2随应变变化

图 3-12　预测结果[1]

注：（a）图中，圆点是真实值，＋是预测值

扫一扫　见彩图

2. 特征分析

在本节采用的机器学习模型中，主要包含两种特征类型：外部特征和内部特征。外

部特征包括试样的尺寸和取向，这两个特征对于屈服应力的影响最大，也是微尺度材料中尺寸效应和取向效应的主要特征。根据表 3-5 的结果，仅通过外部特征就能够取得较好的预测效果。这表明，机器学习模型能够很好地捕捉到屈服应力随着尺寸和取向的变化。然而，在位错开动过程中，位错的初始结构也会对屈服应力产生影响。即使在相同的尺寸和取向下，位错分布的差异也可能导致不同的屈服应力。为了验证内部特征对预测效果的影响，选择了两条位错（最易激活和次易激活）的相关信息作为输入。由于位错源的长度与试样尺寸高度相关，本节比较了是否加入 FR 位错源长度对预测效果的影响。在未加入 FR 位错源信息时，仅通过内部特征进行预测的效果远低于其他组合。这表明，仅仅依靠位错信息进行预测，缺乏尺度特征，是难以对屈服进行准确预测的；然而，一旦加入了 FR 位错源长度，仅通过位错源信息就能较好地预测材料的屈服情况。接下来，将所有特征进行组合，并采用随机森林或梯度提升回归等较为复杂的模型进行预测。结果表明，相较于仅使用外部特征或内部特征，使用组合特征并采用这些复杂模型能够得到更好的预测结果。这表明，机器学习模型能够将较易激活位错的信息纳入模型中，并提高预测的准确性。

表 3-5　各个特征组采用多种机器学习方法测试集的 R^2

机器学习方法	R^2			
	外部特征	内部特征（不包含 L_{FR}）	内部特征（包含 L_{FR}）	内部 + 外部特征
线性回归	0.755	0.588	0.747	0.779
决策树回归	0.893	0.628	0.558	0.516
随机森林回归	0.896	0.742	0.950	0.939
梯度提升回归	0.886	0.767	0.926	0.930

随着试样样本尺寸的增大，位错数量呈几何级增长。不同尺寸下的位错特征难以对齐，这可能对机器学习造成困难。为了克服这个问题，可以使用位错开动概率模型对易开动位错进行排序。理论上，考虑尽可能多的局部位错信息能够更好地反映试样中薄弱（位错易开动）区域。然而，在数据有限的情况下，增加特征数量可能导致模型难以识别这种信息，从而降低预测精度。易开动位错中，最易开动位错的重要程度最高；随着位错开动序列的增加，重要程度逐渐降低。通过选择对屈服影响较大的位错信息进行预测，可以提高模型的精度。根据表 3-6 的结果，使用随机森林回归模型研究了采样位错数量对机器学习预测效果的影响。采样位错数为 1~4 组，特征包括取向和距离边界的距离。结果发现，随着采样位错数的增加，模型的预测精度呈现先上升后下降的趋势；当采样位错数为 2 组时，预测精度达到最高点。当然，如果数据量足够大，可以统计更多的位错信息来学习试样的整体位错情况。综上所述，选择合适数量的位错信息用于预测可以提高机器学习模型的精度。在数据有限的情况下，需要权衡位错信息的数量和模型的预测能力，以达到最佳的预测效果。

表 3-6　　R^2 和 RMSE 随采样位错数的变化

采样位错数/组	R^2	RMSE/MPa	采样位错数/组	R^2	RMSE/MPa
1	0.903	41.23	3	0.888	44.30
2	0.939	32.65	4	0.879	46.10

　　图 3-13（a）、图 3-13（c）给出了通过 SHAP 进行特征分析得到的内部＋外部特征样本和包含位错源长度的内部特征样本的 SHAP 特征重要性图，其结果反映了特征在预测过程中的相对重要性。水平条形图上每个条形的长度表示特定特征的平均绝对 Shapley 值，按照这些值的降序排列。其中，位错源长度和试样尺寸都包含了尺寸信息，且模拟时位错源长度 L_{FR} 也随试样尺寸线性变化，满足 $L_{FR} = 90 + 0.05d$（nm）；施密德因子包含了取向信息。这两者对预测的影响最大，其次是易激活位错的信息，但其影响程度远低于尺寸和取向这两个关键因素。位错密度特征主要反映林位错交互作用导致的泰勒硬化效应，其影响远小于位错激活产生的尺寸和取向效应。图 3-13（c）表明，仅采用位错源长度信息的平均绝对 Shapley 值约等于采用外部尺寸信息和位错源长度信息的和。尺寸效应在两类特征下存在相似规律。更简化的特征可能带来更好的学习结果。

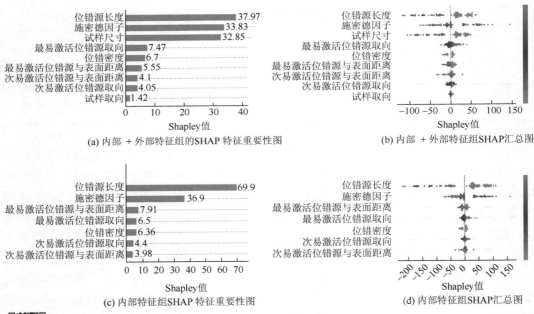

(a) 内部＋外部特征组的SHAP 特征重要性图　　　　(b) 内部＋外部特征组SHAP汇总图

(c) 内部特征组SHAP 特征重要性图　　　　　　(d) 内部特征组SHAP汇总图

图 3-13　SHAP 特征重要性图和汇总图[1]

注：内部特征组含位错源长度

　　图 3-13（b）、图 3-13（d）是 SHAP 汇总图，与特征重要性图相似，特征按降序排列。每个样本在每个特征行都有一个点，横坐标表示该点对预测结果的影响，颜色反映影响

的大小（从绿到红代表从小到大）。由图可见，屈服应力与尺寸、施密德因子以及位错源取向余弦值呈负相关；同时，图 3-13（b）显示位错源长度和尺寸对于预测结果的影响与 Shapley 值分布相似，说明模型从它们获取的信息相似，都是关于试样尺寸的信息。

3. 尺寸效应与取向效应分析

图 3-14 给出了尺寸效应和取向效应的机器学习结果。在面心立方（face-centered cubic，FCC）单晶微/纳米柱中，屈服/流动应力与试样直径之间存在幂律关系。图 3-14（a）描述了 DDD 模拟和机器学习对尺寸相关的屈服应力预测效果，遵循幂律定律。图 3-14（b）给出了屈服应力随晶体取向角余弦的变化。在 0° 取向的微柱中，主滑移系的施密德因子较小（为 0.272），导致屈服应力较高。结果表明，机器学习模型能够有效地捕捉取向效应。

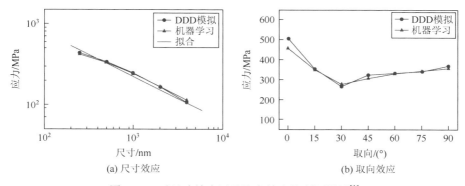

(a) 尺寸效应　　　　　　　　　　　(b) 取向效应

图 3-14　对尺寸效应以及取向效应的预测效果[1]

表 3-7 给出了不同尺度下，仅采用外部特征和采用内部 + 外部特征两种情况下的应力预测的 RMSE。从表中可以看出，在数据量较低的情况下，4000 nm 尺度下的预测误差明显低于其他尺度；此外，仅使用外部特征（即尺寸和取向特征）能够获得更好的预测效果。这是因为，当位错数量足够大时，单个位错对整体力学行为的影响微乎其微，屈服过程对应于多个位错的激活。因此，最易激活位错的特征可能成为冗余特征，反而降低了预测效果。在其他尺度下，引入内部特征提高了预测精度。在这些尺度下，较易激活的位错信息对于试样的屈服起到重要作用，加入这些信息可以更好地预测试样的力学行为。表 3-8 显示，通过引入位错信息，各个取向下的预测精度基本提升。

表 3-7　外部特征和内部 + 外部特征两种情况下不同尺寸的 RMSE

尺寸特征/nm	RMSE/MPa	
	外部特征	内部 + 外部特征
250	43.43	42.08
500	48.50	25.96
1000	37.93	34.27
2000	45.20	28.97
4000	1.58	4.90

表 3-8　外部特征和内部 + 外部特征两种情况下不同取向的 RMSE

取向特征/(°)	RMSE/MPa	
	外部特征	内部 + 外部特征
0	56.38	45.31
15	19.94	27.09
30	94.02	20.46
45	21.40	18.47
60	29.06	28.96
75	69.65	14.20
90	40.81	35.32

本节探讨了机器学习与离散位错动力学模拟的结合，重点分析了微柱压缩实验中的位错行为和塑性行为。通过机器学习算法构建了位错微结构与屈服响应之间的关联，此方法在微尺度材料的屈服应力和塑性变形预测方面展示出显著优势。然而，数据集的局限性和不均衡性依然是主要挑战，应更加关注构建大规模、多元化的位错行为数据集，以进一步优化预测模型。

3.3　基于机器学习的晶体塑性有限元分析

晶体塑性理论是一种微观尺度的物理模型，能够在晶粒尺度上预测材料的微观结构与宏观力学性能之间的关联。晶体塑性本构模型与有限元仿真相结合，形成了晶体塑性有限元方法（crystal plasticity finite element method，CPFEM），这种方法在各种金属材料的变形预测中得到了广泛应用。然而，晶体塑性有限元方法涉及本构模型参数的确定和复杂的非线性计算，存在计算效率较低的问题。为了克服晶体塑性有限元方法的局限性，一些学者[15-24]将机器学习引入到晶体塑性有限元方法中，以充分发挥双方的优势。例如，使用机器学习模型替代晶体塑性本构模型的计算部分[25]，从而加速计算过程，使晶体塑性有限元方法适用于宏观结构力学问题的计算。

为此，本节将介绍基于机器学习的晶体塑性参数确定方法和具体案例，主要探讨如何结合机器学习与遗传算法，以实现非局部晶体塑性模型参数的确定[2]。

3.3.1　基于机器学习的晶体塑性参数确定模型

确定晶体塑性模型参数是一个反问题，通常通过实验结果来解决。传统的方法是采用"试错法"，即通过调整材料参数，直至模拟结果与实验数据相匹配。但是，对于具有大量参数且可能存在非线性相互作用的复杂本构模型，通过"试错法"调整参数将极为困难。与此不同，遗传算法（genetic algorithm，GA）作为一种优化算法，采用进化程序和交叉重组算法，可以用于求解反问题。然而，晶体塑性有限元的模拟成本较高，这让遗传算法的迭代过程受到很大的限制。作者课题组利用机器学习方法与遗传算法相结合，对镍基高温合金的非局部晶体塑性本构模型参数进行确定[2]。

1. 非局部晶体塑性本构模型

研究所采用的本构模型为基于位错机制的非局部晶体塑性模型，该模型考虑了金属材料变形过程中可动位错、不可动位错和位错偶极子等多种位错构型的力学行为。在有限变形框架下，变形梯度 $\boldsymbol{F}$ 可以通过乘法分解为弹性变形梯度 $\boldsymbol{F}_e$ 和塑性变形梯度 $\boldsymbol{F}_p$，即

$$\boldsymbol{F} = \boldsymbol{F}_e \cdot \boldsymbol{F}_p \tag{3-3}$$

$\boldsymbol{F}_e$ 描述晶格弹性变形，而 $\boldsymbol{F}_p$ 则描述由位错滑移引起的塑性变形。塑性变形梯度的演化率 $\dot{\boldsymbol{F}}_p$ 可以表示为

$$\dot{\boldsymbol{F}}_p = \boldsymbol{L}_p \cdot \boldsymbol{F}_p \tag{3-4}$$

$\boldsymbol{L}_p$ 是位错运动引起的塑性速度梯度，可以表示为

$$\boldsymbol{L}_p = \sum_{\alpha=1}^{N_{slip}} \dot{\gamma}^\alpha \boldsymbol{s}^\alpha \otimes \boldsymbol{n}^\alpha \tag{3-5}$$

式中，$\dot{\gamma}^\alpha$ 为 α 滑移系上位错滑移剪切率；$\boldsymbol{s}^\alpha$ 为滑移方向矢量；$\boldsymbol{n}^\alpha$ 为滑移面法向矢量；N_{slip} 为滑移系数量。滑移剪切率 $\dot{\gamma}^\alpha$ 通过 Orowan（奥罗万）方程[26]描述：

$$\dot{\gamma}^\alpha = \sum \rho_{mobile}^\alpha b v^\alpha \tag{3-6}$$

式中，ρ_{mobile}^α 为 α 滑移系上的可动位错密度；b 为伯格斯矢量的大小；v^α 为位错运动速度。

位错运动时会遇到障碍，其平均速度 v^α 可表示为

$$v^\alpha = \left[t_P \left(\frac{b}{\sqrt{c_{at}}} \right)^{-1} + t_S (b)^{-1} + v_T^{-1} \right]^{-1} \cdot \text{sign}(\tau^\alpha) \tag{3-7}$$

式中，c_{at} 为固溶原子浓度；v_T 为黏滞速度，$v_T = \dfrac{b}{\eta} |\tau_{eff}|$，其中 η 为黏滞系数；t_S 和 t_P 分别为位错克服固溶原子障碍和 Peierls（派尔斯）障碍需要的时间；τ^α 为滑移系上驱动力。位错在障碍前的等待时间与位错尝试跨越障碍的频率和其成功跨越障碍的概率相关[27]，可以表达为

$$\begin{cases} t_S = \dfrac{1}{f} \exp\left[\dfrac{1}{k_B T} \dfrac{\tau_S d_{obst} b^2}{\sqrt{c_{at}}} \left(1 - \left(\dfrac{\tau_{eff}}{\tau_S} \right)^p \right)^q \right] \\[4mm] t_P = \dfrac{1}{f} \exp\left[\dfrac{1}{k_B T} \tau_P w_k b^2 \left(1 - \left(\dfrac{\tau_{eff}}{\tau_P} \right)^p \right)^q \right] \end{cases} \tag{3-8}$$

式中，T 为温度；f 为位错尝试跨越障碍的频率；幂指数项为位错成功跨越障碍的概率；k_B 为玻尔兹曼常量；τ_S 和 τ_P 分别为固溶原子障碍和 Peierls 障碍的强度；d_{obst} 为固溶原子直径；w_k 为双扭折宽度；p、q 为描述障碍能垒的系数；τ_{eff} 为滑移面上的有效分切应力，其可以表示为 α 滑移系上驱动力 τ^α 与位错运动需要克服的林位错交互作用力 τ_{cr} 之差，即

$$\tau_{eff} = \begin{cases} \left(|\tau^\alpha| - \tau_{cr} \right) \text{sign}\,\tau, & \text{若 } |\tau| > \tau_{cr} \\ 0, & \text{若 } |\tau| < \tau_{cr} \end{cases} \tag{3-9}$$

位错之间的相互作用力 τ_{cr} 可以表示为

$$\tau_{cr} = Gb\sqrt{\sum_{\alpha=1}^{N_{slip}} \xi^{\alpha\alpha'}\rho^{\alpha}} \tag{3-10}$$

式中，G 为剪切模量；$\xi^{\alpha\alpha'}$ 为滑移系之间位错的相互作用强度系数。

位错的增殖、湮灭，以及位错极性（单个位错与位错偶）的转变对材料的力学行为有重要的影响。假定不同类型位错的增殖率相同，则位错增殖率 $mult\dot{\rho}^{\alpha}$ 可以描述为

$$mult\dot{\rho}^{\alpha} = \frac{k_1\left(\left|\dot{\gamma}_{e^+}^{\alpha}\right| + \left|\dot{\gamma}_{e^-}^{\alpha}\right|\right) + \left(\left|\dot{\gamma}_{s^+}^{\alpha}\right| + \left|\dot{\gamma}_{s^-}^{\alpha}\right|\right)}{bk_2\lambda^{\alpha}} \tag{3-11}$$

式中，b 为伯格斯矢量的大小；$\dot{\gamma}_{e^+}^{\alpha}$、$\dot{\gamma}_{e^-}^{\alpha}$ 分别为正、负刃型位错导致的塑性滑移率；$\dot{\gamma}_{s^+}^{\alpha}$、$\dot{\gamma}_{s^-}^{\alpha}$ 分别为正、负螺型位错运动产生的塑性滑移率；参数 k_1 用于调控刃型位错和螺型位错滑移对位错密度增殖的相对贡献；λ^{α} 为位错平均间距；参数 k_2 用于调控位错平均自由程的大小。

位错偶的湮灭类型有两种：

其一为攀移造成的刃型位错偶湮灭，刃型位错偶的演化率 $_{climb}\dot{\rho}_{e,dip}^{\alpha}$ 可以表示为

$$_{climb}\dot{\rho}_{e,dip}^{\alpha} = -\rho_{e,dip}^{\alpha}\frac{4v_{climb}^{\alpha}}{\left(\hat{d}_e^{\alpha} - \check{d}_e^{\alpha}\right)} \tag{3-12}$$

式中，v_{climb}^{α} 为位错攀移速度；$\rho_{e,dip}^{\alpha}$ 为刃型位错偶；$\hat{d}_e^{\alpha}$ 和 $\check{d}_e^{\alpha}$ 分别为刃型位错偶的上界和下界。

其二为当位错偶之间的间距小于位错偶可以稳定存在的下界时，位错偶会发生湮灭，刃型位错偶的演化 $_{athann}\dot{\rho}_{e,dip}^{\alpha}$ 和螺型位错偶的演化 $_{athann}\dot{\rho}_{s,dip}^{\alpha}$ 可表示为

$$\left.\begin{array}{l} _{athann}\dot{\rho}_{e,dip}^{\alpha} = -4\dfrac{\check{d}_e^{\alpha}}{b}\left(\rho_{e^+}^{\alpha}\left|\dot{\gamma}_{e^+}^{\alpha}\right| + \rho_{e^-}^{\alpha}\left|\dot{\gamma}_{e^-}^{\alpha}\right|\right) \\[3mm] _{athann}\dot{\rho}_{s,dip}^{\alpha} = -4\dfrac{\check{d}_s^{\alpha}}{b}\left(\rho_{s^+}^{\alpha}\left|\dot{\gamma}_{s^+}^{\alpha}\right| + \rho_{s^-}^{\alpha}\left|\dot{\gamma}_{s^-}^{\alpha}\right|\right) \end{array}\right\} \tag{3-13}$$

式中，$\rho_{e^+}^{\alpha}$、$\rho_{e^-}^{\alpha}$ 分别为正、负刃型位错密度；$\rho_{s^+}^{\alpha}$、$\rho_{s^-}^{\alpha}$ 分别为正、负螺型位错密度。异号位错在变形过程中形成位错偶极子或湮灭，以及位错偶极子解离行为的描述，可以进一步参见 Kords 的著作[27]。

对于非局部模型，关键在于考虑了位错流动，即位错信息在材料点之间的交换。滑移系 α 上的位错流量可以定义为可动位错密度和其运动速度的乘积，即 $\boldsymbol{f}^{\alpha} = \rho^{\alpha}\boldsymbol{v}^{\alpha}$。由材料点的位错信息交换，可以给出位错密度的演化[27]：

$$\dot{\rho}^{\alpha} + \mathrm{div}\,\boldsymbol{f}^{\alpha} = 0 \tag{3-14}$$

位错的流动通过穿透因子 χ 控制。使用有限体积离散的方法，位错流入邻近体积单元可以表示为

$$\mathrm{div}\,\boldsymbol{f}^{\alpha} = \frac{1}{V}\sum_n \chi^n \boldsymbol{f}^{\alpha,n} \cdot \boldsymbol{a}^n A^n \tag{3-15}$$

式中，V 为体元体积；$\boldsymbol{a}^n$ 为对应的面法向矢量；A^n 为编号为 n 的面元面积。

2. 非局部晶体塑性本构模型的参数确定流程

通过机器学习和遗传算法可以实现从应力-应变曲线中获取参数[2]。然而，对于复杂的本构模型，由于不满足一一对应关系，一条应力-应变曲线可能对应多组参数，因此难以直接预测这些参数。为了解决这一问题，采用了一种新颖的方法，即耦合机器学习模型的遗传算法进行参数优化。

该算法流程分为三个阶段[2]：首先，选取非局部晶体塑性模型的待优化参数，并通过晶体塑性有限元生成大量数据；接着，根据已生成的数据，建立了三种不同的机器学习模型；最后，将机器学习模型与遗传算法相结合，通过不断的优化迭代来获取最优参数。整个优化过程的流程图如图 3-15 所示。

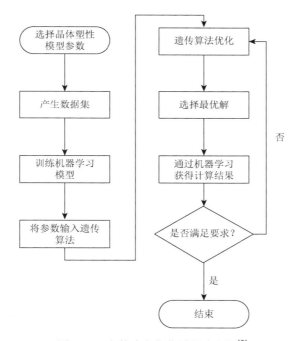

图 3-15　参数确定优化过程流程图[2]

本节在遗传算法中将应力-应变曲线中的屈服应力和最终应力作为评价指标，通过确定二者的值即可确定应力-应变曲线。由于最大模拟应变为 0.1，最终应力表示的是应变为 0.1 时的应力。二者的值可以通过机器学习模型得到。依据常用的 L_2 范数[28]，建立了对应的评价公式评估适应度：

$$D_{\text{obj}} = \max \left\{ \frac{\sqrt{(\hat{\sigma}_{\text{N}} - \sigma_{\text{N}})^2}}{\sigma_{\text{N}}}, \frac{\sqrt{(\hat{\sigma}_0 - \sigma_0)^2}}{\sigma_0} \right\}$$

式中，D_{obj} 为评价值；$\hat{\sigma}_{\text{N}}$ 和 σ_{N} 分别为机器学习计算和实验得到的应变为 0.1 处的应力值；$\hat{\sigma}_0$ 和 σ_0 分别为机器学习计算得到的屈服应力和实验得到的屈服应力。

评价值描述了屈服应力和最终应力与实验值的最大差值，当评价值最小时说明计算结果与实验值最为接近。个体的适应度为 $F_{obj} = D_m - D_{obj}$，其中 D_m 表示每代中 D_{obj} 的最大值，此时适应度越大，对应的评价值越小。

3. 非局部晶体塑性本构模型的待优化参数选取

该研究[2]以镍基高温单晶合金作为研究材料。在非局部晶体塑性模型中，存在众多需要确定的模型参数，其中大部分可以通过实验曲线或材料的本征特性来确定，如弹性模型、泊松比以及位错伯格斯（Burgers）矢量大小等。因此，本节选取难以直接确定，并与材料塑性变形相关的本构模型参数，尤其是与位错密度演化有关的模型参数作为待优化参数。这些待优化参数将在一定范围内变化，它们的大小和组合在很大程度上影响位错演化、塑性屈服和流动行为。这些待优化参数的变化范围确定参考了文献[29-31]中给出的镍基高温合金参数取值。另外，在选择待优化参数的上、下限时需满足相应的理论要求，例如，参数 p 和 q 的取值则需分别满足 $0 < p \leqslant 1$ 和 $1 \leqslant q \leqslant 2$ [32]。同时，选取范围应尽量使参数变化能够产生较大影响，即满足参数变化对模型预测的应力响应具有较为明显的影响。最终确定的、针对镍基高温合金的非局部晶体塑性模型待优化参数如表 3-9 所列。该模型涉及的其余参数均具有一定的物理意义，可以直接通过实验确实，因此，可依照参考文献进行取值，并在表 3-10 中列出。

表 3-9　待拟合的晶体塑性模型参数

符号	参数	单位	取值范围
k_2	位错增殖系数	—	$[20 \sim 60]$
ρ	初始位错密度	m^{-2}	$[0.48 \sim 9.6] \times 10^{12}$
p	激活能系数	—	$[0.2 \sim 1]$
q	激活能系数	—	$[1 \sim 1.8]$
f	位错尝试跨越障碍的频率	Hz	$[5 \sim 200] \times 10^9$
η	黏滞系数	Pa·s	$[10^{-1} \sim 10^{-4}]$

表 3-10　镍基高温合金的非局部晶体塑性模型参数

符号	参数	单位	值	参考文献
C_{11}	弹性常数	GPa	252	[33]
C_{12}	弹性常数	GPa	161	[33]
C_{44}	弹性常数	GPa	131	[33]
b	伯格斯矢量大小	m	2.4×10^{-10}	[34]
τ_S, τ_P	障碍强度	MPa	5	[29]
w_k	双扭折宽度	b	10	[27]
d_{obst}	固溶原子直径	b	1	[27]
k_1	刃型对增殖贡献系数	—	0.1	[27]
c_{at}	固溶原子浓度	—	1.6×10^{-3}	[27]

该优化过程以镍基高温合金实验得到的应力-应变曲线的屈服应力和最终应力作为目标结果，这些数据来源于对应的参考文献。在训练机器学习模型之前，需要获得足够的数据。因此，根据实验中使用的试样尺寸，建立了对应的晶体塑性模型，并在已确定的参数范围内随机修改参数，然后进行计算。建立大小为 0.5 mm×3 mm×3 mm 的晶体塑性模型，其包含有直径为 0.5 mm 的穿透孔。模型以晶粒取向[001]作为拉伸方向，单元数量为 2880，单元类型为 C3D8R，如图 3-16 所示。模型约束了 X-Y 平面 X 和 Y 方向的位移，并在 X-Y 面施加沿 Z 轴的应变控制载荷，应变率为 1×10^{-4} s^{-1}，拉伸位移为 0.3 mm，因此最终应变为 10%。对计算结果进行后处理，每组数据取 200 个应力-应变点组成应力-应变曲线，并提取相应的屈服应力和最终应力。多次重复以上过程，直至完成数据的生成。最后，共生成 1200 组数据。

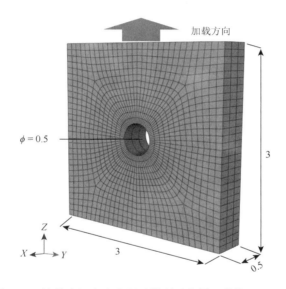

扫一扫 见彩图

图 3-16　镍基高温合金有限元模型示意图（单位：mm）[2]

4. 机器学习模型

该工作[2]采用了三种机器学习模型，分别是支持向量回归（SVR）模型、长短期记忆网络（LSTM）和前馈神经网络（FFNN）。在 SVR 模型和 FFNN 中，将选定的 6 个非局部晶体塑性模型待优化参数作为输入参数，屈服应力和最终应力作为输出参数。而在 LSTM 中，输入参数为 6 个非局部晶体塑性模型待优化参数和应变，序列长度为 200，输出结果为应力。在 SVR 模型中采用多项式核函数，其多项式次数为 3。在神经网络模型中，使用均方误差（MSE）作为损失函数；同时，使用决定系数 R^2 来描述机器学习模型的回归效果。一般地，R^2 越接近 1，表示回归分析中自变量对因变量的解释越好，即机器学习模型拟合效果好。学习率为 0.001、训练周期为 100。所有数据中的 80%作为训练集、20%作为测试集。数据集的划分尽量使训练集和测试集的分布相近，划分后的数据分布如图 3-17 所示。在训练集和测试集中，屈服应力和最终应力的数据分布均是较为接近的。

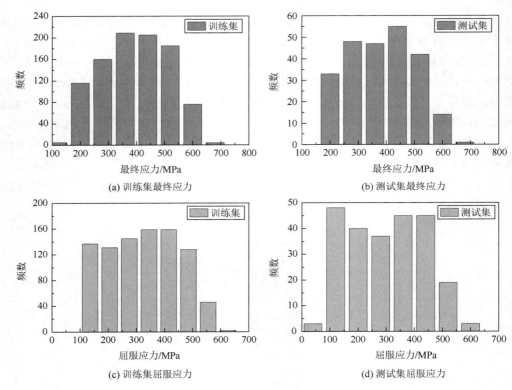

图 3-17　训练集与测试集的最终应力、屈服应力数据分布[2]

3.3.2　结果与讨论

1. 参数确定的初步结果及讨论

基于前文所述数据，根据 3.3.1 节中给定的模型设置，对三个机器学习模型进行了训练，并通过 MSE 评估了模型的性能。经过机器学习模型参数的调整，训练完成后，使用 MSE 和决定系数 R^2 来表示模型的最终性能，具体结果如表 3-11 所示。在与其他模型的比较中，LSTM 表现出最小的 MSE，表明其具有最佳的模型预测性能；LSTM 能够较为准确地预测材料的应力-应变响应过程，并具备出色的泛化能力。这是由于 LSTM 能够有效地捕捉数据的时序特征，与输入数据更为契合。因此，在模型的复杂程度相近的情况下，LSTM 的 MSE 最小。尽管 LSTM 对应的 R^2 较小，但 R^2 更适用于线性回归结果的评估，而 LSTM 计算的标签是非线性的应力-应变曲线，因此，R^2 难以全面反映 LSTM 的性能。然而，SVR 和 FFNN 使用的标签符合线性回归，其 R^2 反映了它们对屈服应力和最终应力的准确预测。

表 3-11　不同机器学习模型的性能表现及对应的遗传算法的模型误差

机器学习模型	训练 MSE	测试 MSE	训练 R^2	测试 R^2	误差
LSTM	1.40×10^{-5}	1.43×10^{-5}	0.929	0.914	3.12×10^{-3}
FFNN	2.63×10^{-4}	8.35×10^{-4}	0.971	0.966	5.60×10^{-4}
SVR	2.49×10^{-4}	4.63×10^{-4}	0.998	0.992	1.81×10^{-2}

　　基于训练完成的机器学习模型，通过前文叙述的遗传算法模型进行本构模型参数的确定。将遗传算法的迭代次数设置为 500、种群大小为 1000、交叉率和变异率分别为 65% 和 10%。以评价公式的结果作为误差，用以求解非局部晶体塑性模型的待优化参数。在算法运算过程中，每代种群中最优个体的误差变化过程如图 3-18 所示，最终的误差值见表 3-11。评价值越小，表明其结果与实验结果越接近。从图 3-18 中可见：使用不同机器学习模型的遗传算法模型均可收敛，并且最终的误差均较小；遗传算法模型在迭代 100 次左右时已接近收敛；使用 FFNN 的遗传算法模型收敛速度最快，且其最终精度最高。

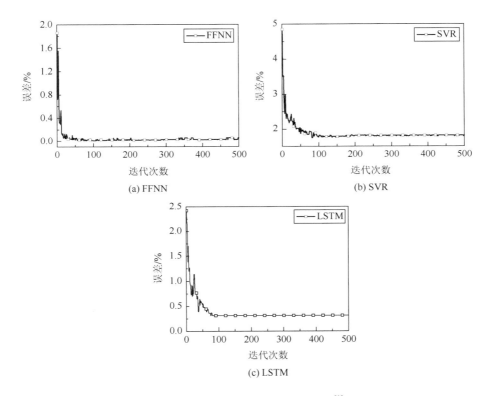

图 3-18　遗传算法中每代误差变化[2]

　　通过遗传算法得到的各个晶体塑性模型待优化参数值见表 3-12。采用不同机器学习模型的遗传算法优化结果存在一定的差异。这主要由两个原因导致：一是模型的精度不同，导致模型收敛区域不同；二是一条应力-应变曲线可能对应多组晶体塑性模型参数，这导致存在多个解，各个解的收敛区域也不同。

　　基于每组晶体塑性模型参数、材料拉伸变形行为的晶体塑性有限元计算结果与实验结果的对比如图 3-19 所示，由图可见：三种模型得到的应力-应变曲线整体上均与实验曲线接近，并且二者的演化趋势一致，只在硬化阶段存在较小的差异。另外，由于评价公式主要关注屈服点和应变最大处的应力，而由遗传算法计算得到的最终误差值均不超过 0.02，如表 3-11 所示，因此，在这两点处模拟结果与实验曲线重合程度高。

表 3-12　根据不同机器学习模型得到的晶体塑性模型参数

参数	单位	LSTM	FFNN	SVR
k_2	—	59.5	57.1	52.0
ρ_0	m^{-2}	6.33×10^{12}	7.72×10^{12}	1.45×10^{12}
p	—	0.991	0.993	0.978
q	—	1.1851	1.05	1.00
f	Hz	5.00×10^9	29.4×10^9	31.2×10^9
η	Pa·s	9.00×10^{-4}	5.18×10^{-2}	3.46×10^{-2}

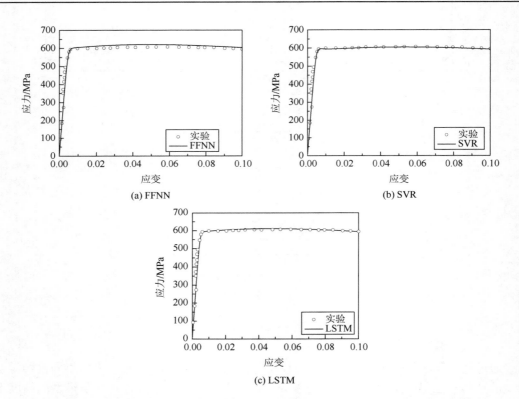

图 3-19　基于优化程序得到参数的晶体塑性有限元模拟结果与实验结果的对比[2]

2. 特征分析及有限元验证

每个特征的 Shapley 值可以通过计算每个特征对于一个合作项目的贡献量的平均值来获取。因此，本节借助 SHAP 工具，基于计算得到的 Shapley 值对机器学习模型进行解释。通过机器学习模型计算得到了晶体塑性模型参数在屈服应力和最终应力下的 Shapley

值，并根据大小进行了排序，如图 3-20 所示。Shapley 值的大小表示了参数对结果的边际效应影响，由图可见：p 和 q 对屈服应力和最终应力均有较大的影响；k_2 对屈服应力影响较小，但对最终应力影响较大。

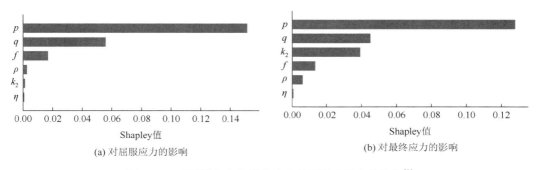

(a) 对屈服应力的影响　　　　　　　　　　　　(b) 对最终应力的影响

图 3-20　对屈服应力和最终应力结果影响最大的特征[2]

　　为了更加明确地表示各个特征取值变化对结果的影响和作用，通过 SHAP 工具，基于数据集的数据分布，绘制了特征取值对屈服应力和最终应力的影响结果图，如图 3-21 所示。图中一个点代表一个样本，颜色越红说明特征本身数值越大，颜色越蓝说明特征本身数值越小。在图 3-21（a）中，p 越大，q 和 f 越小，屈服应力越大；而在图 3-21（b）中，p 越大，q 和 k_2 越小，最终应力越大。

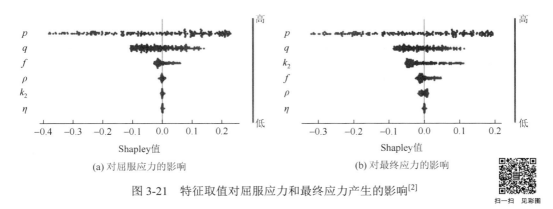

(a) 对屈服应力的影响　　　　　　　　　　　　(b) 对最终应力的影响

图 3-21　特征取值对屈服应力和最终应力产生的影响[2]

扫一扫　见彩图

　　根据特征分析得到的结果，将相应的参数做出改变，并带入晶体塑性有限元模型中进行验证，结果如图 3-22 所示。由图可知：当 p 增大时，屈服应力和最终应力均增加；当 q 增大时，二者均减小；当 k_2 增大时，屈服应力仅发生微小的变化，最终应力出现下降的趋势。晶体塑性有限元的计算结果与预测结果一致，证明了图 3-22 能够有效地说明特征变化产生的影响。

　　本节介绍了机器学习与晶体塑性有限元模拟的结合，主要通过优化遗传算法提高了模型参数确定的效率和准确性，重点介绍参数优化过程以及分析参数对应力-应变响应的影响。然而，模型的复杂性和多参变量的耦合效应仍然难以全面掌握，通过更多实验数据的积累可以进一步优化模型的泛化能力和预测精度。

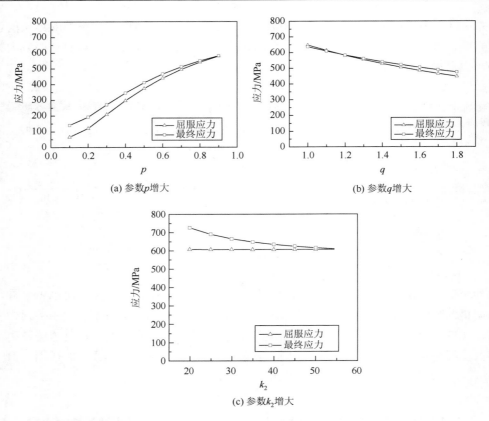

图 3-22　基于有限元模拟参数增大时最终应力和屈服应力的变化[2]

3.4　基于机器学习的本构模型研究

在涉及材料非线性本构模型的结构有限元分析过程中，存在大量的、基于积分点应力-应变响应的计算，计算效率相对较低。同时，随着本构模型复杂度的增加，相应的有限元计算耗时也随之增加。相比之下，采用基于机器学习的本构模型来替代传统的非线性本构模型在有限元计算中所起的作用，则可以加速整个有限元计算。目前，已有的替代方法[18]通常选择解决材料非线性本构模型中难以计算或计算效率低的部分，以提高整体计算速度。然而，相关研究目前仍处于初步探索阶段，主要专注于某种特定材料、结构或特定工况。本节将介绍基于机器学习的本构模型研究中的应用案例。

3.4.1　基于机器学习的应变率-温度耦合本构模型

对于传统本构模型，需要从数学上建立金属的塑性流动对应变率和温度的依赖关系，然后在商业有限元软件如 ABAQUS 中进行用户材料子程序的实现，进一步基于确定的本构模型参数，通过有限元模拟可以预测材料在不同温度和不同应变率下的响应。然而，常规的幂律模型未能捕捉应力硬化和速率依赖性，难以有效预测应力和温度依赖的蠕变速率。

Wen 等[35]设计了一个基于物理的机器学习（physics driven machine learning，PD-ML）模型来替代锂金属中的常规幂律模型，用于描述锂金属的温度、应力和速率相关的变形情况。

1. 机器学习模型

如图 3-23(a)所示，PD-ML 模型从实验数据中选择了部分物理变量($\bar{\sigma}, \bar{\varepsilon}, T, \dot{\bar{\varepsilon}}$)作为输入，其中 $\bar{\sigma}$ 是等效应力，$\bar{\varepsilon}$ 是等效应变，T 是温度，$\dot{\bar{\varepsilon}}$ 是等效应变率；输出包括了塑性应变率 $\dot{\gamma}$ 和应变硬化模量 H。简而言之，通过机器学习实现以下函数 $(\dot{\gamma}, H) = f(\bar{\sigma}, \bar{\varepsilon}, T, \dot{\bar{\varepsilon}})$ 的映射关系，其中，$f(\cdot)$ 是一个黑盒函数，嵌入在 PD-ML 模型中，没有显式的表达式。学习到的 $\dot{\gamma}$ 将用于应力更新，而 H 则用于屈服面上的一致性条件。锂金属的塑性流动受多因素影响，且高度非线性。由于实验数据很少，Wen 等[35]选择了基于树模型的机器学习模型。

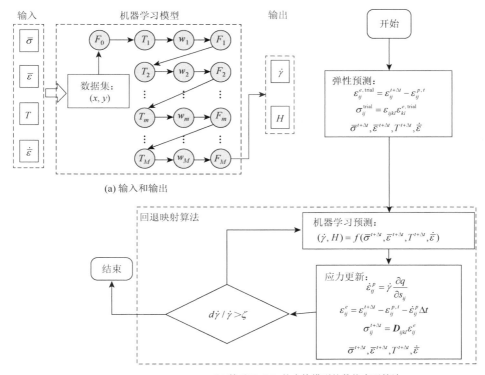

(a) 输入和输出

(b) 基于PD-ML 的本构模型的数值实现算法

图 3-23　基于物理假设的机器学习（PD-ML）模型[35]

图 3-23（b）给出了迭代过程，包含弹性预测和黏塑性更新。假设从时间 t 到 $t + \Delta t$ 时，应变增量是弹性的，可以得到在当前时间下弹性试应变 $\varepsilon_{ij}^{e,\text{trial}}$，其可以表示为：$\varepsilon_{ij}^{e,\text{trial}} = \varepsilon_{ij}^{t+\Delta t} - \varepsilon_{ij}^{p,t}$。同时，更新试应力 $\sigma_{ij}^{\text{trial}}$，其可以表示为 $\sigma_{ij}^{\text{trial}} = \boldsymbol{D}_{ijkl}\varepsilon_{ij}^{e,\text{trial}}$，$\boldsymbol{D}_{ijkl}$ 为四阶弹性常数张量。一旦发生黏塑性变形，隐式回归映射 PD-ML 模型就代替了 $\dot{\gamma}$ 和 H 的更新过程，通过机器学习拟合的方式将温度和应变率信息加入到对塑性应变率和硬化模量的预测中。以 $\sigma_{ij}^{\text{trial}}$ 为初始测试值，Wen 等[35]通过将当前的 von Mises（冯·米塞斯）应力 $\bar{\sigma}^{t+\Delta t}$、等效应变 $\bar{\varepsilon}^{t+\Delta t}$、

温度 $T^{t+\Delta t}$ 和等效应变率 $\dot{\bar{\varepsilon}}$ 作为 PD-ML 模型的输入，从而进行迭代过程，并更新 $\dot{\gamma}$ 和 H，见图 3-23（b）。然后，使用标准关联流动规则 $\dot{\varepsilon}_{ij}^p = \dot{\gamma}\dfrac{\partial \bar{\sigma}}{\partial s_{ij}}$ 来更新塑性应变率 $\dot{\varepsilon}_{ij}^p$。因此，可以将当前的弹性应变和应力张量写为 $\varepsilon_{ij}^e = \varepsilon_{ij}^{t+\Delta t} - \varepsilon_{ij}^{p,t} - \dot{\varepsilon}_{ij}^p \Delta t$ 和 $\sigma_{ij}^{t+\Delta t} = \boldsymbol{D}_{ijkl}\varepsilon_{ij}^e$。该过程将反复迭代，直至 $\dot{\gamma}$ 满足：$\dot{\gamma}$ 在这一步和前一步之间的差值 $\mathrm{d}\dot{\gamma}$ 是无穷小的，即 $\mathrm{d}\dot{\gamma}/\dot{\gamma} < \zeta$，其中 ζ 是一个很小的值。已知 $\mathrm{d}\dot{\gamma}$ 就可以更新时间 $t+\Delta t$ 下的应变：$\varepsilon_{ij}^{p,t+\Delta t} = \varepsilon_{ij}^{p,t} + \dot{\varepsilon}_{ij}^p \Delta t$，$\varepsilon_{ij}^e = \varepsilon_{ij}^{t+\Delta t} - \varepsilon_{ij}^{p,t+\Delta t}$ 和应力 $\sigma_{ij}^{t+\Delta t}$。

2. 分析结果与讨论

研究表明[35]，PD-ML 模型在有限的实验数据输入下，能够预测锂金属在广泛温度和变形速率范围内的力学响应。图 3-24 给出了 PD-ML 模型与传统的本构模型和实验数据的对比情况，展示了 PD-ML 模型能够准确地描述锂金属的温度和率相关变形行为。

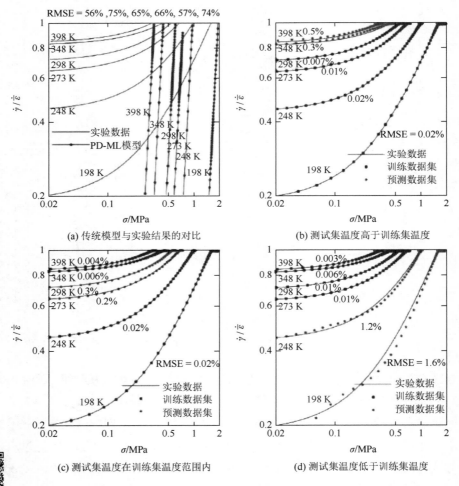

图 3-24　传统模型和 PD-ML 模型在不同温度下对 $\dot{\gamma}/\dot{\bar{\varepsilon}}$-$\sigma$ 关系的预测能力[35]

图 3-24（a）给出了六种温度下的实验结果，即归一化的塑性应变率 $\dot{\gamma}/\dot{\varepsilon}$ 与应力 σ 的函数关系。传统的幂律模型假设 $\dot{\gamma}$ 与 σ 在对数-对数坐标系中呈线性关系，并且最大的均方根误差（RMSE）约为 75%。结果表明，传统的幂律模型无法捕捉真实的实验观测结果。

为了验证 PD-ML 模型在一系列应力和温度范围内的预测能力，Wen 等[35]将实验数据分为了两个数据集：选择六个温度中的四个温度的曲线作为训练数据，其余两个温度的曲线作为测试数据。这里使用了三种不同的采样方法，并在图 3-24（b）～图 3-24（d）中显示了不同温度下的相应误差。在图 3-24（b）中，选择 348 K 和 398 K 的曲线作为预测数据，这些温度高于用于训练的四个温度。结果表明，外推预测导致在 348 K 和 398 K 处的预测误差分别约为 0.3% 和 0.5%。虽然 RSME 误差显著高于训练数据集的误差（与实验数据相比），但绝对误差非常小，表明该模型具有很好的外推能力。当预测 $\dot{\gamma}/\dot{\varepsilon}$-$\sigma$ 曲线的温度在训练数据集的温度范围内时，如图 3-24（c）所示，预测的 273 K 和 298 K 下的曲线与实验结果非常吻合，误差分别约为 0.3% 和 0.2%。图 3-24（d）中展示了在低于训练数据集中的四个温度的温度下的预测结果。相应的误差在 248 K 和 198 K 处分别为 1.2% 和 1.6%。尽管由于训练数据集和预测数据集的选择不同，PD-ML 模型的预测结果会存在不同程度的误差，但这三种特征采样方法都证明了 PD-ML 模型具有捕捉现有实验数据的高度准确性。

PD-ML 本构模型也可以作为一个用户材料子程序应用到商业有限元软件 ABAQUS 中。PD-ML 与有限元程序的结合既继承了有限元分析的优势，同时也继承了 PD-ML 模型对描述温度、应力和速率相关力学响应的准确性，可以用于模拟复杂的边界值问题。Wen 等[35]展示了 PD-ML-FEM 模型在单轴拉伸下对锂金属的 σ-ε 响应的预测能力。为了使得模型预测能力最强，选取的预测曲线所处的温度在训练数据集的温度范围内，如图 3-25（a）所示，PD-ML-FEM 模型的训练结果与实验结果吻合良好；在给定的温度下，PD-ML-FEM 模型对 σ-ε 曲线的应变率敏感性也有着优良的预测能力，结果如图 3-25（b）所示。无论是训练结果还是预测结果，都显示了 PD-ML-FEM 模型能够很好地捕捉现有实验数据体现的演化规律，并且该模型具有推广到超出实验观测范围的预测能力。

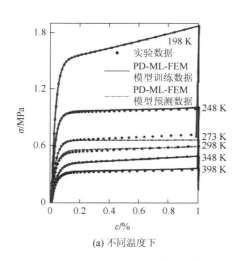

(a) 不同温度下

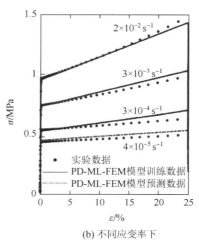

(b) 不同应变率下

图 3-25　PD-ML-FEM 模型在单轴拉伸下对锂金属的 σ-ε 响应的预测能力[35]

扫一扫 见彩图

3.4.2　基于机器学习的屈服面函数构造

针对循环载荷下的复杂塑性行为，Liu 等[36]建立了由神经网络替代的屈服函数，并且能够有效地用于实际的有限元计算中。Liu 等[36]结合了数据科学和力学原理，用人工神经网络（ANN）模拟了微结构材料在循环载荷下的复杂塑性行为，尤其是 Masing（马辛）效应。

1. 机器学习模型

该方法[36]不需要复杂的屈服面的数学构造，也不依赖于大量的数据进行训练，分为三个部分：数据生成、数据处理和 ANN 训练。首先，为了提取描述循环塑性变形的机理特征，需要确定一些关键的物理量。基于子加载面模型，选择主应力、子加载面尺寸比和各向同性硬化函数作为循环塑性理论的关键内变量。然后，创建一个包含微结构的代表性体元（representative volume element，RVE），并通过数值实验生成平均应力-应变数据。接着，从这些数据中识别出弹性材料参数，如杨氏模量和泊松比。此外，为了描述循环塑性行为，包括 Masing 效应和棘轮效应，还需要从这些数据中提取子加载面（主应力和硬化函数）的数据。通过数值实验进行大量计算，提取出内变量，形成新的数据集。最后，设计一个人工神经网络来表示子加载面函数，并用机器学习方法，用新的数据集训练一个由 ANN 表示的屈服函数。利用这个学习到的屈服函数和一个加载/卸载判据，就可以求解边界值问题。

子载荷表面在描述循环加载中的 Masing 效应方面起着关键作用，因此，Liu 等[36]通过设计一个 ANN 在数学上描述它。然后，使用处理后的数据集 $\left\{\bar{\sigma}^{[\alpha,\beta]}, R^{[\alpha,\beta]}, F^{[\alpha,\beta]}\right\}$ 对 ANN 进行训练。其中，$\bar{\sigma}$ 是主应力；$R(0 \leq R \leq 1)$ 定义为子载荷面尺寸与正常屈服面尺寸之比；$F(\geq 0)$ 是累积塑性应变的函数，用于描述各向同性硬化或软化，即屈服面的扩张或收缩。通过训练的子载荷表面，可以数学描述正常屈服面和弹性核心面，以完全替换整体子载荷面模型，并驱动后续的有限元计算。

根据公式 $f(\bar{\sigma}) - R \times F = 0$，子载荷面 $\widehat{\Phi}$ 可以重写为以下形式的函数 $\widehat{\Phi} = f(\bar{\sigma}_m, \bar{J}_2, \bar{J}_3) - R \times F$，其中 $\bar{\sigma}_m$、$\bar{J}_2$、$\bar{J}_3$ 分别为 $\bar{\sigma}$ 的三个不变量，定义为

$$\begin{cases} \bar{\sigma}_m = \bar{\sigma}_{kk}/3 \\ \bar{J}_2 = \sqrt{\bar{\sigma}'_{ij}\bar{\sigma}'_{ij}} \\ \bar{J}_3 = \sqrt[3]{\bar{\sigma}'_{ik}\bar{\sigma}'_{kj}\bar{\sigma}'_{ij}} \end{cases} \tag{3-16}$$

式中，$\bar{\sigma}_{kk}$ 为拉/压应力分量，$\bar{\sigma}'_{ij}$ 为应力张量的偏张量分量。在训练 ANN 时，只需要累积塑性应变大于零（即 $F > F_0$）的数据。因此，可以定义一个相应的塑性范围内的数据集 Y：$Y = \left\{[\alpha,\beta] \middle| F^{[\alpha,\beta]} > F_0\right\}$。下一步是获得一个新的函数 Φ，该函数由 ANN 确定，可以近似表示 $\widehat{\Phi}$。

为了比较隐藏层对 ANN 性能的影响，该研究[36]分别考察了具有四个和六个隐藏层的 ANN 的训练性能差异。数据集按照 70%、15%和 15%的比例分别随机选择为训练、验证和测试集。Liu 等[36]将均方误差作为人工神经网络的损失函数。图 3-26 给出了分别具有四个和六个隐藏层的 ANN 在训练周期内均方误差的变化情况。由图可见，在 3000 个周期之后，四个隐藏层的均方误差约为 1.55×10^{-6}，而六个隐藏层的均方误差约为 6.41×10^{-8}。因此，随着隐藏层数量的增加，训练后 ANN 的损失函数值更小。

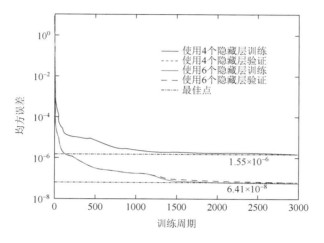

图 3-26　ANN 的隐藏层数量对训练性能的影响[36]

因此，Liu 等[36]创建了一个包括输入层、三个隐藏层和输出层的 ANN，如图 3-27 所示。输入层和输出层分别具有 3 个神经元和 1 个神经元。每个隐藏层中有 6 个神经元。由 ANN 表示的具有输入（$\bar{\sigma}_\mathrm{m}$、$\bar{J}_2$、$\bar{J}_3$）、输出（$R \times F$）、权重（$\boldsymbol{w}$）和偏差（$\boldsymbol{b}$）的新函数 $\varPhi$：$\varPhi = f_\mathrm{ANN}(\bar{\sigma}_\mathrm{m}, \bar{J}_2, \bar{J}_3; \boldsymbol{w}, \boldsymbol{b}) - R \times F$。其中，$f_\mathrm{ANN}$ 是待训练的函数，可以写成：

$$f_\mathrm{ANN} = \tanh\left(\tanh\left(\tanh\left([\bar{\sigma}_\mathrm{m}, \bar{J}_2, \bar{J}_3]\boldsymbol{w}^2 + \boldsymbol{b}^2\right)\boldsymbol{w}^3 + \boldsymbol{b}^3\right)\boldsymbol{w}^4 + \boldsymbol{b}^4\right)\boldsymbol{w}^5 + \boldsymbol{b}^5 \tag{3-17}$$

式中，$\boldsymbol{w}_i$ 和 $\boldsymbol{b}_i (i = 2, 3, 4, 5)$分别是第（$i$–1）层和第 i 层之间的链接的权重和偏差。双曲正切函数 $\tanh(\cdot)$用作激活函数。可以通过解决以下最小化问题来获得 ANN 的权重和偏差

$$\min_{\boldsymbol{w}, \boldsymbol{b}} \sum_{[\alpha, \beta] \in \Upsilon} \left[f_\mathrm{ANN}\left(\bar{\sigma}_\mathrm{m}^{[\alpha, \beta]}, \bar{J}_2^{[\alpha, \beta]}, \bar{J}_3^{[\alpha, \beta]}; \boldsymbol{w}, \boldsymbol{b}\right) - R^{[\alpha, \beta]} \times F^{[\alpha, \beta]} \right]^2 \tag{3-18}$$

其中，如公式（3-16）所定义，$\bar{\sigma}_\mathrm{m}^{[\alpha, \beta]}$、$\bar{J}_2^{[\alpha, \beta]}$ 和 $\bar{J}_3^{[\alpha, \beta]}$ 是从相应的 $\bar{\sigma}^{[\alpha, \beta]}$ 生成的三个应力不变量的数据集。使用 MATLAB 的神经拟合工具箱（nftool）进行训练。训练完成后，获得新的屈服函数 $\varPhi$。

总而言之，在 ANN 结构中，输入变量为 $\bar{\sigma}_\mathrm{m}$、$\bar{J}_2$、$\bar{J}_3$，输出为子加载面尺寸比 R 与描述各向同性硬化或软化（即屈服面的膨胀或收缩）的函数 F 之积。利用这个学习到的屈服函数，以及一个加载/卸载判据，就可以求解边界值问题。

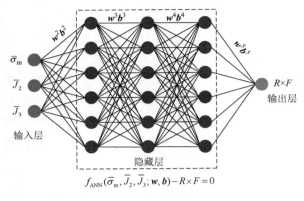

图 3-27　ANN 结构[36]

2. 分析结果与讨论

Liu 等[36]将该方法运用到有限元实例中，考虑了一个含有 20 个相同大小的球形孔洞的短梁。梁的基体材料是各向同性的弹塑性材料，用子加载面模型描述。梁的一端固定，另一端与一个"参考点"耦合。循环载荷（共七个周次）施加在这个参考点上。在每个加载周次中，x、y 和 z 方向的力分别从零线性增加到 0.4、0.5 和 0.6，然后线性减小回零。图 3-28（a）展示了参考点在 x、y 和 z 方向上的力和位移之间的关系。ANN 方法和直接数值模拟（direct numerical simulation，DNS）的结果用实线和虚线分别绘制出来，两者非常接近。随着加载周次的增加，应力-应变滞回环变得更宽，这是由于材料的循环软化，导致 Masing 效应更加明显。图 3-28（b）显示了工程应变与加载周次的关系。可以看到，平均工程应变随着周次的增加而逐渐增加（以恒定的速率）。因此，使用的方法能够成功地预测含有孔洞的梁的循环弹塑性行为，而无须对孔洞进行直接建模。

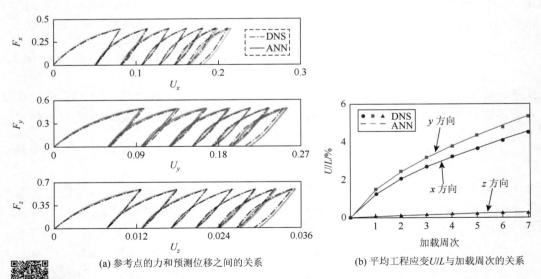

(a) 参考点的力和预测位移之间的关系　　　　(b) 平均工程应变 U/L 与加载周次的关系

图 3-28　所提出的方法和 DNS 对所示问题的预测结果[36]

本节探讨了机器学习在非线性本构模型中的应用，尤其是用于提高有限元分析中的计算效率和精度。通过基于物理的机器学习模型简化了应力-应变响应的计算过程，展现了加速复杂本构模型计算的潜力。通过开发更强大的泛化模型，以应对材料非线性行为中的多变性，可以进一步提高模型在实际工程应用中的可靠性。

3.5 本 章 小 结

本章展示了机器学习技术如何有效地应用于从原子尺度到宏观尺度的多尺度塑性力学分析中，机器学习技术不仅提高了计算效率和预测精度，还为理解复杂的材料变形机制提供了新的思路和方法。

在原子尺度的模拟中，机器学习助力构建的势函数极大地丰富了我们对材料变形机理的认知。在离散位错动力学模拟的应用中，机器学习模型凭借其高效性和准确性，在微观层面上精准预测了材料行为，特别是在分析微柱压缩等问题时显示出其独特潜力。在晶体塑性有限元分析领域，机器学习与遗传算法的结合不仅快速而且高效地确定了非局部晶体塑性模型参数，还展现了机器学习在提升晶体塑性有限元方法计算效率和精度方面的巨大潜力，这一点在处理参数众多、相互作用复杂的本构模型时尤为明显。此外，采用机器学习模型替代传统的非线性本构模型，在提高有限元计算的效率和预测精度方面展现出极大的潜能。

综上所述，通过精准的势函数构建、基于特征分析的离散位错动力学模拟、晶体塑性参数的高效确定，以及高效能的本构模型建立及数值实现，机器学习技术为从微观到宏观的材料塑性行为分析提供了全新的视角和解决策略。

参 考 文 献

[1]   Tao J，Wei D A，Yu J S，et al. Micropillar compression using discrete dislocation dynamics and machine learning[J]. Theoretical and Applied Mechanics Letters，2024，14（1）：100484.

[2]   周瑞，熊宇凯，储节磊，等. 基于机器学习和遗传算法的非局部晶体塑性模型参数识别[J]. 力学学报，2024，56（3）：751-762.

[3]   Novikov I S，Gubaev K，Podryabinkin E V，et al. The MLIP package：Moment tensor potentials with MPI and active learning[J]. Machine Learning：Science and Technology，2021，2（2）：025002.

[4]   Fan Z Y，Wang Y Z，Ying P H，et al. GPUMD：A package for constructing accurate machine-learned potentials and performing highly efficient atomistic simulations[J]. The Journal of Chemical Physics，2022，157（11）：114801.

[5]   Chen X F，Wang Q，Cheng Z Y，et al. Direct observation of chemical short-range order in a medium-entropy alloy[J]. Nature，2021，592（7856）：712-716.

[6]   王惠文，孟洁. 多元线性回归的预测建模方法[J]. 北京航空航天大学学报，2007，33（4）：500-504.

[7]   杨学兵，张俊. 决策树算法及其核心技术[J]. 计算机技术与发展，2007，17（1）：43-45.

[8]   方匡南，吴见彬，朱建平，等. 随机森林方法研究综述[J]. 统计与信息论坛，2011，26（3）：32-38.

[9]   Ke G L，Meng Q，Finley T，et al. LightGBM：A highly efficient gradient boosting decision tree[C]. Proceedings of the 31st International Conference on Neural Information Processing Systems，New York，2017：3149-3157.

[10] Pedregosa F，Varoquaux G，Gramfort A，et al. Scikit-learn：Machine learning in Python[J]. the Journal of Machine Learning Research，2011：2825-2830.

[11] Lundberg S M，Lee S I. A unified approach to interpreting model predictions[C]. Proceedings of the 31st International Conference on Neural Information Processing Systems. New York，2017：4768-4777.

[12] Greer J R，Nix W D. Size dependence in mechanical properties of gold at the micron scale in the absence of strain gradients[J]. Acta Materialia，2008，90（1）：203.

[13] Dimiduk D M，Uchic M D，Parthasarathy T A. Size-affected single-slip behavior of pure nickel microcrystals[J]. Acta Materialia，2005，53（15）：4065-4077.

[14] El-Awady J A，Bulent Biner S，Ghoniem N M. A self-consistent boundary element，parametric dislocation dynamics formulation of plastic flow in finite volumes[J]. Journal of the Mechanics and Physics of Solids，2008，56（5）：2019-2035.

[15] Beniwal A，Dadhich R，Alankar A. Deep learning based predictive modeling for structure-property linkages[J]. Materialia，2019，8：100435.

[16] Huang Y Y，Liu J D，Zhu C W，et al. An explainable machine learning model for superalloys creep life prediction coupling with physical metallurgy models and CALPHAD[J]. Computational Materials Science，2023，227：112283.

[17] Zhang S，Wang L Y，Zhu G M，et al. Predicting grain boundary damage by machine learning[J]. International Journal of Plasticity，2022，150：103186.

[18] Gui Y W，Li Q A，Zhu K G，et al. A combined machine learning and EBSD approach for the prediction of {10-12} twin nucleation in an Mg-RE alloy[J]. Materials Today Communications，2021，27：102282.

[19] Dai W，Wang H M，Guan Q，et al. Studying the micromechanical behaviors of a polycrystalline metal by artificial neural networks[J]. Acta Materialia，2021，214：117006.

[20] Indeck J，Cereceda D，Mayeur J R，et al. Understanding slip activity and void initiation in metals using machine learning-based microscopy analysis[J]. Materials Science and Engineering：A，2022，838：142738.

[21] Indeck J，Demeneghi G，Mayeur J R，et al. Influence of reversible and non-reversible fatigue on the microstructure and mechanical property evolution of 7075-T6 aluminum alloy[J]. International Journal of Fatigue，2021，145：106094.

[22] Saidi P，Pirgazi H，Sanjari M，et al. Deep learning and crystal plasticity: A preconditioning approach for accurate orientation evolution prediction[J]. Computer Methods in Applied Mechanics and Engineering，2022，389：114392.

[23] Guo H J，Ling C，Li D F，et al. A data-driven approach to predicting the anisotropic mechanical behaviour of voided single crystals[J]. Journal of the Mechanics and Physics of Solids，2022，159：104700.

[24] Frankel A，Tachida K，Jones R. Prediction of the evolution of the stress field of polycrystals undergoing elastic-plastic deformation with a hybrid neural network model[J]. Machine Learning：Science and Technology，2020，1（3）：035005.

[25] Heider Y，Wang K，Sun W. SO（3）-invariance of informed-graph-based deep neural network for anisotropic elastoplastic materials[J]. Computer Methods in Applied Mechanics and Engineering，2020，363：112875.

[26] Orowan E. Zur Kristallplastizitat I. Tieftemperaturplastizitat und Beckersche Formerl[J]. Zeitschrift für Physik，1934，98：605.

[27] Kords C，Raabe D. On the Role of Dislocation Transport in the Constitutive Description of Crystal Plasticity[M]. Berlin：Epubli GmbH，2013.

[28] Harth T，Schwan S，Lehn J，et al. Identification of material parameters for inelastic constitutive models：Statistical analysis and design of experiments[J]. International Journal of Plasticity，2004，20（8-9）：1403-1440.

[29] 熊宇凯，赵建锋，饶威，等. 含冷却孔镍基合金次级取向效应的应变梯度晶体塑性有限元研究[J]. 力学学报，2023，55（1）：120-133.

[30] Lu X C，Zhao J F，Wang Z W，et al. Crystal plasticity finite element analysis of gradient nanostructured TWIP steel[J]. International Journal of Plasticity，2020，130：102703.

[31] Wong S L，Madivala M，Prahl U，et al. A crystal plasticity model for twinning-and transformation-induced plasticity[J]. Acta Materialia，2016，118：140-151.

[32] Kocks U F，Argon A S，Ashby M F. Thermodynamics and kinetics of slip[J]. Progress in Materials Science，1975，19：141-145.

[33]　Zhou H，Zhang X，Wang P，et al. Crystal plasticity analysis of cylindrical holes and their effects on the deformation behavior of Ni-based single-crystal superalloys with different secondary orientations[J]. International Journal of Plasticity，2019，119：249-272.

[34]　Gupta S，Bronkhorst C A. Crystal plasticity model for single crystal Ni-based superalloys：Capturing orientation and temperature dependence of flow stress[J]. International Journal of Plasticity，2021，137：102896.

[35]　Wen J C，Zou Q R，Wei Y J. Physics-driven machine learning model on temperature and time-dependent deformation in Lithium metal and its finite element implementation[J]. Journal of the Mechanics and Physics of Solids，2021，153：104481.

[36]　Liu D P，Yang H，Elkhodary K I，et al. Mechanistically informed data-driven modeling of cyclic plasticity via artificial neural networks[J]. Computer Methods in Applied Mechanics and Engineering，2022，393：114766.

第4章 基于机器学习的材料断裂行为研究

断裂问题在工程领域无处不在。准确揭示材料的断裂机理及可靠评估和精确预测材料的断裂性能对于保障高端装备安全可靠服役至关重要。然而，材料的断裂行为通常涉及复杂的物理过程、物理机制和多因素耦合作用，这使得传统的宏观唯象模型和物理模型在材料的断裂行为预测精度和效率上面临挑战。近年来，随着实验技术的进步和计算能力的提高，获得了大量的材料断裂行为数据。利用这些数据进行机器学习分析和建模，已成为揭示材料断裂机理和规律以及提高断裂行为预测能力的一种可行的技术途径。本章重点介绍机器学习在材料的裂纹源、裂纹扩展行为、断裂强度和断裂韧性预测中的典型应用。

4.1 裂纹源预测

本节关注机器学习在裂纹源预测中的应用。首先，以镁合金为例，介绍机器学习在晶界损伤形核预测中的应用[1]；随后，介绍机器学习在增材制造钛合金疲劳裂纹源预测中的应用[2]。

4.1.1 镁合金中晶界损伤形核预测

韧性断裂是金属材料常见的失效形式之一，金属的韧性断裂过程通常伴随着微孔洞的形核、长大、聚集和贯通等。第二相粒子和夹杂与基体的界面脱黏或自身断裂，是典型的微孔洞形核机制。对于单相金属而言，鉴于晶界处的应力集中、原子结构的不连续性、高能态和扩散速率较高等原因，晶界也成了微孔洞形核的潜在位点。目前，大量研究致力于准确辨识出诱导损伤形核的临界晶界[3-6]。例如，晶界工程中的一项重点工作在于建立晶界特征与损伤形核之间的关联关系。典型的晶界特征包括两个相邻晶粒的晶体取向及其错配值、滑移传递参数、晶界平面与加载方向的夹角、重位点阵特征等。然而，尽管这些关联研究有助于理解为什么某些晶界更容易形核损伤，但由于晶界损伤形核是一个由多因素耦合作用且机理错综复杂的过程，传统的研究方法在准确预测晶界损伤形核的确切位点上仍面临挑战。近年来，鉴于机器学习在处理高维物理数据之间的复杂非线性关系方面具有突出优势，在损伤形核预测中也得到了应用。本节以镁合金为例，介绍机器学习在晶界损伤形核位点预测[1]中的应用。值得注意的是，研究所采用的镁合金中添加了少量的钙元素，以增强非基面滑移的活性并抑制孪晶的形成。因此，晶界损伤主要取决于两个相邻晶粒内的滑移活性。

1. 数据集建立

采用兼容于扫描电镜(scanning electron microscope，SEM)和电子背散射衍射(electron backscattered diffraction，EBSD)技术的原位拉伸装置，对平行于(E-0)和垂直于(E-90)挤压方向的两类狗骨型板状拉伸试样开展原位 SEM-EBSD 实验研究。其中，应变速率为 $1.5 \times 10^{-4} \mathrm{~s}^{-1}$。原位拉伸过程中，采集 SEM 和 EBSD 数据，分析损伤演化过程。

为了建立晶界特征与损伤形核的关联关系，首先要确定对损伤形核有影响的晶界特征，包括与晶界相关的晶体学和几何特征，如图 4-1 所示。

根据测得的晶粒取向，计算每个晶粒的基面滑移、柱面滑移、锥面 I $<a>$ 滑移、锥面 II $<c + a>$ 滑移和拉伸孪晶的施密德因子，分别记为 SF_{basal}、SF_{prism}、SF_{pyra}、SF_{prCA} 和 SF_{TTW}。采用 EBSD 分析软件 OIM^{TM} 输出每个晶粒的尺寸(size)和球度(sphericity)。值得注意的是，由于 EBSD 仅表征晶粒的二维截面，因此晶粒的尺寸和球度仅为实际三维空间中晶粒的近似值。基于上述分析，计算所有晶界之间的 $\overline{SF}_{basal}$、$\overline{SF}_{prism}$、$\overline{SF}_{pyra}$、$\overline{SF}_{pyCA}$、$\overline{SF}_{TTW}$、ΔSF_{basal}、ΔSF_{prism}、ΔSF_{pyra}、ΔSF_{prCA}、ΔSF_{TTW}、$\overline{size}$、$\overline{sphericity}$、$\Delta size$ 和 $\Delta sphericity$，相关定义如图 4-1(a)～图 4-1(g)所示。此外，晶界损伤形核也受到晶界的长度和倾斜角的影响。由于没有晶粒的三维结构信息，此处仍采取近似的方法。用以微米为单位测量的晶粒之间的分界面的总长度(gbLength)和相对于加载轴的晶界线方向(sinα)分别表征晶界的长度和倾斜角，如图 4-1(h)和图 4-1(i)所示。最终，还计算了影响晶界损伤形核的两个相邻晶粒之间的取向差(θ)和 c 轴取向偏差(φ)，如图 4-1(j)和图 4-1(k)

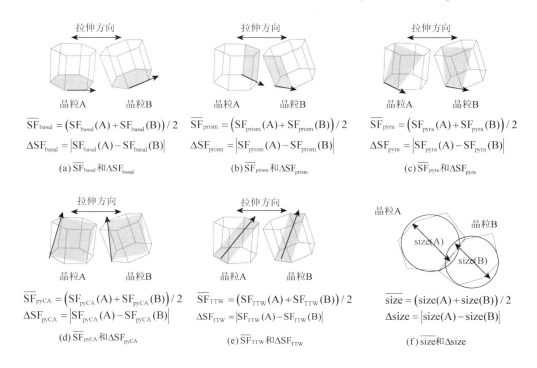

$$\overline{SF}_{basal} = \left(SF_{basal}(A) + SF_{basal}(B)\right)/2$$
$$\Delta SF_{basal} = \left|SF_{basal}(A) - SF_{basal}(B)\right|$$
(a) $\overline{SF}_{basal}$ 和 ΔSF_{basal}

$$\overline{SF}_{prism} = \left(SF_{prism}(A) + SF_{prism}(B)\right)/2$$
$$\Delta SF_{prism} = \left|SF_{prism}(A) - SF_{prism}(B)\right|$$
(b) $\overline{SF}_{prism}$ 和 ΔSF_{prism}

$$\overline{SF}_{pyra} = \left(SF_{pyra}(A) + SF_{pyra}(B)\right)/2$$
$$\Delta SF_{pyra} = \left|SF_{pyra}(A) - SF_{pyra}(B)\right|$$
(c) $\overline{SF}_{pyra}$ 和 ΔSF_{pyra}

$$\overline{SF}_{pyCA} = \left(SF_{pyCA}(A) + SF_{pyCA}(B)\right)/2$$
$$\Delta SF_{pyCA} = \left|SF_{pyCA}(A) - SF_{pyCA}(B)\right|$$
(d) $\overline{SF}_{pyCA}$ 和 ΔSF_{pyCA}

$$\overline{SF}_{TTW} = \left(SF_{TTW}(A) + SF_{TTW}(B)\right)/2$$
$$\Delta SF_{TTW} = \left|SF_{TTW}(A) - SF_{TTW}(B)\right|$$
(e) $\overline{SF}_{TTW}$ 和 ΔSF_{TTW}

$$\overline{size} = \left(size(A) + size(B)\right)/2$$
$$\Delta size = \left|size(A) - size(B)\right|$$
(f) $\overline{size}$ 和 $\Delta size$

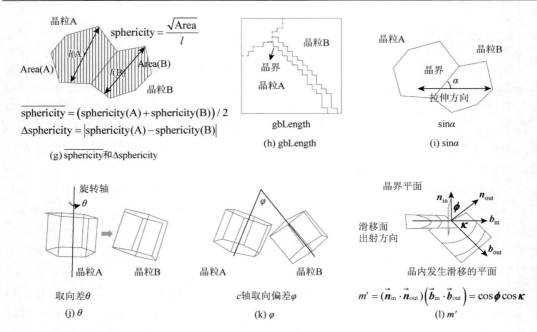

图 4-1　用于机器学习的晶界特征的定义[1]

所示。晶界损伤也与滑移传递倾向有关，因此，也考虑了滑移传递参数 m'，如图 4-1（l）所示，该参数必须在确定了两个晶粒中的激活滑移系后进行计算。图 4-1 中总结了上述 19 个晶界特征，用于建立预测晶界损伤形核的机器学习模型。

　　图 4-2（a）和图 4-2（b）分别为 E-0 试样在 15% 和 E-90 试样在 11% 应变下的 SEM 图像。图 4-2（c）展示了图 4-2（a）中局部放大区域的三个晶界损伤。统计发现，在 E-0 试样的 1914 个晶界中，含有损伤晶界 144 个；在 E-90 试样的 2715 个晶界中，有 160 个晶界发生损伤。E-0 和 E-90 试样中损伤晶界的位置分别如图 4-2（d）和图 4-2（e）所示。在图 4-2（d）和图 4-2（e）所示的区域的右下角裁剪一个较小的区域，并将其中的晶界作为测试集，而将其余区域的晶界作为训练集。

2. 机器学习模型

　　将图 4-1 中的 19 个晶界特征作为输入参数，将晶界是否发生损伤作为标签，建立机器学习模型，目的是判定晶界在某一应变下是否会发生损伤，这是一个典型的二元分类问题。采用的机器学习算法是极限梯度提升算法。其核心思想是通过加权迭代的方式，将多个弱学习器（通常是决策树）组合成一个强学习器，从而提高模型的预测准确性。在每次训练迭代中，极限梯度提升算法通过梯度下降的方式，优化损失函数，找到最优的决策树，加入当前的模型中。同时，还引入了正则化项，控制模型参数的复杂度，以防止出现过拟合。

　　由于损伤晶界与未损伤晶界的数量存在着明显的差异，采用接收操作特征（recevier operator characteristic，ROC）曲线和该曲线下的相关面积（associated area under the ROC

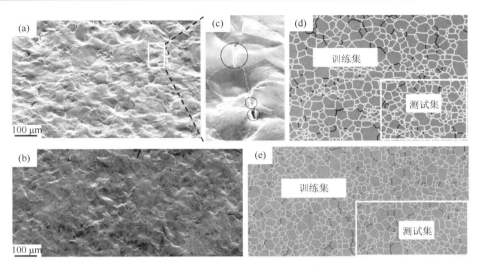

图 4-2　晶界损伤的 SEM 图像[1]

注：（a）和（b）15%应变下 E-0 试样和 11%应变下 E-90 试样的二次电子图像；（c）3 个损伤晶界；（d）和（e）分别为 E-0 和 E-90 试样中损伤晶界的位置（用黑线表示）

扫一扫　见彩图

curve，AUC）来评估模型的准确性。其中，ROC 曲线是评估二元分类模型性能的常用工具，它以真正例率（true positive rate，TPR）作为纵轴，以假正例率（false positive rate，FPR）作为横轴，展示了不同分类阈值下模型的性能。AUC 代表了模型对正例排名高于负例的程度，即模型对样本的排名能力。AUC 的取值范围在 0.5～1.0，其中，0.5 表示随机猜测，1.0 表示完美预测。模型的 AUC 越接近 1.0，表明模型对于损伤晶界和未损伤晶界的区分能力越好，具有较高的预测精度。如果模型的 AUC 接近 0.5，则表明模型的性能与随机猜测相当，即不能有效地区分损伤晶界和未损伤晶界，模型的预测准确性较低。因此，通过评估模型的 AUC，可以判断模型的预测能力。

在训练集上实施网格搜索策略，在以下范围内确定模型的超参数：决策树的最大深度 $\in \{1, 2, 3, 4\}$，叶子节点的最小权重 $\in \{16, 20, 24, 28\}$，基学习器的数量 $\in \{30, 50, 70, 90, 200\}$，正负样本的权重比例 $\in \{10, 20, 30, 40, 50, 60\}$。基于 5 折交叉验证，获得了产生最高交叉验证 AUC 的超参数：对于 E-0 试样，决策树的最大深度为 2，叶子节点的最小权重为 20，基学习器的数量为 50，正负样本的权重比例为 50；对于 E-90 试样，决策树的最大深度为 2，叶子节点的最小权重为 20，基学习器的数量为 70，正负样本的权重比例为 10。

3. 损伤形核预测

极限梯度提升模型对于测试集中的每个晶界均进行预测，并返回一个概率值，表示该晶界发生损伤的可能性。结果发现，极限梯度提升模型对于 E-0 和 E-90 试样分别达到了 72.0%和 81.0%的 AUC。这表明，对于 E-0 试样，模型正确地将随机选择的正实例（即损伤晶界）排名高于随机选择的负实例（即未损伤晶界）的概率为 72.0%，即模型在对正实例和负实例进行排序时，有 72.0%的准确性，它更可能正确地将正实例排在负实例之前。

同样地，对于 E-90 试样，模型正确地将随机选择的正实例排名高于随机选择的负实例的概率为 81.0%。

　　每个晶界特征对于预测晶界损伤的重要性可以通过极限梯度提升算法中的内置函数（xgboost.plot_importance）来计算。图 4-3 列举了对于预测晶界损伤最重要的十大晶界特征。为了区分这些特征与晶界损伤是正相关还是负相关，进一步计算了它们之间的 Pearson（皮尔逊）相关系数。可见，所有晶界特征与晶界损伤之间的 Pearson 相关系数均小于 0.2，这表明晶界损伤与单个晶界特征之间呈现非线性关系。对于 E-0 和 E-90 试样，φ、$\sin\alpha$ 和 $\overline{\text{size}}$ 是预测晶界损伤最重要的特征，且这三个特征均与晶界损伤呈现正相关。基于上述分析可知，晶界损伤倾向于发生在与加载轴相垂直、相邻晶粒尺寸较大、c 轴取向偏差程度高的晶界上。

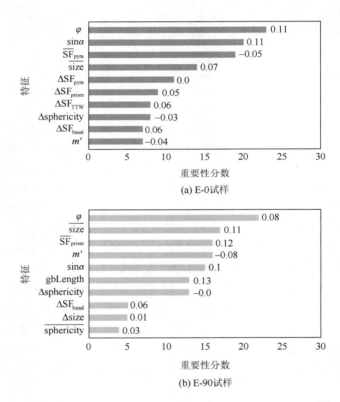

图 4-3　预测 E-0 和 E-90 试样中晶界损伤的十大重要特征[1]

注：图中图柱右侧数据为晶界损伤与各特征之间的 Pearson 相关系数

　　然而，过多的输入特征可能会导致模型过度拟合训练数据，从而降低模型的预测精度和泛化能力。当模型关注过多的噪声或不相关的特征时，它可能会在训练数据上表现良好，但在未见过的数据上表现较差。因此，采用 φ、$\sin\alpha$、$\overline{\text{size}}$、SF_{prism} 和 SF_{pyra}（图 4-3 中最重要的 5 个特征）重新构建极限梯度提升模型，预测 E-0 和 E-90 试样中的晶界损伤。其中，模型的超参数未改变。

图 4-4 比较了单独使用 $\sin\alpha$、单独使用 φ 和使用 5 个晶界特征构建的极限梯度提升模型的 AUC。利用训练集中的晶界对每个模型进行训练，然后对测试集中的晶界进行测试。研究发现，单独使用 $\sin\alpha$ 或单独使用 φ 预测晶界损伤的 AUC 均大于 50%，这表明 $\sin\alpha$ 和 φ 确实与晶界损伤密切有关。利用 5 个晶界特征的模型在预测 E-0 和 E-90 试样的晶界损伤时，AUC 分别为 73.7% 和 84.1%，这两个值高于采用图 4-1 中 19 个晶界特征的 AUC（72.0% 和 81.0%），表明特征选择有助于提高模型的预测性能。

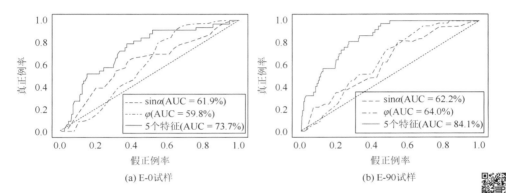

(a) E-0试样　　　　　　　　　　　　　　　(b) E-90试样

图 4-4　单独使用 $\sin\alpha$、φ 和使用 5 个晶界特征构建极限梯度提升模型 ROC 曲线[1]

对于 E-90 试样，采用 5 个最重要的晶界特征构建的极限梯度提升模型，在测试集中的 AUC 为 84.1%。测试集中共有 590 个晶界，其中含有 37 个损伤晶界。而在这 37 个损伤晶界中，极限梯度提升模型准确预测了 23 个损伤晶界。未被准确预测的 14 个损伤晶界依据是否与其他损伤晶界相关联可分为两类。如图 4-5（a）所示，9 个未被预测的损伤晶界与其他损伤晶界相接触，它们很可能是由于损伤扩展所致，而不是真正的损伤形核位点。此外，图 4-5（b）所示为 5 个独立的损伤晶界。它们未被准确预测的原因可归因于以下三点：首先，这些损伤晶界可能是损伤扩展的结果；其次，由于缺乏晶粒的三维信息，有些晶界特征的输入值（$\overline{size}$ 和 $\overline{gbLength}$）不够准确；还存在其他因素影响晶界损伤（例如，晶界与表面之间的倾角、滑移面与晶界的夹角、晶界网络等，然

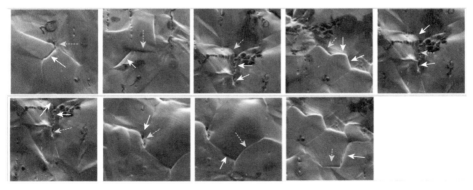

(a) 9个不可预测的损伤晶界与其他损伤晶界相关联（实线箭头）

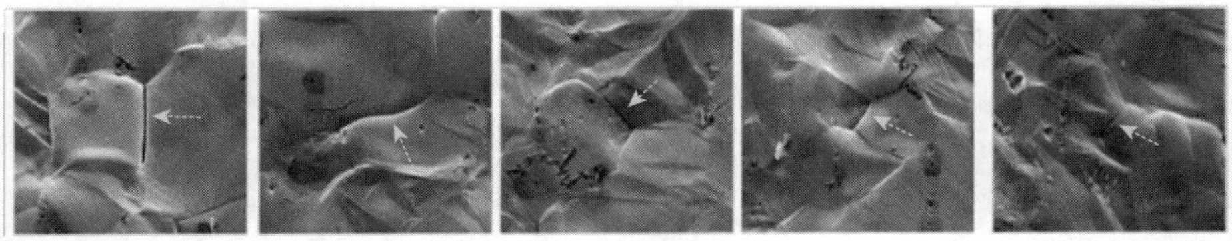

扫一扫
见彩图

(b) 5个独立的不可预测的损伤晶界

图 4-5　E-90 试样测试集中 14 个不可预测的损伤晶界（虚线箭头所示）[1]

而，这些特征无法从晶粒的二维信息中获取）。以上因素均会导致当前建立的极限梯度提升模型对于某些损伤晶界无法实现准确预测。

4.1.2　增材钛合金的裂纹萌生源辨识

较高的表面粗糙度和内部广域随机分布的制造缺陷（气孔、未熔合缺陷等）是导致增材制造金属材料疲劳性能劣化和离散性大的重要因素，严重制约了增材构件的大批量生产和高可靠应用。其中，增材制造逐层熔化和沉积的过程使得材料表面呈现出明显的缺陷特征（表面球化黏附、局部凹陷、表面不平整、上下表面缺陷非对称等），导致其表面粗糙度高于传统制造工艺。采取表面后处理方法能够有效地提升表面质量，但是对于增材制造内部不可达的结构和区域（即受限几何结构）却难以开展表面处理，所以必须高度重视表面粗糙度的影响[7]。气孔和未熔合缺陷是增材制造金属材料常见的两类缺陷，前者为气体未及时溢出所致，数量较多、尺寸较小、形貌规则，多分布在熔池内部；后者为层间熔合不良所致，数量较少、尺寸较大、形貌复杂，多分布在熔池边缘。采取参数优化和后热处理仅能够在一定程度上降低缺陷水平，因此，缺陷被视为增材构件可靠性服役的一大"顽疾"[8]。从复杂的表面形貌和众多的内部缺陷中准确辨识出诱导裂纹萌生的临界区域，对于疲劳裂纹扩展寿命的准确预测至关重要。然而，由于裂纹萌生行为的复杂性，传统的力学分析方法在准确预测裂纹源方面存在局限性。本节以激光选区熔化成形 Ti-6Al-4V 合金为例，介绍机器学习在裂纹源辨识中的应用案例[2]。

1. 数据集建立

基于激光选区熔化成形 Ti-6Al-4V 合金，制备两类试样：一类为优化工艺参数下的试样，另一类为含有大量未熔合缺陷的试样。对于每类试样，设置两个成形方向，即分别与建造方向平行和与建造方向呈 30°夹角。在开展疲劳实验之前，采用 X 射线成像技术，对材料表面粗糙度和内部缺陷进行可视化研究，并统计相关的几何特性参数，用于建立裂纹源辨识的机器学习模型。对于表面粗糙度，采用轮廓算数平均偏差 R_a、轮廓的最大高度 R_y、微观不平度十点高度 R_z 和十点谷半径 $\bar{\rho}$ 这 4 个表征参数，表达式分别如式（4-1）~式（4-4）所示。

轮廓算数平均偏差由取样长度内轮廓偏距绝对值的算术平均值表示：

$$R_a = \frac{1}{l} \int_0^l |f(x)| \mathrm{d}x \qquad (4\text{-}1)$$

式中，l 为轮廓表面的长度；$f(x)$ 为假设整个轮廓面是水平时，沿着 x 方向的表面高度与轮廓上平均高度的偏差。

轮廓的最大高度由取样长度内轮廓峰顶线与轮廓谷底线之间的距离表示：

$$R_y = |y_{max} - y_{min}| \qquad (4-2)$$

式中，y_{max} 为轮廓的最大峰值；y_{min} 为轮廓的最小谷值。

微观不平度十点高度由取样长度内 5 个最大的轮廓峰高的平均值与 5 个最大的轮廓谷深的平均值之和表示：

$$R_z = \frac{1}{5}\left[\sum_{i=1}^{5} y_{i-max} + \sum_{j=1}^{5} y_{j-min}\right] \qquad (4-3)$$

十点谷半径由谷曲率的平均半径表示：

$$\bar{\rho} = \frac{1}{5}\left[\sum_{j=1}^{5} \rho_{j-min}\right] \qquad (4-4)$$

式中，ρ_{j-min} 为最深谷的半径。

对于内部缺陷，采用体积、等效直径、表面积、质心坐标、球度、缺陷轮廓至材料表面的最短距离 6 个表征参数。其中，球度（sphericity）的表达式为

$$\text{sphericity} = \frac{\sqrt[3]{36\pi V^2}}{S} \qquad (4-5)$$

式中，V 和 S 分别为缺陷的体积和表面积。

值得注意的是，当前提取的数据是高度不平衡的，因为裂纹形核点在整个材料表面和内部缺陷中的比例非常小。因此，采用两种常见的数据增强技术，即过采样和平衡类分布，解决数据集的不平衡性问题。其中，过采样是通过少数类样本的复制或生成新样本来平衡数据集；而平衡类分布则是通过减少多数类样本的数量或删除一些样本来达到数据集平衡。采用主成分分析对增强的数据集进行降维和可视化，如图 4-6 所示。主成分分析能够将高维数据转换为低维空间，减少数据中的噪声和冗余信息，同时保留数据的大部分变异性，提高模型的泛化能力。降维后的数据更易于实现可视化，这有助于更好地理解数据中的结构和模式。此外，主成分分析可以帮助识别数据中的主要变化方向和特征，从而深入地理解数据之间的内在关系。

采用基于 Tomek（托梅克）链接的增强数据的 SOMTE（synthetic minority over-sampling technique，合成少数类过采样技术）来训练极限梯度提升模型分类器。SMOTE 是一种常用的数据增强技术，用于处理类别不平衡的问题。它通过在特征空间中生成少数类样本的合成样本来增加少数类样本的数量，从而平衡类别分布。编辑近邻（edited nearest neighbors，ENN）算法和 Tomek 链接是常用的数据清洗技术。其中，编辑近邻算法用于识别和删除错误分类的样本，通过识别那些类标号与大多数近邻不同的样本，并将其从数据集中删除，从而改善增强数据集的质量。Tomek 链接用于识别来自彼此接近的、不同类的成对样本，通常位于决策边界附近，其目标是清除一些可能对分类器造成混淆或错误的边缘样本。通过删除 Tomek 链接中的少数类样本，可以增加类别之间的分离性，这有助于减少类别之间的混淆情况，提高分类器对少数类的识别能力。

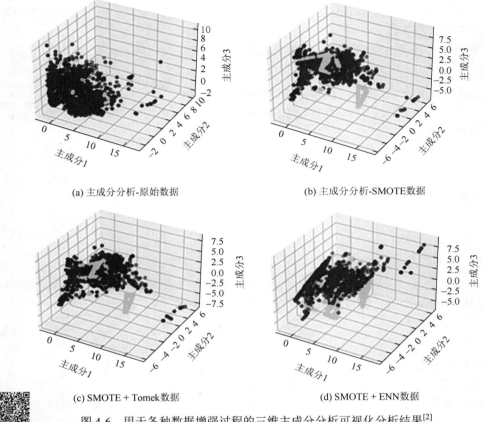

(a) 主成分分析-原始数据   (b) 主成分分析-SMOTE数据

(c) SMOTE + Tomek数据   (d) SMOTE + ENN数据

图 4-6　用于各种数据增强过程的三维主成分分析可视化分析结果[2]

扫一扫 见彩图

　　疲劳裂纹萌生行为受到材料表面形貌和内部缺陷等因素的影响。尽管 SMOTE + ENN 算法提供了有效的数据增强，但仍存在一些局限性。使用编辑近邻进行欠采样可能会导致潜在的信息丢失，特别是在错误分类的少数类样本被错误删除的情况下。此外，由于编辑近邻是基于邻近性的，它对数据集中的噪声和异常值比较敏感，这可能会影响最终模型的性能。因此，本研究[2]采用 SMOTE + Tomek 链接技术。SMOTE + Tomek 链接技术生成合成样本，用于挖掘表面粗糙度、内部缺陷与裂纹萌生之间的潜在关系。

2. 机器学习模型

　　将提取的粗糙度特征参数（R_a、R_y、R_z、$\bar{\rho}$）和缺陷特征参数（体积、等效直径、表面积、质心坐标、球度、缺陷轮廓至材料表面的最短距离）排列成一个数据帧，根据是否为裂纹形核点，将模型训练和评估的基准标记为二值，即 0 为非裂纹源、1 为裂纹源。采用极限梯度提升模型从复杂的表面形貌和内部缺陷中预测裂纹源。极限梯度提升模型在处理不平衡数据方面具有一定优势。通过逐步修正预测误差，它能够有效地处理类别不平衡问题，并且能够自适应地调整基础模型的权重，使得在分类问题中更加注重少数类的预测准确性。此外，极限梯度提升模型还具有特征重要性分析的能力，可以帮助识别对于预测结果具有重要影响的特征，这对裂纹源辨识和增强对激光选区熔化成形钛合金裂纹萌生的理解非常有用。

为了评估裂纹源辨识模型的性能，采用 9 折交叉验证方法。将数据集分成 9 个相似大小的子集，在每个子集上对模型进行训练和测试。该方法有助于准确评估模型在不同数据子集上的性能，从而更好地估计模型的泛化能力。

3. 裂纹源辨识

计算所有折的平均准确率和平均 F1 分数，以评估模型的准确性和可靠性。结果显示，交叉验证过程获得的平均准确率分数为 0.97，表明建立的模型在激光选区熔化成形 Ti-6Al-4V 合金的裂纹源辨识方面具有较高的准确性。通过在不同数据子集上进行训练和测试，模型能够有效地学习并推广到新的样本。平均 F1 分数为 0.98，表明模型在辨识裂纹源方面具有良好的稳健性，并且最大限度地减少了假阳性（模型错误地将负类别预测为正类别的样本数）和假阴性（模型错误地将正类别预测为负类别的样本数）。通过分析每个折生成的混淆矩阵，可以进一步了解模型在不同数据子集上的分类表现。混淆矩阵展示了模型在每个类别上的预测情况，包括真阳性（模型正确预测为正类别的样本数）、真阴性（模型正确预测为负类别的样本数）、假阳性和假阴性。

如图 4-7 和图 4-8 所示，混淆矩阵在增强和原始数据集的不同折中展示出了一致的分类表现。模型显示出较高的真阳性率，正确识别了大部分裂纹源和非裂纹源。假阳性率也相对较低，表明该模型将非裂纹源误分类为裂纹源的倾向较低。这对于确保模型在实际应用中的可靠性和有效性至关重要。

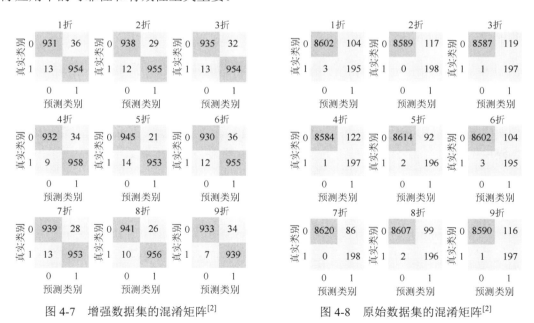

图 4-7 增强数据集的混淆矩阵[2] 　　图 4-8 原始数据集的混淆矩阵[2]

对原始数据集和增强数据集进行 10 折交叉验证，并比较两者的准确率分数和 F1 分数，以评估数据增强对模型性能的影响。如图 4-9 所示，原始数据集的平均准确率分数略高于增强数据集，这表明数据增强并没有显著地提高模型的性能。其源于数据增强过程没有正确处理异常值，导致增强数据集中存在一些异常样本，影响了模型的性能。

而图 4-10 中增强数据集的平均 F1 分数超过了原始数据集，这是由于增强数据集通过合成样本使类别分布更加均衡，从而增加了真阳性的数量，提高了 F1 分数。相比之下，原始数据集存在类别不平衡问题，导致真阳性的数量较少。

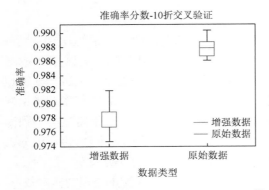
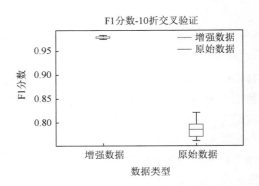

图 4-9　增强数据集和原始数据集的准确率分数[2]　　图 4-10　增强数据集和原始数据集的 F1 分数[2]

本节以挤压镁合金和增材制造钛合金为例，探讨了机器学习在预测形核损伤的临界晶界以及诱导疲劳裂纹萌生的临界缺陷中的应用。对于此类损伤晶界和临界缺陷的识别，属于典型的二元分类问题，重点介绍了极限梯度提升算法在其中的应用。值得注意的是，识别损伤晶界和临界缺陷时，常常遇到数据集不平衡的问题，可以通过数据增强、模型选择以及优化评价指标等方法进行综合改进。

4.2　裂纹扩展行为研究

本节关注机器学习在裂纹扩展行为预测中的应用。首先，基于同步辐射成像与晶体塑性有限元生成的大量实验和模拟短裂纹扩展数据，介绍了贝叶斯网络在短裂纹扩展行为预测中的应用[9-10]；然后，基于分子动力学模拟得到的裂纹扩展数据，介绍了深度学习在Ⅰ型和Ⅱ型裂纹扩展路径预测中的应用[11]。

4.2.1　短裂纹扩展速率预测

疲劳裂纹扩展的研究始于 20 世纪 40 年代，至今仍是疲劳断裂研究最重要的领域之一。在疲劳裂纹扩展阶段，随着裂纹长度的增加，对应的物理机制不断变化，大体分为由不连续机制、连续性机制和快速断裂主导的三个阶段。在不连续机制主导阶段，裂纹主要为短裂纹和近门槛值区裂纹，该阶段的裂纹尺寸较小，且裂纹扩展不连续，裂纹扩展速率与裂纹尖端驱动力应力强度因子幅值 ΔK 的规律不明显，数据的离散性较大。研究发现，疲劳裂纹萌生与早期裂纹扩展周期在疲劳寿命中的占比高达 70%～80%[12-13]。因此，深入理解工程材料短裂纹扩展机理与规律对于疲劳裂纹扩展寿命的可靠评估与准确预测至关重要。对于短裂纹，由于裂纹前缘附近的微结构特征会影响微观力学场的空间分布（应力、应变、位移等），其扩展行为与周围的微结构特征存在强烈的交互作用，使短裂纹扩展呈现出极大的离散性，表现在裂纹扩展速率和路径上。然而，由于与微结构特征尺度相当的短裂纹扩展数据相对匮乏以及短裂纹与微观组织的交互作用过于复杂，导致短裂纹扩展行为预测仍是当前短裂纹行为研究面临的挑战性难题。近年来，实验技术、计算仿真和机器学习的快速发展为短裂纹扩展行为的实验和仿真研究以及短裂纹扩展速率建模提供了契机。本节以亚稳钛合金的短裂纹扩展为例，介绍机器学习在短裂纹扩展速率和路径预测中的应用[9-10]。

　　整体研究思路如图 4-11 所示，首先结合同步辐射成像与晶体塑性有限元生成大量的实验和模拟数据，再通过机器学习方法建立短裂纹扩展速率和路径与裂纹扩展驱动力之间的关联关系，进而深入揭示亚稳钛合金短裂纹扩展行为。

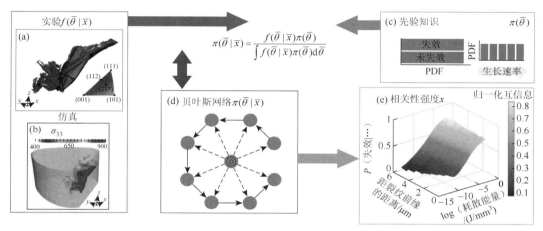

图 4-11　基于机器学习的短裂纹扩展行为研究框架[9]

扫一扫　见彩图

1. 机器学习模型

　　建立的概率短裂纹扩展框架的基本思路为：首先，确定一种适当的疲劳度量指标，例如耗散能量；随后，通过实验和仿真方法，计算出每个滑移方向上的耗散能量值；最后，利用贝叶斯网络以非局部方式建立滑移方向失效的后验概率与其相关的裂纹扩展速率。贝叶斯理论是图 4-11 所示的短裂纹扩展行为研究框架的核心。它提供了一种计算后验概率 $\pi\left(\bar{\theta}\middle|\bar{x}\right)$ 的方法，即观察到一组数据 $\bar{x}$ 之后，事件 $\bar{\theta}$ 发生的概率，数学表达式如式（4-6）所示。

$$\pi\left(\bar{\theta}\middle|\bar{x}\right)=\frac{f\left(\bar{\theta}\middle|\bar{x}\right)\pi(\bar{\theta})}{\int f\left(\bar{\theta}\middle|\bar{x}\right)\pi(\bar{\theta})\mathrm{d}\bar{\theta}} \tag{4-6}$$

式中，$\bar{\theta}$ 为滑移方向或裂纹扩展速率；$\bar{x}$ 为提出的非局部驱动力的计算值。

　　由式（4-6）可知，要计算后验概率 $\pi\left(\bar{\theta}\middle|\bar{x}\right)$，需要已知似然函数 $f\left(\bar{\theta}\middle|\bar{x}\right)$ 和先验概率的分布 $\pi(\bar{\theta})$。其中，极大似然函数是通过实验和模拟结果组成的多模态数据集计算得到。实验数据联合同步辐射衍射和相衬层析成像收集，而晶体塑性有限元模拟用于计算实验

中无法获得的微观力学场。先验概率的分布假设是均匀的，这种假设的目的是最小化在缺乏先验知识的情况下引入的任何偏见或不确定性。利用贝叶斯网络建立描述裂纹扩展问题的概率模型，以定量评估后验概率及提出的非局部驱动力与实验和模拟结果之间的关联关系。采用已有的机器学习贝叶斯网络软件，即 Bayesialab。

关于非局部裂纹扩展驱动力，选取一个代表最大耗散能量的参数，即

$$E^d(s) = \sum_{\alpha=1}^{N} \left| \tau^\alpha(s) \Gamma^\alpha(s) \right|, \quad \forall \alpha \in d \tag{4-7}$$

式中，$E^d(s)$ 为最大耗散能量的参数；α 为滑移系；τ^α 为分切应力；Γ^α 为累积的塑性剪切。式（4-7）为非局部驱动力，表示沿着滑移方向的总耗散能分布。

对于短裂纹扩展行为的研究既包括扩展方向，也包括扩展速率，分别采用 F^d 和 R^d 描述。其中，当裂纹度量达到沿给定滑移方向的扩展阈值 d 时，二元变量 F^d 表示失效；连续变量 R^d 表示裂纹沿着给定滑移方向 d 的扩展速率。构建两个不同类型的贝叶斯网络：第一类贝叶斯网络（以下简称 BN^F）是在给定耗散能量 E 的情况下，评估失效的后验概率；而第二类贝叶斯网络（以下简称 BN^R）是在给定耗散能量 E 的情况下，评估观测到某一裂纹扩展速率的后验概率。式（4-8）和式（4-9）分别是上述两类贝叶斯网络的数学表达式。

$$P(F|E) = \frac{P(E|F)P(F)}{\int P(E|F)P(E)\mathrm{d}F} \tag{4-8}$$

$$P(R|E) = \frac{P(E|R)P(R)}{\int P(E|R)P(E)\mathrm{d}R} \tag{4-9}$$

在贝叶斯网络中，节点代表变量，边代表变量之间的条件依赖关系。在分类问题中，目标变量是要预测的量 F 和 R，而独立变量被称为属性（裂纹驱动力表示为每个空间位置 s 的耗散能量）。采用 Bayesialab（软件）中的遗传算法实现变量离散化，其中间隔数是唯一待求的模型参数。F 是一个二进制变量，而 R 和 E（s）的每个值被分别离散化为 50 个和 10 个间隔。

执行分类的贝叶斯结构是树增强贝叶斯结构，该结构能够刻画不同属性之间的条件依赖关系。图 4-12 为两类贝叶斯网络结构的示意图，其中示意地给出了代表性值的位置，耗散能量的每一个代表值对应于贝叶斯网络的一个节点。用于训练贝叶斯网络和确定模型参数的数据集如下：①对于 BN^F，选取相等数目的失效和非失效滑移方向，得到失效的均匀先验分布 F；②对于 BN^R，利用所有裂纹扩展速率数据，采用分层方法获得均匀的先验分布 F。模型的参数与数据的独立性采用 K 折交叉验证，其中 $K=3$。

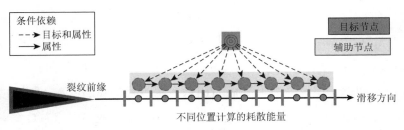

扫一扫 见彩图

图 4-12　两类增强的贝叶斯网络重叠在一个数据挖掘路径上的示意图[9]

在构建贝叶斯网络时假设失效速率与扩展速率均为与材料相关的参数，且在每个裂纹前缘位置，失效仅会发生在某一滑移方向上。为了避免歧义性，需要使用确定性程序来评估所有可能的失效方向。具体而言，要求在多个滑移方向中，任意方向发生失效的后验概率大于50%。图4-13为采用的确定性程序流程图。大致分为以下步骤：①计算在特定位置上每个滑移方向上耗散能量；②通过 BN^F 计算每个滑移方向失效的后验概率；③判断是否有滑移系出现失效（例如，$P(F|E)>50\%$）；④选取具有最高失效概率的滑移方向；⑤通过 BN^R 计算相关的裂纹扩展速率。

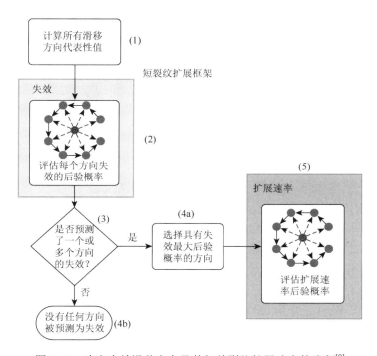

图 4-13　确定失效滑移方向及其相关裂纹扩展速率的流程[9]

为了量化两个随机变量之间的关联性，采用通过目标变量的熵（H）进行归一化处理，得到归一化互信息 NMI，表达式为

$$NMI(X, Y) = \frac{MI(X, Y)}{H(X)} \tag{4-10}$$

$$H(X) = -\sum_{x \in X} p(x) \log_2(p(x)) \tag{4-11}$$

式中，$p(\cdot)$ 为概率密度函数，MI 为互信息（mutual information）。由分类模型预测某一状态 i 的性能可以采用两个参量来度量：可靠性和精度，分别用于衡量模型预测的可信度与模型正确预测的能力。可信的模型通常兼具高的可靠性和精度。对于具有 N 种可能结果的分类模型，通过定义总体的可靠性和精度来量化模型的整体性能：

$$Reliability_{overall} = \sum_{i=1}^{N} w_i Reliability_i \tag{4-12}$$

$$\text{Precision}_{\text{overall}} = \sum_{i=1}^{N} w_i \text{Precision}_i \qquad\qquad (4\text{-}13)$$

式中，$\text{Reliability}_{\text{overall}}$ 和 $\text{Precision}_{\text{overall}}$ 分别为总体的可靠性和精度，Reliability_i 和 Precision_i 分别为样本的可靠性和精度。对于 BN^F，$N = 2$；对于 BN^R，$N = 5$。

2. 裂纹扩展分析

表 4-1 中展示了表征裂纹扩展方向 BN^F 和裂纹扩展速率 BN^R 的两类贝叶斯网络模型的性能。值得注意的是，表中的性能指标仅通过训练集获得，而没有涉及图 4-13 中描述的确定性的空间解析过程。

表 4-1　两类贝叶斯网络模型的性能

	Reliability$_{\text{overall}}$	Precision$_{\text{overall}}$
失效滑移方向	78%	77%
裂纹扩展速率	64%	64%

由表 4-1 发现，与实验结果相比，建立的贝叶斯网络模型在预测裂纹扩展方向上具有较高的可靠性和精度，两者均接近 80%。这种裂纹扩展的非局部度量比局部计算的耗散能量展现出了更高的预测能力，后者的可靠性和精度仅分别为 37% 和 31%[14]。然而，用于预测裂纹扩展速率的贝叶斯网络模型的可靠性和精度均较低，均为 64%。上述两类模型预测结果的差异可归结于：首先，模拟失效的贝叶斯网络是一个二元分类器，滑移方向仅分为失效和未失效两类，而模拟裂纹扩展速率的贝叶斯网络是一个多标签分类器，其任务是将裂纹扩展速率分为五个区间。这些区间是一个离散的、连续的变量，因此，不能直接比较这两类贝叶斯网络模型的性能。此外，裂纹表面仅包含几个晶粒，因此，裂纹扩展速率的数据点局限于几百个，用于训练预测裂纹扩展速率的贝叶斯网络模型的数据集可能不足以捕捉整体裂纹扩展行为。

另外，还计算了裂纹扩展速率的预测值相对于实验数据的分布，采用的计算方法是对混淆矩阵（即每个可能的类别组合的实验观测值与预测结果的对比矩阵）求平均值。研究发现，预测结果呈现出一种近似对称分布，其中低于和高于裂纹扩展速率的部分分别占比 16% 和 20%。这种对称的分布表明，模型在测试数据上的表现与训练数据类似，没有出现过拟合的情况。这也意味着模型对于裂纹扩展速率的预测在整个范围内都能够保持较好的稳定性和一致性，而不会在某个特定范围内出现明显的偏差。此外，这种对称分布也表明当前数据可能不足以捕捉整体裂纹扩展行为的复杂性。当然，裂纹表征技术的分辨率也会影响当前的预测结果。较低的空间分辨率限制了对小尺寸裂纹的准确测量。模型可能受到这些测量误差的影响，从而导致预测值与实验值之间的差异。

图 4-11 中的相关性强度可以利用式（4-10）的归一化互信息计算。具体而言，失效概率与耗散能量的关系如下所示：

$$\chi(s) = \text{NMI}\big(F, \lg(E(s))\big) \tag{4-14}$$

由此得到每个空间位置 s（即 BN^F 的每个属性节点）的相关值。图 4-14（a）描述了 χ 与裂纹前缘距离之间的空间关系，χ 的值减小表示裂纹沿着给定滑移方向扩展概率的不确定性降低。由图可见，随着远离裂纹尖端，相关性几乎单调地增加。值得注意的是：①该趋势不会无限期地持续下去；②χ 的变化幅度是有限的；③在对数空间中计算了相关关系，对数空间中的计算可以更好地处理裂纹尖端附近微观塑性的影响。为了探究异常变化趋势产生的原因，分析了耗散能量的归一化分布，如图 4-14（b）所示，其中失效和非失效滑移方向分别用红色和蓝色表示，符号代表分布的均值。通过观察分布的形状和范围发现：代表非失效滑移方向的分布不显示局部高密度区域，并且在较低值处存在长尾。相比之下，代表失效滑移方向的分布几乎呈现正态分布，并且在较高值处有明显的尾部。这表示在裂纹尖端附近，有一些滑移方向更有可能导致失效。此外，当远离裂纹尖端时，两个分布之间共享值的范围有所减小，这表明随着远离裂纹尖端，滑移方向的选择范围变得更加局限。

在裂纹尖端附近（例如 $0.7\ \mu\text{m} < s < 1.4\ \mu\text{m}$），滑移方向的选择范围很广，不同滑移方向的密度几乎相当。因此，观察到的耗散能量属于共享区域的一部分，无法提供有效的证据来区分失效和非失效滑移方向，降低了它们之间的相关性。而在远离裂纹尖端的地方（例如 $5.6\ \mu\text{m} < s < 6.3\ \mu\text{m}$），共享值的范围有所减小，且它们的概率密度不同。因此，观察到的共享区域的驱动力值将为评估失效的后验概率提供有效的信息。

为了定量表征耗散能量对失效后验概率的影响，改变贝叶斯网络框架中每个属性节点的平均值，并计算相关的后验概率，结果如图 4-14（c）所示，其中曲面代表失效的后验概率，其为耗散能量值和与裂纹前缘距离的函数。由图可见，该表面呈现出与多维逻辑回归相关的 s 形。因此，代表 50%概率的等高线可以解释为失效的阈值，而耗散能量在低概率和高概率之间的范围（例如，在 30%~70%之间）表明了整体的不确定性。此外，耗散能量的值在对数空间中与失效的后验概率成正比。随着远离裂纹前缘，后验概率的范围略有增加，这与图 4-14（a）基于相关性分析得到的趋势相一致。

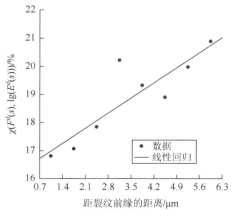

(a) 非局部耗散能量与到裂纹前缘距离之间的空间相关性

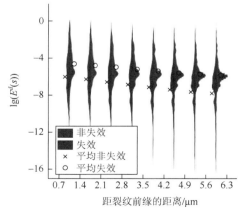

(b) 计算的驱动力值与裂纹前缘距离的归一化分布

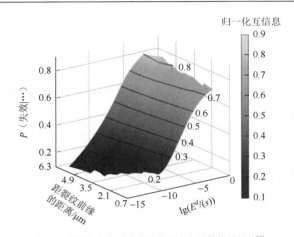

(c) 后验失效概率与裂纹前缘的距离和耗散能量的值[9]

图 4-14　裂纹扩展分析结果

图 4-15 比较了基于图 4-13 中短裂纹扩展框架得到的预测结果与实验结果。所有子图使用一种颜色循环方式来绘制裂纹表面，颜色从黑色渐变到白色。图中黑线表示晶界；裂纹面上的矢量表示滑移方向，从裂纹前缘开始，而矢量的长度与观测或计算的裂纹扩展速率成正比。在每个裂纹前缘位置，如果预测的失效滑移方向与实验观测到的滑移方向一致，则分类为正确［如图 4-15（b）、（e）、（h）、（k）中绿色斑块］，直方图表示正确预测失效滑移方向的分布。此外，对于正确预测的滑移方向，进一步比较裂纹扩展速率的预测值与实验值，如图 4-15（c）、（f）、（i）、（l）所示，并分类为正确（绿色所示）、低估（红色所示）和高估（蓝色所示），直方图表示预测的裂纹扩展速率的分布。

用于裂纹扩展分析的阶段如下：34000 周和 70000 周分别为第一个和最后一个分析的扩展阶段；53000 周为具有最差预测性能的扩展阶段；60000 周是该短裂纹扩展框架平均预测性能的代表性阶段。具体的分析如下：

（1）当循环至 34000 周时，裂纹从晶粒 1 的（112）晶面上的缺口处扩展，裂纹的扩展速率几乎是均匀的。

（2）当循环至 53000 周时，裂纹一部分扩展至晶粒 1 和晶粒 3，并在晶粒 1 和晶粒 2 的晶界处钉扎。仍位于晶粒 1 中的部分裂纹扩展面从最初的（112）面转换至两个不同的（110）面，如图 4-15（d）中橙色和品红色框所示。此阶段，晶粒 1 中出现了一个相对较大的韧带。晶粒 3 中的裂纹扩展面为（123）面。

（3）当循环至 60000 周时，韧带几乎失效。裂纹穿越晶粒 1 和晶粒 2 之间的晶界，在晶粒 2 的（123）晶面上扩展。在晶粒 1 中，裂纹仍在（110）面上扩展。晶粒 3 几乎失效。

（4）当循环至 70000 周时，晶粒失效。裂纹在晶粒 2 的（123）晶面上扩展，且几乎完全是穿晶扩展。

结果显示，所建立的短裂纹扩展框架能够正确预测 60% 的裂纹前缘位置；与此同时，能够正确预测 55% 的裂纹扩展速率。裂纹扩展速率正确预测的概率很大程度上取决于裂纹前缘位置：通常，当裂纹前缘位于晶粒内部时，能够正确预测裂纹扩展速率的概率更大；反之，当裂纹前缘的很大一部分位于晶界上时，预测的准确性将显著降低。例如，当循环周次为 53000 周时，如图 4-15（e）和图 4-15（f）所示，在晶粒 1 和晶粒 2 之间

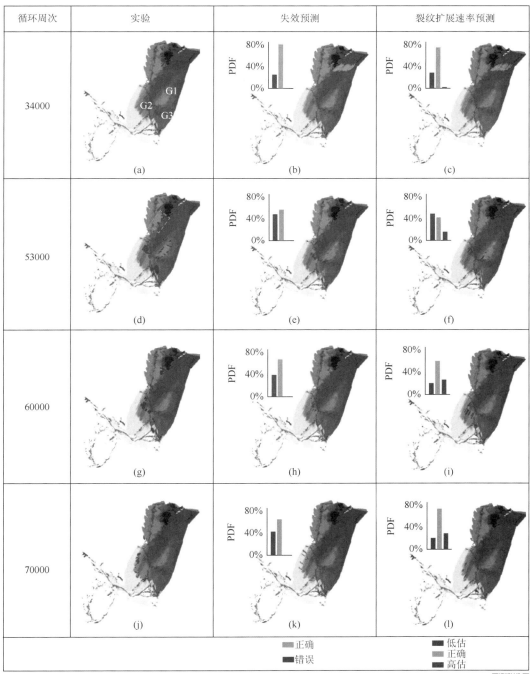

图 4-15　短裂纹扩展框架的预测结果与实验结果比较[9]

的晶界处存在大量未被正确预测的失效滑移方向和高估的裂纹扩展速率。而当裂纹穿越晶界后，所建立的框架又恢复了有效预测失效滑移方向和裂纹扩展速率的能力，如图 4-15（h）和图 4-15（k）所示。

如前所述，在裂纹扩展速率预测时，要求确保裂纹前缘与第一个晶界之间有足够的距离，否则无法采集到滑移方向。因此，裂纹扩展速率的预测能力在靠近晶界附近的区域可能会下降。此外，当裂纹扩展至晶界时，通过中断相衬断层扫描技术获取的裂纹扩展阶段也是极为有限的。因此，可以推断，如果裂纹前缘大部分时间不与晶界发生交互作用，那么建立的短裂纹扩展框架就可以在统计上有效地再现多晶体心立方结构合金中的裂纹扩展行为。

4.2.2　裂纹扩展路径预测

裂纹扩展路径受到多因素的影响，包括材料的微结构特征、缺陷分布、应力状态、环境条件等。这些因素之间相互作用，使得裂纹扩展过程十分复杂，难以建立物理模型来描述。此外，裂纹扩展路径涉及多个尺度，跨尺度的建模和分析也是一项挑战，需要综合考虑各个尺度上的因素。裂纹扩展路径研究面临着复杂的物理过程、多尺度问题以及非线性和不确定性等多个挑战和难点。近年来，先进实验技术、计算仿真分析和机器学习建模，为提高裂纹扩展路径预测的准确性和可靠性提供了有效手段。本节介绍 Hsu 等[11]提出的一种由卷积神经网络和长短期记忆单元组成的特殊类型的神经网络，及其在材料裂纹扩展路径预测中的应用。总体研究流程图如图 4-16 所示。

1. 机器学习模型

在分子动力学模拟中，裂纹扩展是一个高度随机问题，断裂行为的模拟结果受到几何形状和原子的随机状态影响。这两个因素的高维性使得它们与断裂路径之间的关系变得非常复杂，难以直接通过数值方法描述。因此，Hsu 等[11]首先对具有不同取向的材料的拉伸实验过程开展了大量的分子动力学模拟，建立数据集；然后，建立深度神经网络模型，预测双晶材料的断裂模式；最后，通过 10 折交叉验证对模型的预测精度和可靠性进行评估。

选用能够有效学习时空关系的、基于卷积长短期记忆（ConvLSTM）的机器学习模型，因为该模型的分子动力学模拟结果在时间和空间上包含了大量的原子信息，而这些信息又反映在裂纹的动态演化中。在基于卷积长短期记忆的网络结构中，设置两层网络以捕获不同抽象层次的特征：卷积层用于从图像数据中提取空间特征，长短期记忆用于处理序列数据中依赖关系。

机器学习模型是从一系列分子动力学模拟结果中学习时空关系，包括晶体取向、时间、应变和裂纹扩展行为。使用卷积长短期记忆将连续图像作为时间序列处理，以反映裂纹沿不同晶体取向的扩展特征。前期研究[15]发现，基于卷积长短期记忆的模型展示出了从这类时空数据中提取图像的能力。因此，采用卷积长短期记忆模型来挖掘分子动力学模拟结果中隐含的时空关系。

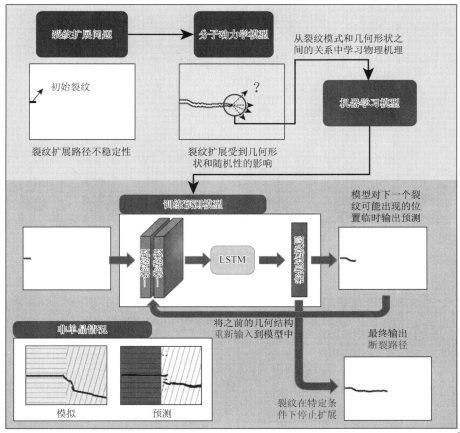

图 4-16　基于机器学习的裂纹扩展路径研究框架[11]

扫一扫　见彩图

图 4-17（a）显示了特定应变下的预测模型的训练集，该训练集是通过分子动力学仿真结果映射而来的，应变为 3.375%。建立的机器学习模型如图 4-17（b）所示。它包括两个一维卷积层、一个长短期记忆单元和一个密集层作为输出层。利用一维卷积层从裂纹图像中逐列提取裂纹区域和非裂纹区域的几何信息，然后利用长短期记忆单元识别它们之间的隐式关系。

在前两个一维卷积层中，过滤器的数量均为 64，内核大小均为图像宽度的一半，即 60 和 61。两个一维卷积层将输入几何矩阵的维度从 12×16 降至 64 维，作为物理的潜在空间，以解决基于图像的断裂问题。然后，采用 512 个节点的长短期记忆单元学习随着裂纹扩展的序列关系。最后，使用具有 120 个节点（与裂纹图像的宽度相同）的密集层作为输出层，将预测结果从降维后的潜在空间（64 维）采样回实际空间（12×16 的几何矩阵），以显示裂纹可能发生的位置。此外，采用 binary_crossentropy 作为损失函数，采用 Sigmoid 函数作为输出层的激活函数。利用 binary_crossentropy，将 0～1 的每个像素点的裂纹概率解释为不同位置出现裂纹的概率。经过上述处理，裂纹预测问题变为一个多分类问题。

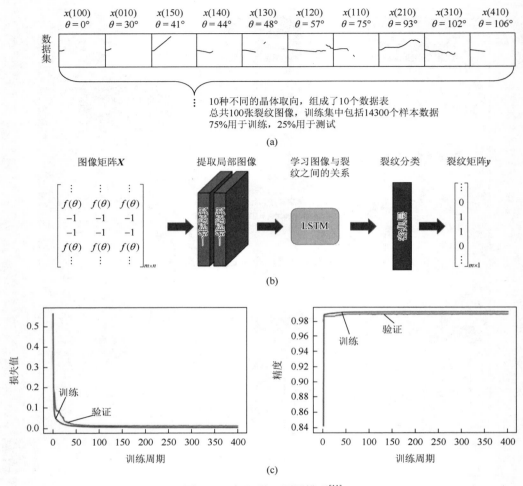

图 4-17　机器学习预测模型[11]

机器学习模型的训练过程如图 4-17（c）所示。可见，机器学习模型可以充分学习裂纹图像与几何条件之间隐含的复杂关系。在具体的设置方面，选用学习率为 0.0001、衰减为 0.001 的 Adam 优化器，其他为默认值。将训练的批量大小设置为 64，以确保在每个训练批次中都能学习到裂纹与几何之间的关系。

采用迭代过程获得整个裂纹图像，用于生成预测的断裂图像。输出范围从初始裂纹后的第一列到图像末尾，表示从第 17～160 列的范围（如果想获得不同大小的图像，可对该范围进行调整）。利用当前的裂纹矩阵作为输入，使用模型进行下一阶段裂纹扩展的预测，这将产生一个表示裂纹在下一个阶段扩展位置的预测裂纹矩阵。根据预测的裂纹矩阵，更新几何矩阵以反映裂纹的扩展。将更新后的几何矩阵作为下一个预测步骤的输入，继续进行预测。重复以上步骤，直到达到所需的裂纹扩展终止条件，或者直到达到预定的迭代次数。具体而言，几何矩阵是一个处理队列，它从尾部取出最新的裂纹数据，并从队列的头部逐列迭代地弹出前置的几何条件。基于此，预测所需的输入仅是裂纹图像的前 16 列，其中包含初始裂纹和几何形状。上述过程可以概括为，在预测模型中输入几何条件，然后根据使用的训练集（多应变下的预测通过训练模型来针对应变变化和使用多组参数来实现），得到特定应变下可能出现的裂纹图像。

2. 裂纹扩展路径

3.375%的应变下，Ⅰ型裂纹扩展路径的预测结果如图 4-18（a）所示。在模拟拉伸实验时，裂纹预测结果中的应变是自由选择的，这意味着机器学习模型能够揭示的物理信息与训练集的应变值密切相关。在拉伸实验的模拟结果中，由于键断裂的加载效率不同，同一晶格不同取向之间的机械能释放率会有所不同。通过在裂纹图像中逐像素地计算相应的裂纹长度，可以更好地理解裂纹扩展行为的预测结果。图 4-18（b）比较了机器学习预测结果与分子动力学模拟结果在不同晶体取向上的裂纹长度。结果显示，裂纹长度在不同晶体取向上的变化与分子动力学模拟结果相似，表明所建立的机器学习模型不仅对晶体取向差异敏感，而且能理解裂纹图像中应变的潜在物理意义。这一重要发现表明，建立的短裂纹扩展框架具有一定普遍性和可预测性。

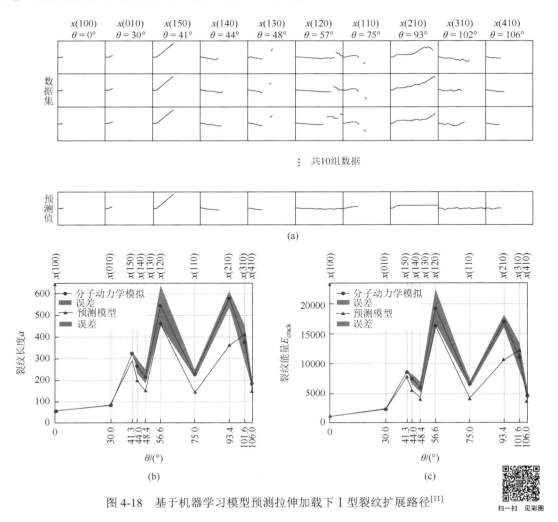

图 4-18　基于机器学习模型预测拉伸加载下Ⅰ型裂纹扩展路径[11]

扫一扫　见彩图

为了进一步验证方法的普遍性，将机器学习模型用于Ⅱ型裂纹扩展行为的预测中，同样考虑不同的晶粒取向的影响。基于Ⅱ型裂纹图像训练机器学习模型，预测结果如图 4-19（a）所示。然后，将预测的裂纹长度与裂纹能量进行比较，图 4-19（b）和图 4-19（c）展示了这些比较结果。除了 x（100）以外，所有的预测结果均与模拟结果非常吻合。对于 x（100）取向，机器学习模型预测的非扩展裂纹主要是因为在这种情况下，裂纹仅具有简单的水平模式（即在初始裂纹位置的方向上）。为了提高对 x（100）取向等情况的预测能力，可能需要更多的数据或其他物理信息，如应力和应变分布，以实现更全面的预测。尽管如此，所建立的机器学习模型能够正确地预测大多数取向的裂纹扩展路径，表明该模型在处理其他更复杂的边界条件时具有灵活性。

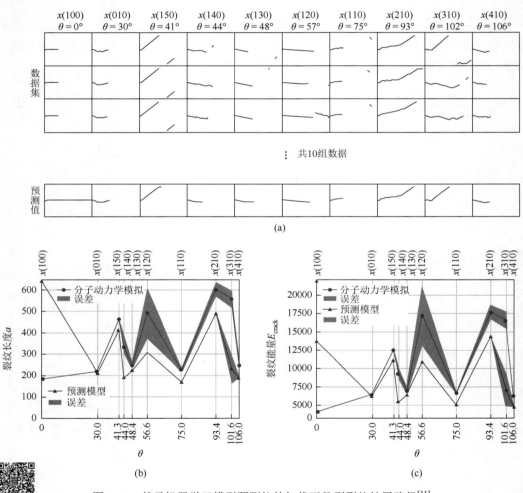

图 4-19　基于机器学习模型预测拉伸加载下Ⅱ型裂纹扩展路径[11]

为了探究模型的泛化能力，将整体裂纹图像作为训练集，采用卷积长短期记忆结构，评估其对包含初始裂纹和分叉行为的整体断裂模式的预测能力。此外，通过直接修改几何矩阵输入，即生成不同的晶体结构和形态，扩展模型的应用范围。首先，将机器学习模型预测的双晶断裂行为与分子动力学模拟结果进行对比。图 4-20（a）所示为裂纹在具有较小取向差的双晶中的扩展行为。结果表明，预测的裂纹扩展路径在晶界附近没有发生明显偏折，符合预期。图 4-20（b）对比了具有较大取向差的双晶中的裂纹扩展行为。在分子动力学模拟中，主裂纹首先沿着水平方向扩展，穿越晶界后，裂纹发生了大角度偏转，之后继续扩展，直至断裂。机器学习模型在裂纹初始扩展阶段（沿着水平方向扩展）展现出良好的预测效果，与分子动力学模拟结果基本一致。而不同之处在于裂纹穿越晶界后，预测的裂纹呈现一定程度的锯齿状，然后才偏折到与分子动力学模拟相同的位置。总体来说，机器学习模型预测的偏折裂纹图像成功地描绘了裂纹扩展行为的整体趋势，尽管一些细节未能准确地预测。面对更加复杂的几何条件，例如在具有连续变化的晶体取向的梯度材料中，也可以利用该模型进行预测，预测时只是通过不断修改基于图像的几何矩阵输入来实现，如图 4-20（c）所示。建立的卷积长短期记忆模型在各类晶体结构和形态上的成果应用表明其具有良好的预测能力，无须依赖于分子动力学模拟，或者分子动力学模拟可以作为卷积长短期记忆模型的补充。

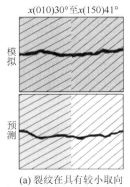

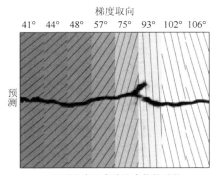

(a) 裂纹在具有较小取向　　(b) 裂纹在具有较大取向差　　(c) 裂纹在具有连续变化的晶体
差的双晶中的扩展行为　　　的双晶中的裂纹扩展行为　　　取向的梯度材料中的扩展行为

图 4-20　基于其他数据集验证机器学习模型的预测能力[11]

扫一扫　见彩图

本节探讨了裂纹扩展行为预测中的关键问题，即裂纹扩展速率和路径的预测。以亚稳钛合金和脆性材料为例，阐述了贝叶斯网络以及结合卷积神经网络和长短期记忆网络的神经网络在短裂纹扩展速率和路径预测中的应用，构建了微结构特征与裂纹扩展行为之间的关联模型。研究结果表明，当裂纹前缘位于晶粒内部时，裂纹扩展速率的预测精度较高。此外，建立的机器学习模型在Ⅰ型与Ⅱ型裂纹扩展路径预测中均表现出较高的准确性。然而，由于实验数据不足，可采用晶体塑性有限元法和分子动力学模拟来补充裂纹扩展速率和路径的相关数据。

4.3　断裂强度和断裂韧性研究

本节关注机器学习在断裂强度和断裂韧性预测中的应用。首先，以发电厂结构用高强度钢为例，介绍了机器学习在断裂强度预测中的应用[16]；然后，基于多晶硅微悬臂梁测试结果，介绍了机器学习在断裂韧性预测中的应用[17]。

4.3.1　断裂强度预测

由于断裂强度是工程结构安全可靠服役的一个关键参数，因此成为新材料研发过程中重点关注的力学性能指标之一。结合实验试错法、基于物理的本构方程和计算热力学相图评估等方法，已成为目前揭示材料的断裂行为和预测断裂强度的主要方法之一。然而，实验试错法存在效率低、能力有限等问题，导致开发具有优异性能的新型材料一直是非常耗时和成本高昂的挑战。在材料基因组计划的推动下，研究人员引入了高度复杂的数据库管理系统，并且随着机器学习算法和计算能力的显著改进，已经能够开发出准确且快速预测的机器学习模型。与传统的实验和计算方法相比，机器学习方法有助于加速新材料的研发过程，降低试验成本和缩短周期，提高新材料的研发效率和成功率。在近些年的报道[18-21]中，与基于物理的方法（如基于热力学的模型）相比，机器学习方法在预测断裂强度方面更加准确。本节以 9%～12%Cr 铁素体-马氏体钢和奥氏体 347H 不锈钢为例，介绍机器学习方法在断裂强度预测中的应用[17]。

1. 数据集建立

建立 9%～12%Cr 铁素体-马氏体钢（简称 9%～12%Cr 钢）和奥氏体 347H 不锈钢（简称奥氏体不锈钢）两套数据集，用于断裂强度预测。其中，9%～12%Cr 钢数据集中包含 1203 个数据和 30 个特征，而经过预处理的奥氏体不锈钢数据集中包含 823 个数据和 24 个特征。首先，采用 Pearson 相关系数来识别特征之间共线特征，如图 4-21 所示。

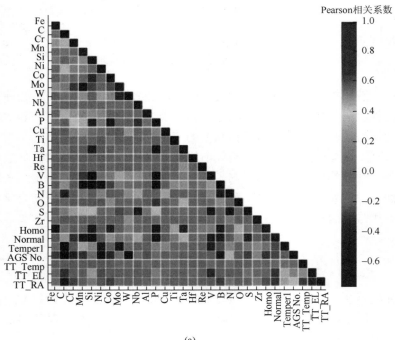

(a)

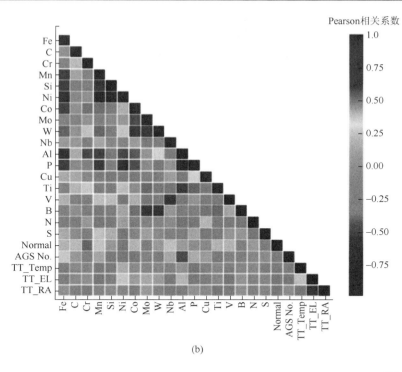

(b)

图 4-21　9%～12%Cr 钢（a）和奥氏体不锈钢（b）的 Pearson 相关系数[16]

图 4-21 中，Homo、Normal、Temper1、AGS No.、TT_Temp、TT_EL、TT_RA 分别表示均匀化处理、正火或奥氏体化热处理温度、回火热处理、奥氏体晶粒数量、测试温度、断后伸长率、断面收缩率。

从 Pearson 相关系数的分析结果来看，9%～12%Cr 钢数据集中的特征之间并没有显示出很强的相关性。相反，奥氏体不锈钢数据集中的一些特征之间显示出了很强的相关性。然而，由于这种强相关性仅存在于不同的化学成分之间，因此将这种成分特征之间的关联性视为巧合而不是真正的相关性更为合理。

2. 机器学习模型

在建立断裂强度与化学成分和工艺参数之间的关联关系方面，选择了三种机器学习算法，即高斯过程回归（Gaussian process regression，GPR）、神经网络（neural network，NN）和梯度提升决策树（gradient boosted decision tree，GBDT）。

高斯过程回归是一种强大的概率回归方法，可用于对连续数据进行建模，并提供对预测的不确定性的估计。在高斯过程回归中，采用均值函数和协方差函数来定义预测和预测的不确定性。设 $m(x)$ 和 $k(x, x'|\theta)$ 分别为均值函数和协方差函数，则高斯过程可以表示为

$$f(x) \sim \mathrm{GP}(m(x),\ k(x, x'|\theta)) \tag{4-15}$$

$$m(x) = E[f(x)] \tag{4-16}$$

$$k(x, x' | \theta) = E[(f(x) - m(x))(f(x') - m(x'))] \tag{4-17}$$

利用 Scikit-learn Python 包[22]训练模型。采用径向基函数核对高斯过程回归进行参数求解。在径向基函数中，通过最小化负对数似然函数优化超参数 σ_f 和 σ_l。

$$k(x, x' | \theta) = \sigma_f^2 \exp\left(-\frac{1}{2} \frac{(x_i - x_j)^T (x_i - x_j)}{\sigma_l^2}\right) \tag{4-18}$$

式中，x_i 和 x_j 表示高斯过程连续域上的两个不同的时间点；σ_f 和 σ_l 为径向基函数的超参数，其中，σ_l 决定着高斯滤波器的宽度和平滑程度；T 代表转置运算。神经网络模型的高度灵活性使其成为所有参数回归模型的更强大的超集。通过前馈和反向传播的方式对神经网络进行训练，直至学习完成，此时损失函数达到最小值。为了加强模型中的非线性，使用整流线性单元，如式（4-19）所示，根据学习到的权重和偏差线性缩放输入，将负输出设置为零。建立的神经网络模型包括输入层、输出层和两个隐藏层，每个隐藏层设置 64 个神经元。值得注意的是，对每层隐藏层和神经元的数量进行网格搜索优化，并在优化的基础上选择了两个包含 64 个神经元的隐藏层作为神经网络的首选架构。对于激活函数，采用了整流线性单元，并进行 4000 次训练以保证模型的收敛性。

$$f(x) = \begin{cases} 0, & x < 0 \\ x, & x \geqslant 0 \end{cases} \tag{4-19}$$

梯度提升决策树是一种集成了多个弱决策树模型的算法。不同于其他常见的集成方法，梯度提升决策树通过迭代地拟合数据，并专注于前一次迭代中未能很好描述的数据点。其核心思想是构建新的基学习器，使其与整个集合的损失函数的负梯度最相关。随后，通过对个体决策树的线性组合，估计未知变量的函数关系。在中等规模的数据集上，梯度提升决策树通常表现出比神经网络更强大的预测能力。采用带有 Python 接口的 CatBoost 包[22]训练模型。

采用预测结果与实际数据的决定系数（R^2）来量化不同机器学习算法的性能，并对每种机器学习算法进行 5 折交叉验证。

3. 断裂强度预测结果

图 4-22 显示了基于高斯过程回归的两个数据集的预测断裂强度与实验结果的对比。对于 9%～12%Cr 钢和奥氏体不锈钢，测试集的 R^2 分别为 0.92 和 0.83。可见，奥氏体不锈钢模型的 R^2 值小于 9%～12%Cr 钢模型，这主要源于数据集大小的差异，后者大约仅为前者的三分之一。此外，9%～12%Cr 钢的断裂强度分布更加均匀，相比之下，奥氏体不锈钢的断裂强度则更多地聚集在中值附近。

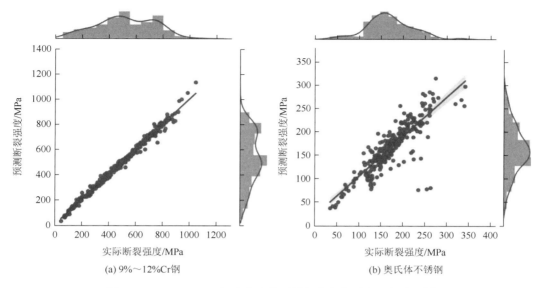

(a) 9%～12%Cr钢　　　　　　　　　　(b) 奥氏体不锈钢

图 4-22　9%～12%Cr 钢和奥氏体不锈钢的高斯过程回归结果[16]

图 4-23 显示了基于神经网络的两个数据集的预测断裂强度与实验结果的对比。对于 9%～12%Cr 钢和奥氏体不锈钢，测试集的 R^2 值分别为 0.93 和 0.84。对于神经网络，尽管 R^2 的方差较小，较小的 R^2 方差表明模型的鲁棒性较高，但获得了与高斯过程回归一致的预测性能。

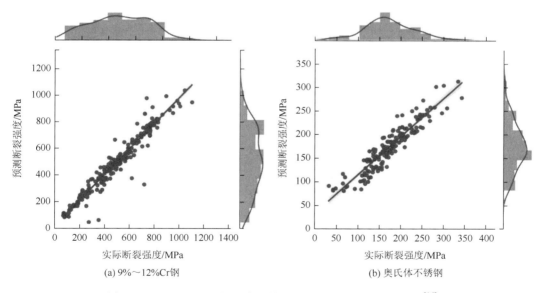

(a) 9%～12%Cr钢　　　　　　　　　　(b) 奥氏体不锈钢

图 4-23　9%～12%Cr 钢和奥氏体不锈钢的神经网络预测结果[16]

采用梯度提升决策树算法对 9%～12%Cr 钢和奥氏体不锈钢的断裂强度进行预测，预测结果如图 4-24 所示。对于 9%～12%Cr 钢和奥氏体不锈钢，测试集的 R^2 值分别为 0.98

和 0.95。通过比较这三种机器学习模型的性能发现，从断裂强度预测的准确性（R^2 的平均值越高，预测精度越高）和鲁棒性（R^2 的方差越小，鲁棒性越高）来看，梯度提升决策树是建立基于化学成分和工艺参数相关特征的最佳算法。此外，当数据集规模较大时，不需要额外建立合金特征和/或先验奥氏体晶粒尺寸的中间模型，可直接构建特征与断裂强度之间的映射关系。

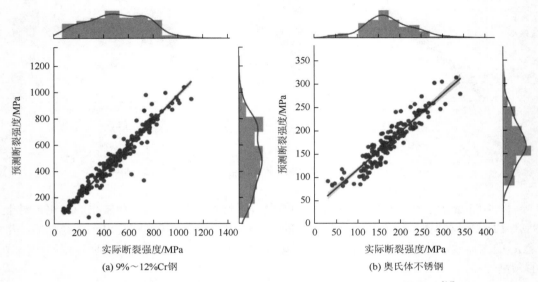

(a) 9%～12%Cr钢　　　　　　　　(b) 奥氏体不锈钢

图 4-24　9%～12%Cr 钢和奥氏体不锈钢的梯度提升决策树预测结果[16]

进一步采用 Shapley 值分析不同特征对梯度提升决策树模型预测结果的贡献程度。图 4-25 显示了两个数据集的特征重要性分析结果。对于 9%～12%Cr 钢，测试温度、断面收缩率和断后伸长率是最重要的特征。在化学成分方面，碳是最重要的特征，且与断裂强度呈现正相关，表明合金中碳含量越高，9%～12%Cr 钢的断裂强度越高。奥氏体晶粒数量与断裂强度呈现负相关，表明 9%～12%Cr 钢中具有较高的断裂强度，必须具有较大的奥氏体晶粒尺寸（少量晶粒）。然而，与奥氏体不锈钢相比，奥氏体晶粒数量对于 9%～12%Cr 钢的断裂强度的影响较小，这是由于奥氏体钢的强度主要取决于奥氏体晶间捕获碳的能力，而 9%～12%Cr 钢则不是。

对于奥氏体不锈钢，测试温度、奥氏体晶粒数量或尺寸和断后伸长率是最重要的特征。相比之下，奥氏体晶粒数量与断裂强度呈现正相关，表明较大的晶粒尺寸不利于奥氏体不锈钢获得较高的断裂强度，也说明所建立的模型能够区分 9%～12%Cr 钢和奥氏体钢晶粒尺寸对断裂强度影响的差异。此外，合金元素如 B、N 和 Si 等，是影响奥氏体钢断裂强度的重要因素，重要性甚至超过了断面收缩率（9%～12%Cr 钢的第二大重要特征）。

文献[16]针对 9%～12%Cr 钢和奥氏体不锈钢，提出并验证了一个基于梯度提升决策树算法的有效预测断裂强度的工作流程。在 Shapley 值分析的基础上，识别出影响两种材料断裂强度的重要特征。通过将机器学习模型集成到现有的合金设计策略中，可以大大加快具有优异断裂强度的材料研发进程。

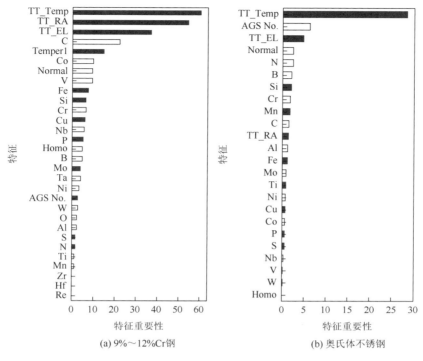

(a) 9%～12%Cr钢　　　　　(b) 奥氏体不锈钢

图 4-25　9%～12%Cr 钢和奥氏体不锈钢不同特性的重要性分析

注：□表示正相关，■表示负相关[16]

扫一扫　见彩图

4.3.2　断裂韧性预测

断裂韧性是衡量材料抵抗裂纹失稳扩展能力的性能指标，是结构完整性评价、损伤容限设计和剩余强度分析的关键力学参量。在工程断裂分析中，最初采用的是解析解。解析解是基于严格的数学推导得到的精确解，格里菲斯断裂理论就是一个经典的解析解示例。但解析解的适用范围较窄，仅适用于简单的几何形状和加载条件，且通常假定材料是均匀线弹性的，裂纹的几何形状和边界条件已知等。为了处理复杂的非线性和非均匀断裂问题，基于实验观察、数值模拟和经验公式的经验解被进一步提出，其在目前工程断裂分析中得到广泛应用。但在实际工程应用中，断裂问题可能涉及高维物理量之间的复杂非线性关系求解，这对解析解和经验解均提出了极大的挑战。然而，机器学习对复杂、非线性、大数据断裂问题提供了潜在的解决方法，在工程断裂分析中的应用正在迅速兴起。

Liu 等[17]基于多晶硅微悬臂梁测试结果，通过机器学习建立了断裂韧性的预测模型。基于微悬臂梁的断裂韧性测试方法的优点在于载荷控制精度高、测试灵敏度高、可以获得高分辨率的实验数据，适用于研究材料在微米尺度和纳米尺度下的变形行为与力学性能。本小节以此为例，说明将机器学习应用于实际工程中断裂问题的通用研究思路，以及机器学习解与解析解和经验解的区别和联系，如图 4-26 所示。

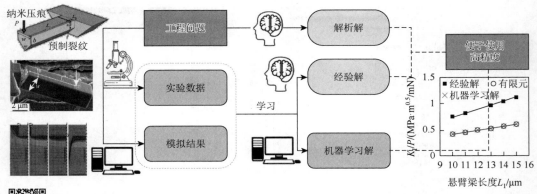

图 4-26　基于机器学习解决工程问题的研究思路[17]

1. 数据集建立

首先采用聚焦离子束加工具有五边形截面的多晶硅微悬臂梁，并预制带有锋利尖端的缺口；然后，借助纳米压痕仪在悬臂梁的自由端施加可控的载荷，并记录载荷和位移响应。值得注意的是，受到聚焦离子束切割仪和纳米压痕仪的限制，实验中加工的微悬臂梁的尺寸是有限的，无法准确推导出所有相关样本尺寸范围内的断裂韧性解析解或经验解，而试样尺寸的变化对于研究断裂韧性的统计分布是至关重要的。当然，采用有限元模拟是解决这类问题的一种有效途径。然而，对大量不同尺寸的试样进行有限元模拟又是十分耗时和耗力的。因此，Liu 等[17]通过采用机器学习方法来构建平面应变应力强度因子 K_I、压痕载荷 P 和微悬臂梁的尺寸 $\{w, b, a, L_0, L_1\}$ 之间的映射关系。

断裂韧性的测试严格遵循了线弹性断裂力学的假设，因此，平面应变应力强度因子 K_I 的计算可归结为线弹性中的边值问题，边界条件为 K_I 与压痕载荷 P 成正比，两者的比值仅取决于微悬臂梁的尺寸 $\{w, b, a, L_0, L_1\}$，与弹性性能（弹性模量 E 和泊松比 v）无关。量纲分析表明，5 个独立的无量纲变量 $\{a/b, w/b, L_0/b, L_1/b, K_I/(PL_1 a^{0.5} b^{-1} w^{-2})\}$ 是相关的。基于此，构建了以下的输入变量和输出变量：

$$\begin{cases} 输入变量 \quad x = (x_1,\ x_2,\ x_3,\ x_4) = \left(\dfrac{a}{b},\ \dfrac{w}{b},\ \dfrac{L_0}{b},\ \dfrac{L_1}{b} \right) \\ 输出变量 \quad y = \dfrac{K_I}{PL_1 a^{0.5} b^{-1} w^{-2}} \end{cases} \tag{4-20}$$

基于实验中微悬臂梁的尺寸，定义了输入变量的参数空间：

$$\frac{a}{b} \in [0.1,\ 0.8],\ \frac{w}{b} \in [1.0,\ 3.0],\ \frac{L_0}{b} \in [0.1,\ 0.4],\ \frac{L_1}{b} \in [2.0,\ 5.0] \tag{4-21}$$

为了进一步挖掘输入变量的参数空间，在生成数据集时采用网络搜索策略。将每个在 $(x_1, x_2, x_3, x_4) = (a/b, w/b, L_0/b, L_1/b)$ 中的输入域 x_i 离散成 m_i 个均匀区间，然后在参数空间内构造一个包含所有可能输入变量的网格，形成了 M 个不同的样本，表达式为 $M = (m_1 + 1)(m_2 + 1)(m_3 + 1)(m_4 + 1)$。若一个密集网格$(m_1, m_2, m_3, m_4)$为(35, 100, 10, 10)，则可形成含有 439956 个样本的数据集。此问题中输出变量在整个输入参数空间上是连续且有界的，因此，可以通过对这些离散点进行采样来可靠地评估在连续空间上机器学习解的精度。

采用有限元计算每个样本的输出变量 y。由于弹性柔度法需要对不同的裂纹长度进行多次模拟，其计算量明显高于 J 积分法，而对于大规模数据集，具有较高的数据生成效率是至关重要的，因此，选用 J 积分法计算裂纹尖端的能量释放率 G 和平面应变应力强度因子 K_I，$K_I = [EG/(1-v^2)]^{1/2}$。

2. 机器学习模型

选择回归树和神经网络两类机器学习模型。对于回归树，基于开源包 Scikit-learn 中一种基于信息增益的优化 CART 算法来生长回归树[23]。回归树的复杂度和大小由树的最大深度和最小叶子结点大小控制。树的深度是指从根结点到最深层叶子结点的路径长度，适当的间隔取值为 4～8。叶子结点大小指的是每个叶子结点所需要的最小样本数量，其合理的下限值设定为 50。上述参数的选择可以有效地消除过拟合，采用绝对比误差评估模型的性能。单一回归树在处理复杂问题时可能不够强大，但它可以作为构建更为强大模型的基本组成部分。采用梯度提升树算法构建回归树集成，该算法可对任意可微损失函数进行优化。利用不同数量和大小的单一回归树构建一系列具有最小二乘损失的梯度提升回归树（gradient boosted regression trees，GBRT），如图 4-27 所示。

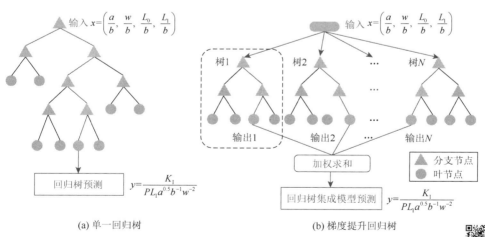

(a) 单一回归树　　　　　　　　　(b) 梯度提升回归树

图 4-27　回归树模型示意图[17]

采用前馈神经网络模型。当输入变量 $x = (x_1, x_2, x_3, x_4)$通过输入层输入神经网络时，下一个隐藏层的每个单元处理来自输入层的数据，并通过激活函数输出至后续隐藏层。最终输出层从最后一个隐藏层收集数据并生成输出变量 y。神经网络的结构由隐藏层的数量和每个隐藏层的结点数量控制。选用的是含有 1 层或 2 层隐藏层的、带有整流线性激活函数的简单神经网络，即单层感知机和多层感知机，如图 4-28 所示。采用具有 Log-Cosh 损失函数的 Nadam 算法，通过开源平台 TensorFlow 2.0 训练神经网络[24]。为了充分利用神经网络的学习能力，将数据集中的大部分数据用于训练，小部分数据用于验证和测试。因此，将数据集分为训练数据集（70%）、验证数据集（15%）和测试数据集（15%）。

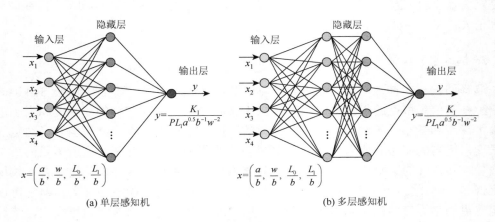

图 4-28　神经网络结构[17]

3. 断裂韧性预测结果

图 4-29 比较了基于单一回归树和梯度提升回归树模型预测的断裂韧性。对比发现，与单一回归树相比，梯度提升回归树模型的预测精度显著提高，深度为 6 的 512 棵梯度提升回归树模型的绝对比误差小于 5%。基于单层感知机和多层感知机模型的预测结果如图 4-30 所示。可见，面对大规模的数据，样本数量 $M = 439956$，一个仅包含 29 个神经元的神经网络就可以产生较高的预测精度，绝对比误差小于 5%，这也证明了神经网络的强大学习能力。

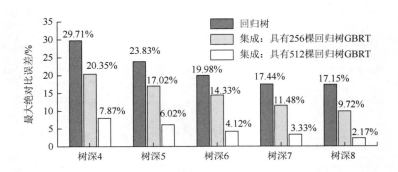

图 4-29　基于回归树的 K_1 预测结果[17]

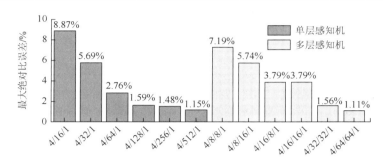

图 4-30 基于神经网络的 K_{I} 预测结果[17]

单层感知机：4/16/1 分别表示输入层、隐藏层、输出层单元数量，其余以此类推；
多层感知机：4/8/16/1 分别表示输入层、第一隐藏层、第二隐藏层和输出层单元数量，其余以此类推

综上分析，建立的回归树和神经网络模型均具有较高的 K_{I} 预测精度，而神经网络模型相对简单。能够实现绝对比误差小于 5% 的回归树模型涉及数百个回归树，且每个回归树又由数百个结点组成。与之相比，神经网络模型仅由简单的互联网络构成。简单的神经网络同时具有预测的高效性和强鲁棒性，因此优选神经网络模型预测不同尺寸微悬臂梁的断裂韧性。

本节讨论了机器学习方法在材料断裂强度和断裂韧性预测中的应用。对于 9%～12%Cr 铁素体-马氏体钢，测试温度、断面收缩率和断后伸长率是影响断裂强度的关键特征。对于奥氏体 347H 不锈钢，测试温度、奥氏体晶粒数量或尺寸和断后伸长率是主要影响因素。将机器学习模型融入现有的合金设计策略中，有望显著加速具备优异断裂强度材料的开发进程。在断裂韧性方面，介绍了基于多晶硅微悬臂梁测试的研究，通过机器学习构建断裂韧性高精度预测模型。研究表明，神经网络模型在效率与鲁棒性上优于回归树模型。

4.4 本 章 小 结

本章围绕基于机器学习方法的材料断裂行为分析，以若干个断裂问题典型应用为例，重点介绍了基于极限梯度提升算法的镁合金晶界损伤形核预测和增材制造钛合金裂纹萌生源辨识、基于贝叶斯网络的亚稳钛合金短裂纹扩展速率预测、基于卷积长短期记忆网络的脆性材料裂纹扩展路径预测、基于高斯过程回归、神经网络、梯度提升回归树的高强度钢断裂强度预测、基于回归树和神经网络的多晶硅断裂韧性预测等。数据集主要源于实验数据、分子动力学模拟、晶体塑性有限元模拟、有限元分析等。目前，机器学习在材料断裂问题的研究中得到广泛的应用。但是，现有的研究多集中在基于数据驱动机器学习方面，未来有待发展融合物理知识的机理驱动的机器学习，应用于材料及结构的断裂行为研究中。

参 考 文 献

[1] Zhang S，Zhu G M，Fan Y H，et al. A machine learning study of grain boundary damage in Mg alloy[J]. Materials Science and Engineering：A，2023，867：144721.

[2] Balamurugan R，Chen J，Meng C Y，et al. Data-driven approaches for fatigue prediction of Ti-6Al-4V parts fabricated by laser

powder bed fusion[J]. International Journal of Fatigue，2024，182：108167.

[3]　Zhang Y F，Millett P C，Tonks M，et al. Deformation-twin-induced grain boundary failure[J]. Scripta Materialia，2012，66（2）：117-120.

[4]　Wang Z Y，Wu S C，Kang G Z，et al. In-situ synchrotron X-ray tomography investigation of damage mechanism of an extruded Magnesium alloy in uniaxial low-cycle fatigue with ratchetting[J]. Acta Materialia，2021，211：116881.

[5]　Kondori B，Morgeneyer T F，Helfen L，et al. Void growth and coalescence in a Magnesium alloy studied by synchrotron radiation laminography[J]. Acta Materialia，2018，155：80-94.

[6]　Naragani D，Sangid M D，Shade P A，et al. Investigation of fatigue crack initiation from a non-metallic inclusion via high energy X-ray diffraction microscopy[J]. Acta Materialia，2017，137：71-84.

[7]　胡雅楠，吴圣川，吴正凯，等. 增材制造先进材料及结构完整性[M]. 北京：国防工业出版社，2022.

[8]　吴圣川，胡雅楠，杨冰，等. 增材制造材料缺陷表征及结构完整性评定方法研究综述[J]. 机械工程学报，2021，57（22）：3-34.

[9]　Rovinelli A，Sangid M D，Proudhon H，et al. Using machine learning and a data-driven approach to identify the small fatigue crack driving force in polycrystalline materials[J]. NPJ Computational Materials，2018，35：1-10.

[10]　Rovinelli A，Sangid M D，Proudhon H，et al. Predicting the 3D fatigue crack growth rate of small cracks using multimodal data via Bayesian networks：In-situ experiments and crystal plasticity simulations[J]. Journal of the Mechanics and Physics of Solids，2018，115：208-229.

[11]　Hsu Y C，Yu C H，Buehler M J. Using deep learning to predict fracture patterns in crystalline solids[J]. Matter，2020，3（1）：197-211.

[12]　Zerbst U，Bruno G，Buffiere J Y，et al. Damage tolerant design of additively manufactured metallic components subjected to cyclic loading：State of the art and challenges[J]. Progress in Materials Science，2021，121：100786.

[13]　轩福贞，朱明亮，王国彪. 结构疲劳百年研究的回顾与展望[J]. 机械工程学报，2021，57（6）：26-51.

[14]　Rovinelli A，Guilhem Y，Proudhon H，et al. Assessing reliability of fatigue indicator parameters for small crack growth via a probabilistic framework[J]. Modelling and Simulation in Materials Science and Engineering，2017，25（4）：045010.

[15]　Wang Y B，Long M S，Wang J M，et al. PredRNN：Recurrent neural networks for predictive learning using spatiotemporal LSTMs[C]. Proceedings of the 31st International Conference on Neural Information Processing Systems，New York，2017：879-888.

[16]　Mamun O，Wenzlick M，Hawk J，et al. A machine learning aided interpretable model for rupture strength prediction in Fe-based martensitic and austenitic alloys[J]. Scientific Reports，2021，11（1）：5466.

[17]　Liu X，Athanasiou C E，Padture N P，et al. A machine learning approach to fracture mechanics problems[J]. Acta Materialia，2020，190：105-112.

[18]　Chatzidakis S，Alamaniotis M，Tsoukalas L H. Creep rupture forecasting：A machine learning approach to useful life estimation[J]. International Journal of Monitoring and Surveillance Technologies Research，2014，2（2）：1-25.

[19]　Shin D，Yamamoto Y，Brady M P，et al. Modern data analytics approach to predict creep of high-temperature alloys[J]. Acta Materialia，2019，168：321-330.

[20]　Jiang X，Jia B R，Zhang G F，et al. A strategy combining machine learning and multiscale calculation to predict tensile strength for pearlitic steel wires with industrial data[J]. Scripta Materialia，2020，186：272-277.

[21]　Liu Y，Wu J M，Wang Z C，et al. Predicting creep rupture life of Ni-based single crystal superalloys using divide-and-conquer approach based machine learning[J]. Acta Materialia，2020，195：454-467.

[22]　Pedregosa F，Varoquaux G，Gramfort A，et al. Scikit-learn：Machine learning in Python[J]. Journal of machine learning，2011，12：2825-2830.

[23]　Prokhorenkova L，Gusev G，Vorobev A，et al. CatBoost：Unbiased boosting with categorical features[C]. Proceedings of the 32nd International Conference on Neural Information Processing Systems，New York，2018：6639-6649.

[24]　Abadi M，Agarwal A，Barham P，et al. TensorFlow：Large-scale machine learning on heterogeneous distributed systems[EB/OL].[2024-01-20]. http://arxiv.org/abs/1603.04467.

第5章 基于机器学习的材料疲劳寿命预测

建立精准度高、适用性广的疲劳寿命预测模型是研究者和工程技术人员一直以来追求的目标。然而，由于目前仍难厘清材料在复杂加载下的疲劳失效机理，现有的疲劳寿命预测模型大都依赖于对特定材料属性和加载条件的简化假设，不具备足够的适用性，预测精度也很有限。近年来，得益于计算能力的提高和数据科学的发展，以机器学习为主的数据驱动方法也在疲劳分析中得到了应用，为疲劳寿命预测模型的构建提供了新的思路。已有的最新寿命预测论文展示了机器学习可能是发展复杂疲劳寿命预测模型最可行的方案。本章首先介绍 Yang 等[1]提出的一种新的、利用长短期记忆网络来量化加载条件特征的疲劳寿命机器学习预测方法；接着，介绍 Yang 等[2]提出的基于长短期自注意力机器学习方法的疲劳寿命机器学习预测方法；进一步，基于 Yang 等[3]的工作，介绍机理驱动机器学习范式在构建寿命预测模型中的初步解决方案；最后，介绍 Hu 等[4]提出的基于领域知识引导的符号回归模型进行增材制造金属疲劳寿命预测。

5.1 基于神经网络的多轴疲劳寿命预测

本节基于 Yang 等[1]的工作，首先介绍基于全连接神经网络（FCNN）的疲劳寿命预测的模型结构、网格优化设置；然后，介绍基于长短期记忆（LSTM）网络的多轴疲劳寿命预测的建模分析、序列化加载条件、模型结构、网格优化设置；最后，利用尼龙 6 的多轴率相关疲劳实验数据对不同方法预测的精度进行对比，并评估基于长短期记忆神经网络方法的适用性。

5.1.1 基于全连接神经网络的疲劳寿命预测模型

1. 模型结构

目前，机器学习在疲劳寿命预测方面的尝试主要是基于全连接神经网络来描述在传统模型中难以准确表征的复杂因素对疲劳寿命的影响，其建模方式如图 5-1 所示。

由图 5-1 可见，该模型以疲劳寿命作为输出，在输入中同时考虑加载工况（如应变幅值、应力比、平均应力等）和一些在传统模型中难以准确表征的复杂影响因素（如层合板的构型[5]、低碳钢的喷丸强化[6]、航空合金的增材制造过程[7]等）。这种建模方式依赖于对这些影响因素的特征提取。例如，用纤维取向角来表征层合板构型[5]；用喷丸强度和覆盖范围来表征喷丸强化[6]；用激光强度、扫描速率、扫描间距及铺粉厚度来表征增材制造过程[7]。

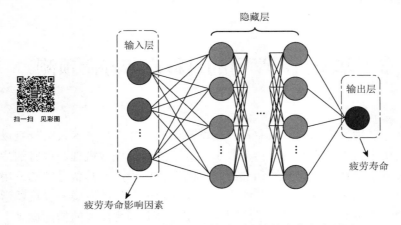

图 5-1　基于全连接神经网络的疲劳寿命预测

Yang 等[1]针对尼龙 6 材料的多轴疲劳寿命预测，构建了如图 5-2 所示的神经网络结构，即在输入层中以临界面损伤参量［式（5-1）］来表征单轴和多轴加载时的路径特征及应力水平，以应力率来表征加载快慢。

$$D = (\sigma_{n,a} + k\tau_a) + \mu\sigma_{n,m} \tag{5-1}$$

式中，D 为损伤参量；$\sigma_{n,a}$ 为正应力幅值；τ_a 为剪切应力幅值；k 和 μ 为模型参数；$\sigma_{n,m}$ 为平均正应力项。

此外，尼龙 6 的疲劳寿命（N_f，循环次数）体现出明显的时间相关性，根据实验结果可知其疲劳寿命（T_f，加载时间）与加载的应力率在对数坐标系下为简单的线性关系，且在不同应力率下的斜率相近。因此，以 T_f 作为模型的输出可使待建立的映射关系的复杂程度降低，进而利于神经网络的训练[1]。

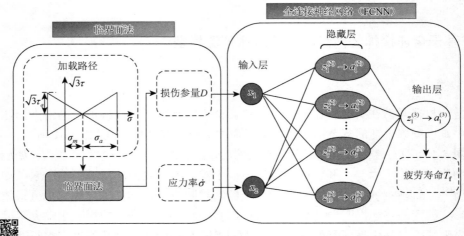

图 5-2　基于全连接神经网络的尼龙 6 疲劳寿命预测方法[1]

2. 网络优化设置

基于 FCNN 的疲劳寿命预测方法如表 5-1 所示，使用单个隐藏层（10 个隐藏层神经元）的网络结构即可在保障计算效率的前提下，适配尼龙 6 的单轴和多轴疲劳寿命预测的复杂程度。

表 5-1　超参数及训练设置

训练设置	超参数
（1）FCNN 的网络结构	2-10（softplus）-1（ReLU）
（2）优化器	Adam
（3）正则化方法	L2 正则化（$\lambda = 0.0001$），式（5-2）
（4）损失函数	Smooth L1，式（5-5）
（5）学习速率	0.001

正则化方法为

$$\theta_{i+1} = \theta_i - \lambda\theta_i + \Delta\theta, \qquad \lambda \in (0,1) \tag{5-2}$$

输入层的神经元中一般不设置非线性的激活函数，而在输出层和隐藏层中分别使用了 ReLU 和 softplus 激活函数：

$$\text{ReLU } g^{(3)}(z) = \max(0, z) \tag{5-3}$$

$$\text{softplus } g^{(3)}(z) = \log(1 + e^z) \tag{5-4}$$

ReLU 函数可为神经网络模型自行引入稀疏性，进而有利于学习到相对稀疏的特征，起到特征自动解耦的作用[8]。同时，在输出层使用 ReLU 函数也可以保证输出的疲劳寿命为非负值，而 softplus 函数可看作是 ReLU 函数的平滑。

模型训练的损失函数选取 Smooth L1：

$$L = \frac{1}{N}\sum_{i=1}^{N}\text{Smooth L1}(\Delta y_i) \tag{5-5}$$

$$\text{Smooth L1}(\Delta y_i) = \begin{cases} 0.5 \cdot (\Delta y_i)^2 & \text{若 } |\Delta y_i| < 1 \\ |\Delta y_i| - 0.5 & \text{其他} \end{cases} \tag{5-6}$$

式中，N 为样本数；Δy_i 为模型的输出疲劳寿命与实验值的误差。Smooth L1 函数能缓解训练过程中可能发生的梯度爆炸问题，同时也对样本中的离群点、异常值更不敏感，可提高训练过程的稳定性和收敛性。

对于输入的临界面损伤参量 D 和应力率 $\dot\sigma$ 以如下公式进行放缩：

$$D_{i,\text{normalized}} = D_i \Big/ \max_{1 \leqslant j \leqslant N}\{D_j\} \tag{5-7}$$

$$\dot\sigma_{i,\text{normalized}} = \dot\sigma_i \Big/ \max_{1 \leqslant j \leqslant N}\{\dot\sigma_j\} \tag{5-8}$$

对于输出的疲劳寿命 T_f，因其在不同工况下的样本之间的数值差异较大，以取对数的形式［式（5-9）］对其进行放缩，使放缩后的疲劳寿命在数值上不会存在数量级的差别。

$$T_{f,\text{normalized}} = \log T_f \qquad\qquad (5\text{-}9)$$

为了便于和 5.1.2 节中提出方法的预测结果进行对比，本小节建立的全连接神经网络疲劳寿命预测模型得到的预测结果将在 5.1.3 节中一并给出，此处不再赘述。

5.1.2 基于长短期记忆网络的多轴疲劳寿命预测模型

1. 建模思路

在传统的疲劳寿命预测模型中，人们通过引入临界面概念、非比例度及路径系数等来考虑疲劳寿命的路径依赖性。然而，正如综述论文[9-10]所总结的那样：由于材料的疲劳失效过程过于复杂，其机理尚未完全厘清，已有的疲劳寿命预测模型大都为经验或半经验型，在建模过程中不可避免地对材料属性或加载条件进行了简化处理，从而限制了模型的准确性和适用性。与传统的多轴疲劳寿命预测模型相比，5.1.1 节讨论的、基于全连接神经网络的疲劳寿命预测模型虽然在精度上有所提升，但并没有从实质上改善多轴疲劳寿命预测适用性不足这一问题。

为此，Yang 等[1]提出了一种新的机器学习解决方案，即不再借助临界面损伤参量、非比例度或路径系数等来量化单轴和多轴加载的路径特征，而是直接基于长短期记忆（LSTM）网络对序列化后的加载条件进行特征提取；并在此基础上，通过全连接神经网络建立所提取的加载特征与疲劳寿命之间的映射关系，从而实现"加载条件-疲劳寿命"的端到端建模。

2. 序列化加载条件

为实现对单轴和多轴加载条件的特征提取，首先将其转化为可被神经网络模型识别的低维数据，该数据应能够充分反映加载路径特征和加载水平。以图 5-3（a）中所示的、两个具有相同应变水平的多轴加载条件（方形路径、蝶形路径）为例，虽然它们经历了相同的加载点（x_1，x_2，x_3，x_4），但由于加载路径不同（方形：$x_1 \rightarrow x_2 \rightarrow x_3 \rightarrow x_4 \rightarrow x_1$；蝶形：$x_1 \rightarrow x_3 \rightarrow x_2 \rightarrow x_4 \rightarrow x_1$），两者的疲劳寿命存在明显差别。因此，为充分考虑加载路径的特征，如图 5-3（b）所示，将任意加载路径视为由若干等时间间隔的加载点所构成的序列数据 $[x_1, x_2, x_3, \cdots, x_t]^T$。

对于图 5-3（b）中所示的应变控制拉-扭组合加载，x_t 为一个维度为 1×2 的向量 $[\varepsilon_x, \gamma_{xy}]$，而对于一般的多轴应变状态，$x_t$ 为 $[\varepsilon_x, \varepsilon_y, \varepsilon_z, \gamma_{xy}, \gamma_{xz}, \gamma_{yz}]$。当需要同时考虑不同维度的 x_t 时，只需将每个 x_t 拓展到实际案例中涉及的最高维度，并将拓展的维度用 0 填充。例如，单轴加载可表示为 $[\varepsilon_x, 0, 0, 0, 0, 0]$。此处规定以轴向最大应变/应力的加载点为初始点（如图 5-3（b）中的 x_1），按实际加载方向生成该加载路径的序列数据。对于图 5-3（a）中所示的这类存在两个最大轴向应变/应力加载点（即 x_1 和 x_4）的加载路径，以其中剪切应变更大的点 x_1 作为起始点。

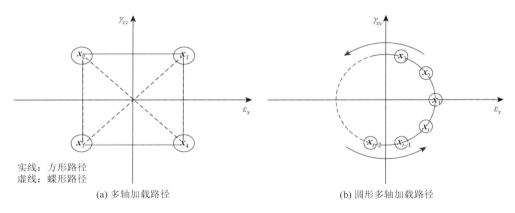

实线：方形路径
虚线：蝶形路径

(a) 多轴加载路径　　　　　　　　　　　　(b) 圆形多轴加载路径

图 5-3　路径处理[1]

3. 模型结构

基于以上分析，建立了如图 5-4 中所示的疲劳寿命预测方法。在步骤 1 中，对单轴和多轴加载条件进行序列化，得到能表征其加载水平和路径特征的序列数据；在步骤 2 中，通过长短期记忆网络解析序列数据中各加载点之间的时序关联，并在此基础上提取该加载条件与疲劳寿命相关联的深层特征；在步骤 3 中，通过全连接神经网络来建立步骤 2 中提取的加载特征与疲劳寿命之间的映射关系。

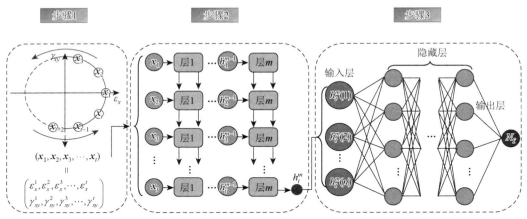

图 5-4　基于长短期记忆网络的疲劳寿命预测方法[1]

扫一扫　见彩图

4. 网络优化设置

超参数及训练设置在表 5-2 中给出。其中，序列数据长度即为图 5-3（b）中所划分的加载点数目。数目过少会使序列数据无法充分量化加载路径的特征和加载水平，进而使预测精度降低；而当该数目过多时，不仅会使计算效率降低，同时也不利于提高预测精度。这是因为即使是长短期记忆网络这类具有门控结构的循环神经网络，也无法完全避免因时序方向的深度增加而造成的梯度消失，从而无法有效考虑序列数据间的长程联系。

表 5-2　训练设置及超参数

步骤和训练设置		超参数
步骤 1	（1）序列数据长度	200
步骤 2	（2）LSTM 的层数	1
	（3）状态变量 h_t 的维度	5
步骤 3	（4）FCNN 的网络结构	5-5（ReLU）-1（ReLU）
训练设置	（5）优化器	Adam
	（6）正则化方法	L2 正则化（$\lambda = 0.0001$），式（5-2）
	（7）损失函数	Smooth L1，式（5-5）
	（8）学习速率	0.0005～0.001

　　对于输出的疲劳寿命，同样采取式（5-9）中取对数的方式进行放缩，使放缩后的疲劳寿命在数量级上无较大差异。对于步骤 1 中得到的表征加载条件的序列数据，则需要对不同维度的特征分别进行放缩：

$$x_{i,\text{normalized}} = x_i / x_{\max} \qquad (5\text{-}10)$$

　　序列数据样本按图 5-5 所示，对图中 ε_x 维度进行放缩时，式（5-10）中 x_i 即为图 5-5 中灰色部分表示的其中一个， $x_{\max}$ 即为其中的最大值。

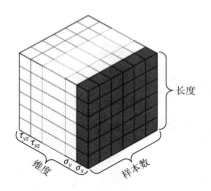

图 5-5　序列数据样本示意图[1]

5.1.3　预测结果与讨论

1. 不同方法的预测精度对比

　　根据尼龙 6 的多轴率相关疲劳实验数据[1]，对 5.1.1 节中基于全连接神经网络和 5.1.2 节中基于长短期记忆网络所建立方法的预测效果进行比较。随机选取其中 70%的样本作为训练集来优化模型参数，剩下的 30%作为验证集来评估训练后模型的泛化能力。

　　两种方法的预测效果分别如图 5-6（a）和图 5-6（b）所示，同时，图 5-6（c）给出

了基于临界面法所建立的半经验模型的预测结果。图中标注了表征整体预测效果的平均分散度（mean scatter），即有

$$平均分散度 = \frac{1}{N}\sum_{i=1}^{N}\max\left(\frac{y_{\text{predicted}}}{y_{\text{experimental}}}, \frac{y_{\text{experimental}}}{y_{\text{predicted}}}\right) \tag{5-11}$$

式中，N 为样本数；$y_{\text{predicted}}$ 和 $y_{\text{experimental}}$ 分别为预测寿命和实验寿命。

如图 5-6 所示，半经验型模型依赖于对实验现象的简化假设，从而限制了模型的预测精度；基于全连接神经网络的方法减少了这类简化假设，在预测精度上有明显提高，且不会出现预测结果位于 2 倍分散带以外的情况；基于长短期记忆网络的新方法则完全避免了这类简化假设，从而在预测精度上最具优势，预测结果均位于 1.5 倍分散带以内。

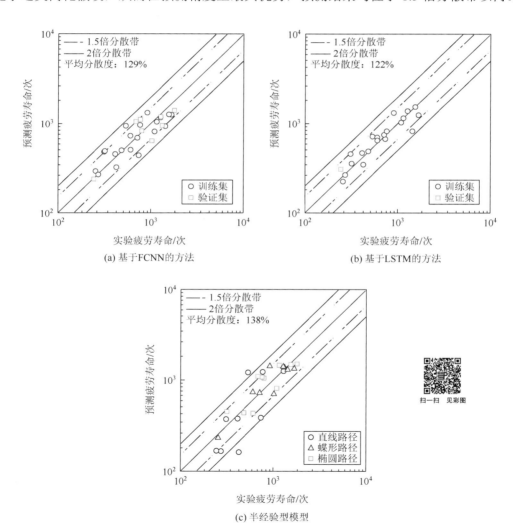

图 5-6　疲劳寿命（循环次数）预测效果[1]

2. 基于长短期记忆网络的疲劳寿命预测方法的适用性评估

基于长短期记忆网络所建立的疲劳寿命预测方法除了预测精度上的优势以外，其不依赖于简化假设、完全由数据驱动的属性使其可以灵活地运用到不同材料或加载条件的疲劳寿命预测当中。为全面评估其适用性，Yang 等[1]使用 6 种不同材料的单轴和多轴疲劳实验数据[11-17]来分别验证所提出方法的预测效果。这 6 个案例涵盖了目前高、低周疲劳研究中常见的加载模式，具体的材料和加载条件如表 5-3 所示，所涉及的加载路径如图 5-7 所示。

表 5-3　收集的单轴和多轴疲劳案例

案例及其材料种类	加载模式	疲劳寿命范畴	平均应力/应变
案例 A：SM45C 钢[14]	应力控制（A，B，D，F）		轴向平均应力（D）
案例 B：6082-T6 铝[15]	应变控制（C，E）		轴向平均应变（E）
案例 C：TC4 钛合金[17]	单轴拉压（A，B，C，D，E，F）		剪切平均应变（E）
案例 D：调质 42CrMo 钢[12, 13]	比例多轴（A，B，C，E，F）	低周疲劳（C，D）	
案例 E：填充橡胶[11]	非比例多轴（A，B，C，D，E，F）	高周疲劳（A，B，F）	
案例 F：A1050-H14 铝[16]	弯曲-扭转（A，B）	低周、高周均有（E）	
	拉伸-压缩-扭转（C，D，E）		
	双轴拉伸（F）		

注：括号内字母为案例编号。

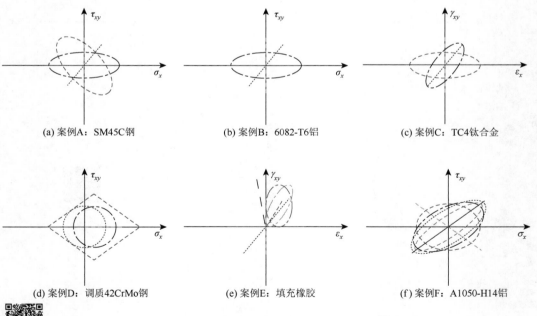

(a) 案例A：SM45C钢　　　　　(b) 案例B：6082-T6铝　　　　　(c) 案例C：TC4钛合金

(d) 案例D：调质42CrMo钢　　　(e) 案例E：填充橡胶　　　　　(f) 案例F：A1050-H14铝

图 5-7　不同研究案例中涉及的多轴加载路径[1]

对于小数据集案例，训练后模型的预测效果与数据集的划分有很大关系。为了充分验证所提出方法的适用性，避免数据集划分对模型评估带来的随机影响，此处使用了 K 折交叉验证法对基于长短期记忆网络的寿命预测方法的可靠性进行评估。步骤如下：① 将数据集平均划分为 K 折；②其中（$K-1$）折作为训练集来训练模型，剩下的 1 折作为验证集来评估模型的泛化能力；③重复 K 次步骤②，以保证每一折的数据都被用作过验证集，同时，在步骤①中使用分层随机抽样，以减少不同折样本的特征分布差别。

　　不同案例的具体预测结果如图 5-8 所示，为避免重复，仅给出在 K 折交叉验证中得到的、具有中位数预测精度的结果。可见，基于长短期记忆网络所建立的疲劳寿命预测方法在不同案例中均得到了较高的预测精度，大部分结果位于 1.5 倍分散带以内，仅有个别结果位于 2 倍分散带以外；并且，在同一案例中，预测效果不会因加载路径的不同而有明显区别。以上结果充分验证了该方法具有良好的适用性，突破了传统疲劳寿命预测模型多依赖于简化假设而仅适用于特定材料/加载条件的局限。

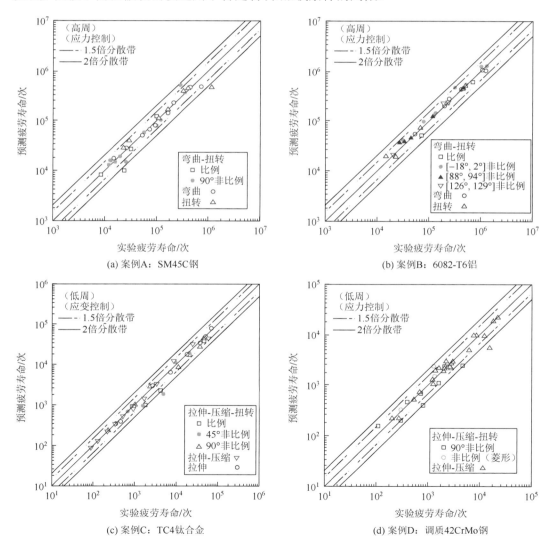

(a) 案例A：SM45C钢　　　　　　　　　　(b) 案例B：6082-T6铝

(c) 案例C：TC4钛合金　　　　　　　　　　(d) 案例D：调质42CrMo钢

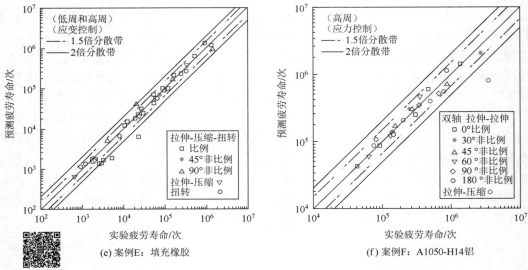

(e) 案例E：填充橡胶　　　　　　　　　　(f) 案例F：A1050-H14铝

图 5-8　不同加载路径下疲劳寿命（循环次数）的预测效果[1]

本节首先介绍了疲劳作为跨尺度复杂失效过程的特点，并指出传统的经验或半经验型模型的局限性。为提升疲劳寿命预测的精度，本节提出了基于全连接神经网络（FCNN）和长短期记忆网络（LSTM）的机器学习方法。通过 FCNN 预测尼龙 6 的多轴疲劳寿命，并进一步提出将加载路径转化为矢量形式，利用 LSTM 进行特征提取，实现疲劳寿命的高精度预测。实验结果表明，LSTM 模型在多轴疲劳寿命预测中的效果显著优于传统方法，预测精度大幅提升，且大部分结果位于 1.5 倍分散带内。

5.2　基于自注意力机制的复杂疲劳寿命预测

尽管 5.1 节讨论的基于长短期记忆网络的多轴疲劳寿命预测模型解决了传统半经验型疲劳寿命预测模型依赖于过多假设的局限性，大幅度提升了寿命预测精度，但是，该模型未能考虑更为复杂加载条件和环境因素下（包括多轴恒幅疲劳，单轴和多轴热-机械疲劳，多轴随机、变幅疲劳）材料的疲劳寿命预测。针对这一不足，Yang 等[2]提出了基于自注意力机器学习方法的材料疲劳寿命预测方法。因此，本节首先介绍 Yang 等[2]提出的自注意力机器学习方法，包括集成加载条件和环境因素的序列数据、模型结构、网格优化设置等，然后对该机器学习方法在复杂加载条件下进行材料疲劳寿命预测的能力验证和讨论。

5.2.1　自注意力机器学习方法

1. 集成加载条件和环境因素的序列数据

对于加载条件和环境因素特征（如热-机械疲劳中的温度、腐蚀疲劳中的腐蚀介质浓度等）可集成在同一个具有若干通道的谱图中［图 5-9（b）］。其中，标量特征（如温度）可由单个通道来表示，而矢量特征（如多轴应力/应变）则需要由多个通道分别表示该矢量中包含的不同分量。设需要的通道数为 n，将各个通道按等时间间隔划分为 L 个点，则可在每个时间步中确定一个维度为 $1 \times n$ 的矢量 $\boldsymbol{x}_t = [c_t^1, c_t^2, \cdots, c_t^n]$，用于描述该时刻材料涉及的加载条件和环境因素。然后，按时序整合各个时间步的矢量 $\boldsymbol{x}_t$，即可得到图 5-9（c）中所示的能充分表征该材料涉及的加载历史和环境因素的序列数据 $\boldsymbol{X} = [\boldsymbol{x}_1, \boldsymbol{x}_2, \cdots, \boldsymbol{x}_L]^{\mathrm{T}}$ [2]。

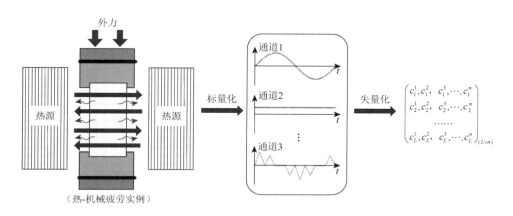

(a) 加载条件和环境因素　　　　　　　(b) 积分谱　　　　(c) 加载历史和环境因素（失量化输入）

图 5-9　集成加载历史和环境因素的序列数据[2]

扫一扫　见彩图

2. 模型介绍

本小节首先介绍所构建方法中用于考虑加载历史效应的两个关键模块，即位置编码（positional encoding，PE）、自注意力机制[18]，再介绍该方法的整体神经网络结构。

1）位置编码

为充分考虑序列数据中蕴含的加载历史效应，需要将各时间步元素的位置信息编码到矩阵 **PE** 中。**PE** 的维度与序列数据 $\boldsymbol{X}$ 的相同，以便两者可以直接相加。

在自注意力机制的原始文献[18]中面向自然语言处理（natural language processing，NLP）任务提出了如下形式的位置编码：

$$\mathbf{PE}(\mathrm{pos}, 2i) = \sin(\mathrm{pos} / 10000^{2i/d_{\mathrm{model}}}) \tag{5-12}$$

$$\mathbf{PE}(\mathrm{pos}, 2i+1) = \cos(\mathrm{pos} / 10000^{2i/d_{\mathrm{model}}}) \tag{5-13}$$

式中，d_{model} 为自然语言处理任务中的词嵌入维度（常为 256、512，或者更多），等同于寿命预测任务中集成谱图［图 5-9（b）］的通道数（通常不超过 10）。寿命预测任务的 d_{model} 要远小于自然语言处理任务的 d_{model}，使得不同位置的编码值差别不大，导致训练过程很难收敛，预测精度也不够理想。

为此，在本节讨论的方法中使用了另外一种自适应的位置编码方法[19]，即 **PE** 不再根据明确的公式确定，而是作为模型参数在训练过程中迭代优化。

2）自注意力机制

引入自注意力机制的目的是让模型能够解析整个输入序列数据中不同部分的相关性，即需要考虑整个加载历史中各时间点材料状态（即加载条件和环境因素）的前后关联。图 5-10（a）中给出了具有 2 个通道数、序列数据长度为 2 的自注意力层的网络结构示意图，用于介绍自注意力机制的实现过程。

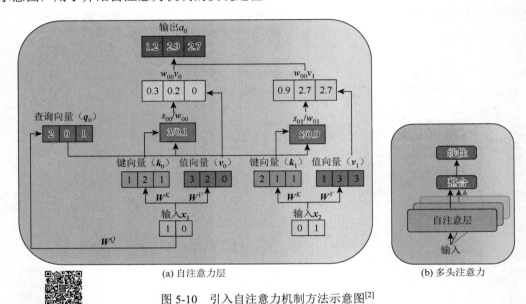

图 5-10　引入自注意力机制方法示意图[2]

如图 5-10（a）所示，首先将输入序列数据中每一时间步的材料状态 $\boldsymbol{x}_t$ 分别与查询矩阵 $\boldsymbol{W}^Q$、键矩阵 $\boldsymbol{W}^K$ 和值矩阵 $\boldsymbol{W}^V$ 相乘：

$$\boldsymbol{q}_t = \boldsymbol{x}_t \boldsymbol{W}^Q \tag{5-14}$$

$$\boldsymbol{k}_t = \boldsymbol{x}_t \boldsymbol{W}^K \tag{5-15}$$

$$\boldsymbol{v}_t = \boldsymbol{x}_t \boldsymbol{W}^V \tag{5-16}$$

得到每一时间步输入的查询向量 $\boldsymbol{q}_t$、键向量 $\boldsymbol{k}_t$ 和值向量 $\boldsymbol{v}_t$。随后，计算 i 时间步的材料状态 $\boldsymbol{x}_i$ 与 j 时间步的材料状态 $\boldsymbol{x}_j$ 的关联度 s_{ij}，并通过 softmax 函数计算相应的注意力权重 w_{ij}：

$$s_{ij} = (\boldsymbol{q}_i \cdot \boldsymbol{k}_j) \big/ \sqrt{d_k} \tag{5-17}$$

$$w_{ij} = \mathrm{softmax}(s_{ij}) = \frac{\mathrm{e}^{s_{ij}}}{\sum\limits_{k=0}^{L} \mathrm{e}^{s_{ik}}} \tag{5-18}$$

式中，下标 i、j 为时间步；d_k 为键向量的维度；s_{ik} 为 i 时间步的材料状态 $\boldsymbol{x}_i$ 与 k 时间步的材料状态 $\boldsymbol{x}_k$ 的关联度；e 为自然常数。

在此基础上，即可得到时间步 i 输出的注意力向量：

$$\boldsymbol{a}_i = \sum_{j=0}^{L} w_{ij} \boldsymbol{v}_j \tag{5-19}$$

合并各时间步输出的注意力向量，即可得到该自注意力层输出的注意力头 A：

$$A = [a_1, a_2, \cdots, a_L]^T \tag{5-20}$$

如图 5-10（b）所示，在模型构建中可通过多个平行的自注意力层来整合序列数据中不同的注意力头，称之为多头注意力 Z。假设使用了 h 个自注意力层，则多头注意力可计算为

$$H = [A_1, A_2, \cdots, A_h] \tag{5-21}$$

$$Z = HW^0 \tag{5-22}$$

式中，H 为各自注意力层中得到的注意力头的整合；W^0 为一个线性变化矩阵。使用多头注意力可以同时关注各个时间步的输入在不同特征子空间中的信息，适用于特征分布非常复杂的案例。

3）模型结构

基于自注意力机制所构建的疲劳寿命预测模型结构如图 5-11 所示，包含以下三个部分：①将加载历史和环境因素集成到序列数据 X 中，同时根据位置编码方法在序列数据中附加必要位置信息 **PE**；②基于自注意力机制所构建的编码层（encoder layer），通过解析序列数据中不同部分的相关性来提取与疲劳寿命相关联的深层特征（**context**）；③在解码层（decoder layer）中，通过全连接神经网络来建立深层特征与疲劳寿命之间的映射关系。

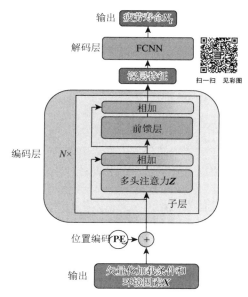

图 5-11　基于自注意力机制的寿命预测网络结构[2]

由图 5-11 可见，编码层由 N 个相同的子层连接构成，每个子层包含以下两部分的计算：①根据本小节介绍的步骤，计算输入 X 的多头注意力 Z；②将输入的 X 与 Z 相加作为前馈层（feed forward）的输入，然后，将前馈层的输入和输出相加后作为下一子层的输入 X_{next}，该部分的计算可表示为

$$X_{\text{next}} = \underbrace{\left(g\left((Z+X)W^1\right)W^2\right)}_{\text{前馈层输出}} + \underbrace{(Z+X)}_{\text{输入}} \tag{5-23}$$

式中，W^1 和 W^2 为两个线性变换矩阵；$g(\cdot)$ 为激活函数。$g(\cdot)$ 在此处使用的是高斯误差线性单元 gelu［式（5-24）］。研究[20]表明，在处理具有历史依赖性的问题时，该激活函数是最有效的。

$$\text{gelu}(x) = 0.5x\left(1 + \frac{2}{\sqrt{\pi}} \int_0^{\frac{x}{\sqrt{2}}} e^{-t^2} dt\right) \tag{5-24}$$

在上述前馈层的计算中，使用了残差连接[21]（把当前层的输入与输出相加后作为下一层的输入）的策略来增强了层间的信息传递，这有助于避免在训练过程中可能出现的梯度消失问题。

将最后一个子层的输出 $\boldsymbol{X}_{\text{next}} \in \boldsymbol{R}^{L \times n}$（这里 $\boldsymbol{R}^{L \times n}$ 表示维度为 $L \times n$ 的矩阵）展开，即可得到从加载历史和环境条件中提取到的与疲劳寿命相关联的深层特征，$\textbf{context} \in \boldsymbol{R}^{1 \times (L \times n)}$。在随后的解码层中，通过全连接神经网络来建立其与疲劳寿命之间的映射关系：

$$N_{\text{f}} = \text{gelu}(\textbf{context} \times \boldsymbol{W}^3)　　　　　　　　　（5-25）$$

其中，$\boldsymbol{W}^3$ 为线性变换矩阵。

3. 网络优化设置

基于自注意力机制建立的寿命预测网络结构（图 5-11），使用只有 1 个子层和 1 个注意力头的轻量化网络结构即可满足相关案例验证需求，其余超参数则根据每个案例的复杂程度进行适当调整。如表 5-4 所列，在最复杂的案例 C（多轴随机、变幅疲劳）中使用了最高维度的网络结构，序列数据的划分数也最多。

在数据预处理上，同样按照式（5-9）中取对数的方式对输出的疲劳寿命进行放缩，以使放缩后的疲劳寿命在数量级上无较大差异；对于输入的序列数据则按照式（5-10）所示的方法进行放缩。

表 5-4　网络结构相关的超参数

项目		超参数		
		案例 A	案例 B	案例 C
主要参数项	（1）子层数目	1	1	1
	（2）注意力头数目	1	1	1
次要参数项	（3）查询向量维度	10	20	50
	（4）键向量维度	10	20	50
	（5）值向量维度	10	20	50
	（6）前馈层里中间向量维度	3	5	5
	（7）输入序列数据长度	60	160	160
训练设置	（8）优化器	Adam		
	（9）正则化方法	L2 正则化（$\lambda = 0.0001$），式（5-2）		
	（10）损失函数	Smooth L1，式（5-5）		
	（11）学习速率	$0.0005 \sim 0.001$		

5.2.2　预测结果与讨论

1. 多轴恒幅疲劳

首先利用尼龙 6 的多轴率相关疲劳实验数据[2]来评估本节所建立的疲劳寿命机器学习预测方法的预测效果。为了考虑尼龙 6 疲劳寿命的率相关性，可将应力率视为随时间保持恒定的时序特征［如图 5-9（b）中的通道 2］，直接嵌入到输入的序列数据中。此时，输入的序列数据中在每一时间步可表示为 $\boldsymbol{x}_t = [\sigma_x, \tau_{xy}, \dot{\sigma}]$。

　　预测效果如图 5-12（a）所示，可见：基于自注意力机制的机器学习寿命预测方法对尼龙 6 的多轴恒幅疲劳寿命给出了很好的预测，在精度上优于基于长短期记忆网络的寿命预测方法。

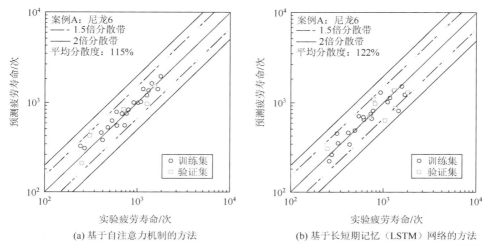

(a) 基于自注意力机制的方法　　　　　　　(b) 基于长短期记忆（LSTM）网络的方法

图 5-12　多轴恒幅疲劳寿命（循环次数）预测结果[2]

扫一扫　见彩图

2. 单轴和多轴热-机械疲劳

　　相比于纯机械疲劳失效，材料的热-机械疲劳失效过程要复杂得多，需要同时考虑穿晶的疲劳损伤和氧化损伤[22]、沿晶的蠕变损伤[23]及它们之间的相互作用。

　　本小节通过从 Li 等[24]的工作中搜集到的 GH4169 镍基高温合金的多轴热-机械疲劳实验数据来评估本节提出的基于自注意力机制的机器学习寿命预测方法的预测能力。此时，输入的序列数据在每一时间步为 $\boldsymbol{x}_t = [\varepsilon_x, \gamma_{xy}, T]$。该案例考虑了轴向载荷、剪切载荷和温度载荷之间不同相位差的影响，具体工况如图 5-13 所示，可分为以下三类：①工况 1 至工况 4，等温单轴、多轴疲劳；②工况 5 至工况 7，非等温单轴疲劳；③工况 8 至工况 13，非等温多轴疲劳。

　　图 5-14 给出该方法得到的预测结果，可见大部分预测结果位于 1.5 倍分散带以内，平均分散度仅有 132.0%。

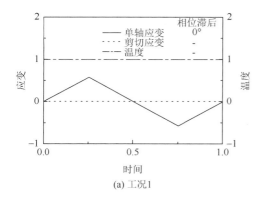

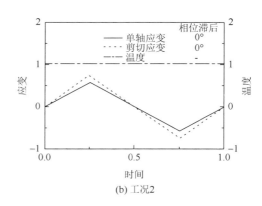

(a) 工况1　　　　　　　　　　　　　　　　(b) 工况2

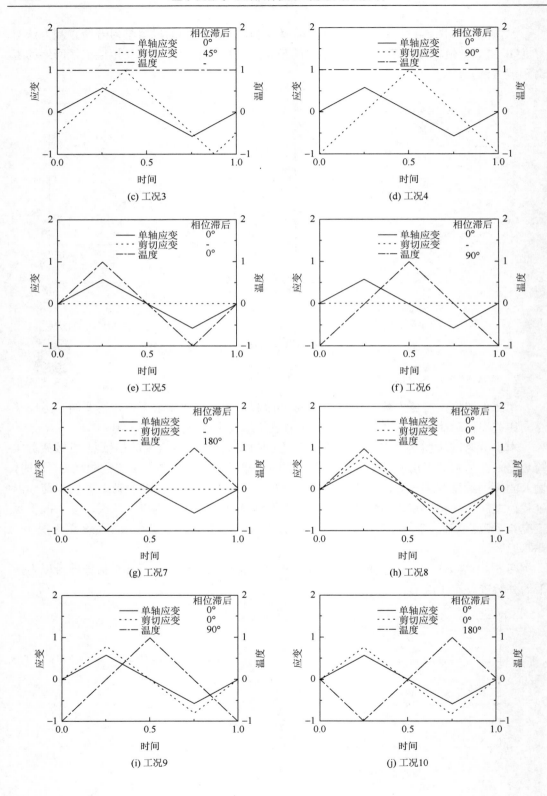

(c) 工况3

(d) 工况4

(e) 工况5

(f) 工况6

(g) 工况7

(h) 工况8

(i) 工况9

(j) 工况10

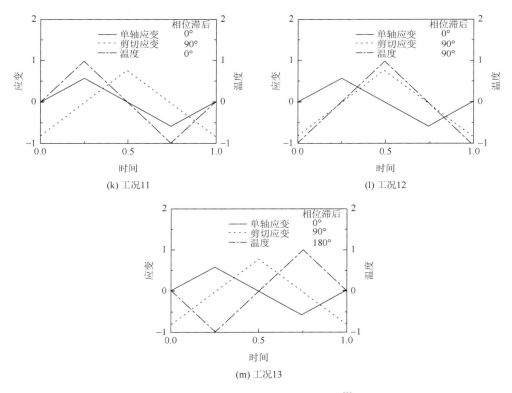

(k) 工况11　　　　　　　　　　　　　(l) 工况12

(m) 工况13

图 5-13　案例 B 中涉及的加载工况[2]

需要注意的是，本节所提出方法在运行逻辑上并没有对环境因素进行任何假设限制，因而，可适用于不同的多场耦合场景。此处仅验证了该方法对热-机械疲劳的适用性，对于其他的多场耦合场景（如腐蚀疲劳）的适用性可进一步验证。

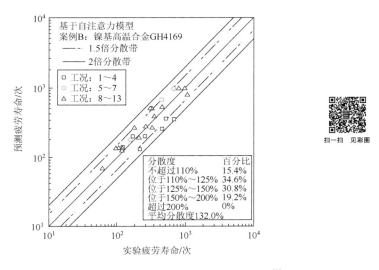

图 5-14　多轴热-机械疲劳寿命（循环次数）预测结果[2]

3. 多轴随机、变幅疲劳

对于传统的随机、变幅疲劳寿命预测，核心是通过循环计数方法将加载历史离散为一系列标准的循环加载谱。目前对单轴疲劳加载发展了较为成熟的循环计数方法，但考虑复杂多轴加载历史的疲劳寿命预测仍是一个极具挑战且远未完全解决的问题[25]，循环计数方法将复杂加载历史等效为一系列简化的标准循环载荷时，会不可避免地遗漏加载历史的部分特征，从而限制了模型的预测精度。然而，基于自注意力机制的机器学习疲劳寿命预测方法直接处理未简化的原始加载历史，尽可能地考虑加载历史中的所有细节特征，以提高寿命预测的准确度。

下面利用从 Anes 等[26]的工作中搜集到的 42CrMo4 低合金钢的变幅、异步多轴疲劳实验数据，来评估该方法对复杂加载历史下的多轴疲劳寿命预测的适用性。图 5-15 给出了该案例的四类具体工况。①工况 1 和工况 2：轴向和剪切应力的交替加载。②工况 3 和工况 4：比例加载子路径的组合。③工况 5 和工况 6：不同变幅比例子路径的组合。④工况 7 至工况 11：考虑不同 SAR（剪切方向和轴向的加载幅值比）和 SFR（剪切方向和轴向的加载频率比）的异步加载。

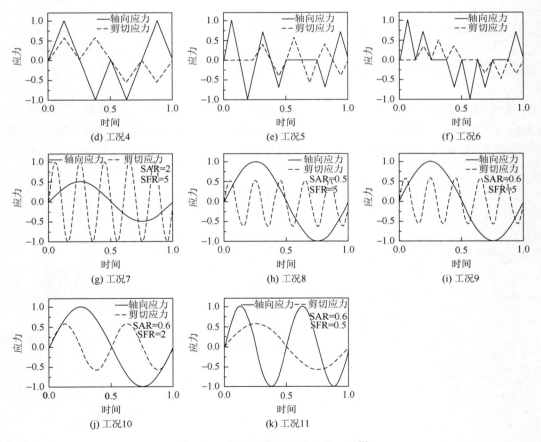

图 5-15　案例 C 中涉及的加载工况[2]

图 5-16（c）给出了该方法得到的预测结果。同时，为了比较，也在图 5-16（a）和图 5-16（b）中给出了 Anes 等[26]提出的传统半经验型寿命预测方法的预测结果。由图可见：本节所建立的基于自注意力机制的机器学习疲劳寿命预测方法在预测精度上相比传统方法有显著提高［注：图 5-16（c）中标注的是 1.5 倍和 2 倍分散带，图 5-16（a）和图 5-16（b）中标注的是 2 倍和 3 倍分散带］。这表明，该方法可有效考虑加载历史中的加载次序效应、SAR、SFR 以及等比例和非比例路径对疲劳寿命的影响。

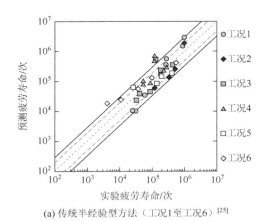

(a) 传统半经验型方法（工况1至工况6）[25]

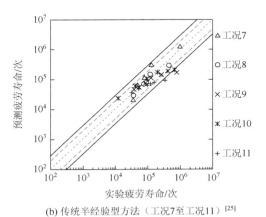

(b) 传统半经验型方法（工况7至工况11）[25]

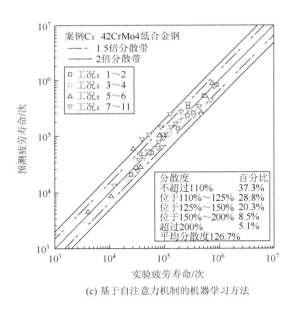

(c) 基于自注意力机制的机器学习方法

扫一扫 见彩图

图 5-16　多轴随机、变幅疲劳寿命（循环次数）预测结果[2]

4. 讨论

本节提出的基于自注意力机制的机器学习寿命预测方法与 5.1 节中提出的基于长短期记忆网络的方法在架构思路方面是相同的，即通过自注意力机制或长短期记忆网络对加载条件和环境因素进行特征提取，进而建立所提取特征与疲劳寿命之间的映射关系。但是，两者处理序列数据（集成了加载条件和环境因素信息）时的运行逻辑有很大差别：循环类神经网络［图 5-17（a）］是通过配置的内变量来存储已输入序列数据中的有效信息，并依次传递到后面的时间步中，从而考虑输入历史对当前时间步输出的影响。显然，循环类神经网络这种循序计算的架构是可以自然而然地考虑序列数据中各时间步的前后关联。但是，这种固有的循序计算不仅因无法并行化而限制了计算效率，还会导致训练过程中出现梯度消失和梯度爆炸问题，因而，无法有效考虑序列数据中的长程关联。

自注意力机制［图 5-17（b）］完全摒弃了这种循序计算的架构，它是通过位置编码给序列数据中的各部分嵌入位置（时序）信息，在此基础上通过同时解析各部分之间的相关性来实现对序列数据的时序特征提取。因此，基于自注意力机制的疲劳寿命预测模型不仅可以采用并行计算来提高运行效率（进而具备更广的实际应用前景），还避免了在时序方向上发生梯度消失和梯度爆炸这两类问题，从而更好地获取序列数据中蕴含的加载历史效应。

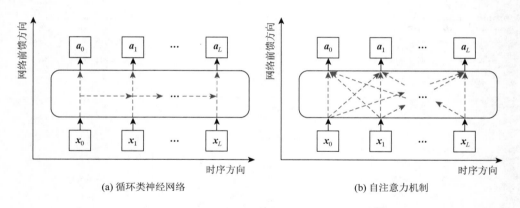

图 5-17　循环类神经网络和自注意力机制比较[2]

图 5-18（a）和图 5-18（b）分别给出了基于长短期记忆网络的机器学习方法对本节案例 B 和案例 C 的预测效果。可见，该方法也能较好适用于多维度特征（轴向应变、剪切应变、温度）的多轴疲劳寿命预测，如图 5-18（a）所示。但该方法并不能有效考虑复杂加载历史对疲劳寿命的影响，预测结果的平均分散度可达 160.9%，如图 5-18（b）所示。

本节提出了一种基于自注意力机制的疲劳寿命预测方法，以解决现有模型在处理复杂、多轴加载历史及环境因素时的不足。该方法将多轴加载和环境因素整合为序列数据，通过自注意力机制解析加载历史中的时序关联，并建立与疲劳寿命的映射关系。尼龙 6、GH4169 镍基高温合金等材料的实验数据验证表明，该方法相比于 LSTM 模型具备更高的预测精度，特别是在处理热-机械疲劳和变幅疲劳等复杂工况时，显示出强大的适用性和鲁棒性。

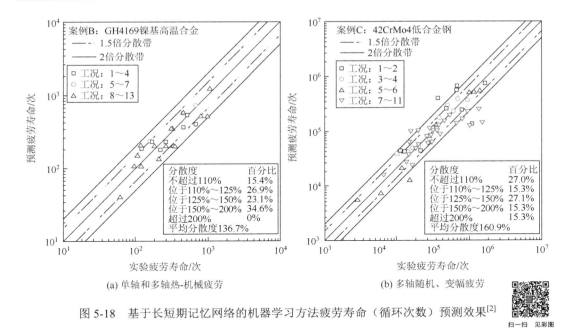

图 5-18　基于长短期记忆网络的机器学习方法疲劳寿命（循环次数）预测效果[2]

5.3　基于机理驱动的机器学习疲劳寿命预测

5.1 节和 5.2 节分别介绍了完全基于数据驱动的机器学习疲劳寿命预测模型构建过程和预测能力，然而，基于数据驱动的机器学习方法需要海量的数据作为重要支撑，限制了此类方法在有限样本条件下的应用。因此，需要发展新的、基于机理驱动的机器学习方法来克服这一方面的限制。目前，基于机理驱动的机器学习方法及其在疲劳寿命预测方面的应用已经得到了一定的发展，如第 1 章所述那样，已经建立了多种物理信息、领域知识和机理驱动的机器学习方法。本节结合作者课题组工作[2]，介绍了采用限制模型参数的更新空间和基于领域知识的数据增强这两种方法，来实现机理驱动的机器学习方法及其在有限样本情形下的材料疲劳寿命预测方面的应用，并将以上两种机理驱动的机器学习方法以及两者的结合方法在寿命预测能力方面与纯数据驱动机器学习方法进行了对比分析。

5.3.1　机理驱动的机器学习方法

本节关于机理驱动的机器学习范式的探究及验证是在 5.1.1 节所建立的基于全连接神经网络（FCNN）的疲劳寿命预测方法的基础上开展的，整体运行逻辑如图 5-19 所示。机器学习模型的构建和网络优化设置与 5.1.1 节介绍的完全一致，在这里不再赘述。由图 5-19 可见，本节构建的机理驱动策略的运行逻辑为[3]：①根据实验研究获取的疲劳寿命变化规律来限制模型参数的更新空间，使得训练时的模型参数始终是在满足客观物理规律的前提下进行迭代优化；②根据实验研究获得的疲劳失效机理，利用相关领域知识和已有的实验数据的特征分布来获得边界处的样本，以弥补数据集的空缺，实现数据增强。

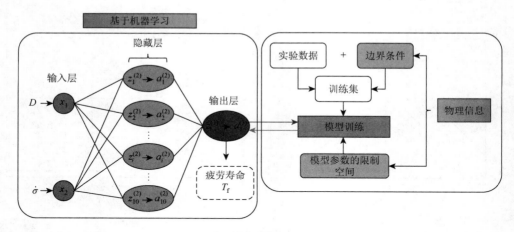

图 5-19　机理驱动的机器学习模型示意图[2]

根据 5.1.1 节中确定的网络结构，图 5-19 中涉及的神经网络前馈计算过程如下。

输入层到隐藏层：

$$z_i^{(2)} = b_i^{(1)} + \sum_j^2 x_j w_{ij}^{(1)} \tag{5-26}$$

$$a_i^{(2)} = g^{(2)}(z_i^{(2)}) \tag{5-27}$$

隐藏层到输出层：

$$z_1^{(3)} = b_1^{(3)} + \sum_i^{10} a_i^{(2)} w_{1i}^{(2)} \tag{5-28}$$

$$a_1^{(3)} = g^{(3)}(z_1^{(3)}) \tag{5-29}$$

$g^{(2)}(z)$ 和 $g^{(3)}(z)$ 分别为第二层和第三层神经元的激活函数：

$$\text{softplus } g^{(2)}(z) = \log(1 + e^z) \tag{5-30}$$

$$\text{ReLU} g^{(3)}(z) = \max(0, z) \tag{5-31}$$

下面介绍两类机理驱动的机器学习方法[2]。

1. 限制模型参数的更新空间（机理驱动-1）

尼龙 6 的疲劳寿命（以疲劳时间度量）演化规律应满足如下物理特征：①疲劳寿命 T_f 应始终随损伤变量 D 或应力率 $\dot{\sigma}$ 的增加而减少（即 $\frac{\partial T_f}{\partial D} \leqslant 0$ 和 $\frac{\partial T_f}{\partial \dot{\sigma}} \leqslant 0$）；②和大部分材

料的 *S-N* 曲线一样，尼龙 6 的损伤参量-寿命曲线和应力率-寿命曲线的曲率应分别随损伤参量的增加而减少（即 $\dfrac{\partial^2 T_\mathrm{f}}{\partial D^2} \geqslant 0$ 和 $\dfrac{\partial^2 T_\mathrm{f}}{\partial \dot{\sigma}^2} \geqslant 0$）。

神经网络的训练过程即为最小化损失函数的数值优化过程，进而优化神经网络中包含的模型参数［即式（5-26）和式（5-28）中包含的权重 w 和偏置 b］。根据综述文献[26]所述，限制训练过程的模型参数更新空间是一种实现机理驱动机器学习的可行方案，其可以使训练时的模型参数始终是在满足客观物理规律的前提下进行迭代优化。参考 Chen和 Liu[28-30]在概率疲劳研究中的模型参数约束的构建策略，对本节采用的神经网络模型（图 5-19）推导了如下的参数约束形式：

$$\underbrace{w_{ij}^{(1)} \leqslant 0, w_{1i}^{(2)} \leqslant 0, b_i^{(2)} \geqslant 0}_{\text{限制模型参数的更新空间}} \Rightarrow \underbrace{\frac{\partial T_\mathrm{f}}{\partial D} \leqslant 0, \frac{\partial T_\mathrm{f}}{\partial \dot{\sigma}} \leqslant 0, \frac{\partial^2 T_\mathrm{f}}{\partial D^2} \geqslant 0, \frac{\partial^2 T_\mathrm{f}}{\partial \dot{\sigma}^2} \geqslant 0}_{\text{满足客观物理规律}} \tag{5-32}$$

根据式（5-32）来限制模型参数的更新空间，则神经网络的训练转变为如下的约束优化问题：

$$\begin{cases} \min L\left(w_{ij}^{(1)}, w_{1i}^{(2)}, b_i^{(1)}, b_1^{(2)}\right) \\ \text{s.t. } w_{ij}^{(1)} \leqslant 0, w_{1i}^{(2)} \geqslant 0, b_1^{(2)} \geqslant 0 \end{cases} \tag{5-33}$$

在这种情况下，无论可用数据集的大小和涵盖范围如何，训练后模型的预测结果应总能满足式（5-32）中描述的客观物理规律。

根据 5.1.1 节所述的神经网络前馈传播过程［式（5-26）～式（5-31）］，可通过链式求导法则分别得到输出疲劳寿命 T_f 对输入损伤参量 D 和应力率 $\dot{\sigma}$ 的一阶和二阶偏导数：

$$
\begin{aligned}
\frac{\partial T_\mathrm{f}}{\partial D} &= \frac{\partial a_1^{(3)}}{\partial x_1} = \frac{\mathrm{d} a_1^{(3)}}{\mathrm{d} z_1^{(3)}} \frac{\partial z_1^{(3)}}{\partial x_1} = \frac{\mathrm{d} a_1^{(3)}}{\mathrm{d} z_1^{(3)}} \left(\sum_{i=1}^{10} \frac{\partial z_1^{(3)}}{\partial a_i^{(2)}} \frac{\mathrm{d} a_i^{(2)}}{\mathrm{d} z_i^{(2)}} \frac{\partial z_i^{(2)}}{\partial x_1} \right) \\
&= g'^{(3)}\left(z_1^{(3)}\right) \times \left(\sum_{i=1}^{10} w_{1i}^{(2)} g'^{(2)}\left(z_i^{(2)}\right) w_{i1}^{(1)} \right) \\
&= \begin{cases} 1 \times \displaystyle\sum_{i=1}^{10} w_{1i}^{(2)} \times \frac{1}{1+\mathrm{e}^{-z_j^{(2)}}} \times w_{i1}^{(1)} & \text{若 } z_1^{(3)} \geqslant 0 \\ 0 & \text{若 } z_1^{(3)} < 0 \end{cases}
\end{aligned} \tag{5-34}
$$

$$
\begin{aligned}
\frac{\partial T_\mathrm{f}}{\partial \dot{\sigma}} &= \frac{\partial a_1^{(3)}}{\partial x_2} = \frac{\mathrm{d} a_1^{(3)}}{\mathrm{d} z_1^{(3)}} \frac{\partial z_1^{(3)}}{\partial x_2} = \frac{\mathrm{d} a_1^{(3)}}{\mathrm{d} z_1^{(3)}} \left(\sum_{i=1}^{10} \frac{\partial z_1^{(3)}}{\partial a_i^{(2)}} \frac{\mathrm{d} a_i^{(2)}}{\mathrm{d} z_i^{(2)}} \frac{\partial z_i^{(2)}}{\partial x_2} \right) \\
&= g'^{(3)}\left(z_1^{(3)}\right) \times \left(\sum_{i=1}^{10} w_{1i}^{(2)} g'^{(2)}\left(z_i^{(2)}\right) w_{i2}^{(1)} \right) \\
&= \begin{cases} 1 \times \displaystyle\sum_{i=1}^{10} w_{1i}^{(2)} \times \frac{1}{1+\mathrm{e}^{-z_j^{(2)}}} \times w_{i2}^{(1)} & \text{若 } z_1^{(3)} \geqslant 0 \\ 0 & \text{若 } z_1^{(3)} < 0 \end{cases}
\end{aligned} \tag{5-35}
$$

$$\frac{\partial^2 T_{\mathrm f}}{\partial D^2} = \frac{\partial^2 a_1^{(3)}}{\partial x_1^2} = g'''^{(3)}(z_1^{(3)}) \cdot \frac{\partial z_1^{(3)}}{\partial x_1} \times \left(\sum_{i=1}^{10} w_{1i}^{(2)} g'^{(2)}(z_i^{(2)}) w_{i1}^{(1)} \right)$$

$$+ g'^{(3)}(z_1^{(3)}) \times \left(\sum_{i=1}^{10} w_{1i}^{(2)} g'''^{(2)}(z_i^{(2)}) \frac{\partial z_i^{(2)}}{\partial x_1} w_{i1}^{(1)} \right) \tag{5-36}$$

$$= \begin{cases} 1 \times \sum\limits_{i=1}^{10} w_{1i}^{(2)} \times \dfrac{\mathrm e^{-z_j^{(2)}}}{(1+\mathrm e^{-z_j^{(2)}})^2} \times w_{i1}^{(1)} \times w_{i1}^{(1)} & 若 z_1^{(3)} \geqslant 0 \\ 0 & 若 z_1^{(3)} < 0 \end{cases}$$

$$\frac{\partial^2 T_{\mathrm f}}{\partial \dot\sigma^2} = \frac{\partial^2 a_1^{(3)}}{\partial x_2^2} = g'''^{(3)}(z_1^{(3)}) \cdot \frac{\partial z_1^{(3)}}{\partial x_2} \times \left(\sum_{i=1}^{10} w_{1i}^{(2)} g'^{(2)}(z_i^{(2)}) w_{i2}^{(1)} \right)$$

$$+ g'^{(3)}(z_1^{(3)}) \times \left(\sum_{i=1}^{10} w_{1i}^{(2)} g'''^{(2)}(z_i^{(2)}) \frac{\partial z_i^{(2)}}{\partial x_1} w_{i2}^{(1)} \right) \tag{5-37}$$

$$= \begin{cases} 1 \times \sum\limits_{i=1}^{10} w_{1i}^{(2)} \times \dfrac{\mathrm e^{-z_j^{(2)}}}{(1+\mathrm e^{-z_j^{(2)}})^2} \times w_{i2}^{(1)} \times w_{i2}^{(1)} & 若 z_1^{(3)} \geqslant 0 \\ 0 & 若 z_1^{(3)} < 0 \end{cases}$$

将式（5-30）代入式（5-27）可得

$$a_i^{(2)} = \log(1 + \mathrm e^{z_i^{(2)}}) \tag{5-38}$$

将上式代入式（5-28）可得

$$z_1^{(3)} = b_1^{(2)} + \sum_i^{10} \log(1 + \mathrm e^{z_i^{(2)}}) w_{1i}^{(2)} \geqslant 0 \tag{5-39}$$

由式（5-39）可得

$$w_{1i}^{(2)} \geqslant 0, b_i^{(2)} \geqslant 0 \Rightarrow z_1^{(3)} \geqslant 0 \tag{5-40}$$

由式（5-34）可得

$$z_1^{(3)} \geqslant 0, w_{1i}^{(2)} w_{i1}^{(1)} \leqslant 0 \Rightarrow \frac{\partial T_{\mathrm f}}{\partial D} \leqslant 0 \tag{5-41}$$

由式（5-36）可得

$$z_1^{(3)} \geqslant 0, w_{1i}^{(2)} \geqslant 0 \Rightarrow \frac{\partial^2 T_{\mathrm f}}{\partial D^2} \geqslant 0 \tag{5-42}$$

结合式（5-40）和式（5-41）可得

$$b_1^{(2)} \geqslant 0, w_{1i}^{(2)} \geqslant 0, w_{i1}^{(1)} \leqslant 0 \Rightarrow \frac{\partial T_{\mathrm f}}{\partial D} \leqslant 0 \tag{5-43}$$

结合式（5-40）和式（5-42）可得

$$b_1^{(2)} \geqslant 0, w_{1i}^{(2)} \geqslant 0 \Rightarrow \frac{\partial^2 T_f}{\partial D^2} \geqslant 0 \tag{5-44}$$

至此，推导了满足客观物理规律$\left(\text{即}\dfrac{\partial T_f}{\partial D} \leqslant 0 \text{和} \dfrac{\partial^2 T_f}{\partial D^2} \geqslant 0\right)$所需限制的模型参数空间。同样地，根据式（5-35）和式（5-37）可分别得到如下关系：

$$b_1^{(2)} \geqslant 0, w_{1i}^{(2)} \geqslant 0, w_{i2}^{(1)} \leqslant 0 \Rightarrow \frac{\partial T_f}{\partial \dot{\sigma}} \leqslant 0 \tag{5-45}$$

$$b_1^{(2)} \geqslant 0, w_{1i}^{(2)} \geqslant 0 \Rightarrow \frac{\partial^2 T_f}{\partial \dot{\sigma}^2} \leqslant 0 \tag{5-46}$$

结合式（5-43）～式（5-46），即可得到上文式（5-32）中给出的参数约束形式，这一方法简记为机理驱动-1。

2. 基于领域知识的数据增强（机理驱动-2）

描述物理现象的数学模型中，初始/边界条件是不可或缺的重要组成部分。如文献[31]所述那样，可通过在常规的损失函数[如式（5-5）中的 Smooth L1]中设置惩罚项来将已知的初始/边界条件嵌入到神经网络模型的训练中。这种情况下的损失函数可表示为

$$L = L_{\text{conventional}} + \underbrace{\frac{1}{N_c} \sum_{i=1}^{N_c} L_1(x_i, \hat{y}_i) + L_2(x_i, \hat{y}_i) + \cdots + L_i(x_i, \hat{y}_i)}_{\text{penalty term}} \tag{5-47}$$

式中，$L_{\text{conventional}}$为常规损失函数；penalty term 为惩罚项；$L_1 \sim L_i$是具体初始/边界条件；x_i和$\hat{y}_i$分别为神经网络的输入和输出。损失函数中的惩罚项仅通过位于初始/边界位置的数据样本来计算，N_c为这些样本的数目。神经网络的训练即为最小化损失函数（通常为非负）的参数优化问题，为了使训练后的预测结果更好地满足初始/边界条件，这类惩罚项在构建时也应满足值为非负，且在预测结果完全满足初始/边界条件时才为 0。

限制模型参数的更新空间（机理驱动-1）的优势在于可灵活地在模型中实例化更多的初始/边界条件及其他物理约束，但不足之处是其中的每一项都可能会在训练过程中相互竞争，使得训练过程不稳定而难以收敛到全局最小[32]。此外，当可用数据集中缺少初始/边界位置的数据样本时，惩罚项在训练过程中不会激活，该方法也就不起作用。

不同于上述方法，受到数据增强概念的启发，研究人员设计了一种基于领域知识的数据增强方法（简记为机理驱动-2），将疲劳寿命演化规律的边界条件嵌入到神经网络的训练中。数据增强是指在已有数据的基础上来创造出更多"有价值"的数据样本，从而使神经网络具有更好的鲁棒性和泛化能力。该策略首先在计算机视觉领域中得到广泛应用。图 5-20 中给出了图像识别中数据增强的例子，其通过对原始小猫图片进行翻转、旋转等操作生成了更多小猫的图片，增强了数据集中小猫图片的多样性，从而提高训练后

神经网络对小猫的识别能力。可见，数据增强和基于机理驱动-1 策略的机器学习具有类似的地方，即出发点都是通过弥补由数据集不足或缺乏代表性带来的弊端，从而提高训练后的网络性能。

从损伤力学的角度来看，当损伤参量达到某一确定的临界值时（边界条件），材料的疲劳失效便会快速发生。尼龙 6 在非对称应力循环加载下会在拉伸方向产生较大的棘轮应变，导致最终的延性疲劳失效。因此，尼龙 6 的临界损伤参量应与其平均拉伸屈服强度有关。由图 5-21 可知，尼龙 6 的屈服强度也表现出一定的率相关性，但该相关性并不显著，即加载速率提高 24 倍仅会使得屈服强度增加 10%。因此，为简化起见，在边界条件的构建中使用实验中得到的平均拉伸屈服强度（约 82 MPa）。

图 5-20　计算机视觉领域中图像识别的
数据增强案例

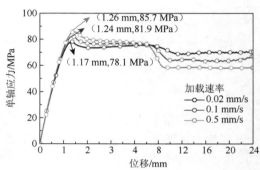

图 5-21　尼龙 6 单调拉伸实验结果[2]

扫一扫 见彩图

基于临界面法可以提出一个符合尼龙 6 疲劳失效特征和损伤演化机理的损伤参量［式（5-1）］，并基于已有疲劳数据的特征分布可以确定相关的模型参数值。根据尼龙 6 在拉伸方向的延性疲劳失效形式，可简单地认为：当其循环载荷接近拉伸屈服强度时，疲劳失效很快发生。对于谷值应力为 0 MPa，峰值应力等于尼龙 6 平均拉伸屈服强度（82 MPa）的单轴循环加载工况，其临界面损伤参量为 73.8。因此，假设尼龙 6 损伤参量的边界值为 73.8。基于此，在边界位置生成了 3 个数据样本来增强训练的数据集，其输入的损伤参量 D 均为 73.8，输入的应力率 $\dot{\sigma}$ 分别为 30 MPa/s、60 MPa/s 和 120 MPa/s。相应地，这三个边界位置处样本的输出疲劳寿命 T_f 应非常小，可限制为 1 个循环的加载时间。如图 5-19 所示，这些边界条件处的样本会作为训练集的一部分直接参与到模型训练中，需要满足的边界条件即被涵盖在训练集的特征分布中，用于引导模型参数的数值优化。

5.3.2　预测结果与讨论

本小节在模型 M0（即 5.1.1 节中基于 FCNN 的疲劳寿命预测方法）的基础上设置了 5 个不同的模型，以验证构建的机理驱动策略的作用，具体细节如表 5-5 所示。这 5 个模型除了有或无机理驱动的差别外，在模型结构、数据划分及优化设置上与模型 M0 完全一致。

表 5-5　模型（有或无机理驱动）的预测效果

模型	机理驱动-1	机理驱动-2		预测精度（平均分散度）	训练集精度	测试集精度	外推是否合理
		过度	适中				
M0	×	×	×	129.4%	129.4%	129.3%	×
M1	√	×	×	129.1%	129.3%	128.6%	√
M2	×	√	×	136.3%	137.9%	132.3%	√
M3	√	√	×	140.1%	142.0%	135.5%	√
M4	×	×	√	130.8%	131.6%	128.9%	√
M5	√	×	√	130.9%	131.8%	128.6%	√

1. 纯数据驱动机器学习模型的外推验证

图 5-22 给出了纯数据驱动的机器学习模型（M0）的预测结果，可见当输入的特征远离实验数据集的涵盖范围时（即损伤参量超过 90 和应力率超过 150 MPa/s），纯数据驱动的机器学习模型会给出与客观物理规律相违背的预测结果，即输出的疲劳寿命反常地随着损伤参量［图 5-22（a）］和应力率［图 5-22（b）］的增加而增加。这是因为疲劳数据同时具有高纬度和高噪声的特点，有限的训练集会无法匹配机器学习模型的复杂度，模型在训练过程中也会因过度追求对部分实验数据样本的精度而错误地"学习"到噪声特征，却忽略了输入和输出间的真实映射关系。

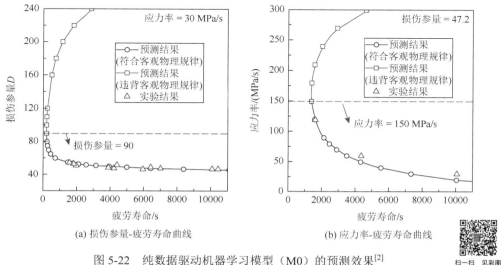

(a) 损伤参量-疲劳寿命曲线　　　　　(b) 应力率-疲劳寿命曲线

图 5-22　纯数据驱动机器学习模型（M0）的预测效果[2]

扫一扫　见彩图

2. 机理驱动的效果

1）机理驱动-1：限制模型参数的更新空间

图 5-23 给出了模型 M1 的预测结果。比较图 5-23 和图 5-22 可以看出，在数据驱动的基础上通过限制模型训练过程中的参数更新空间，训练后的机器学习模型不仅可以准确预测数据集范围内的情况，也可以对数据集范围外的情况进行合理外推。

由式（5-32）可以看出，构建的参数约束是满足客观物理规律的充分条件，而非自然的充分必要条件，因此，该约束可能会过于严格。但通过比较表 5-5 中给出的模型 M0 和 M1 的预测精度可知，所构建的机理驱动-1 并没有降低机器学习模型的预测精度。这说明，这个参数约束是合适的，不会对模型的训练造成过度干扰。

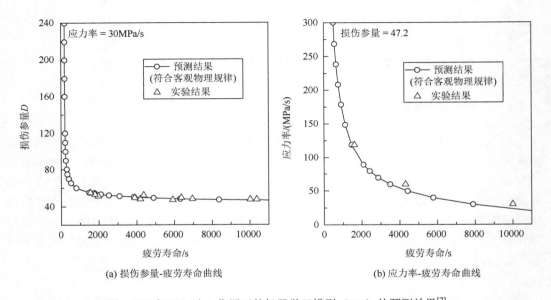

(a) 损伤参量-疲劳寿命曲线　　　　　　　　　(b) 应力率-疲劳寿命曲线

图 5-23　机理驱动-1 作用下的机器学习模型（M1）的预测效果[2]

2）机理驱动-2：基于领域知识的数据增强

图 5-24 给出了在 M2 模型的预测结果。如图 5-24（a）所示，所需要满足的边界条件（即当损伤参量接近或超过临界值 73.8 时，疲劳寿命趋于极小值）可精确地体现在机器学习模型的预测结果中。此外，比较图 5-24（b）和图 5-22（a）给出的预测结果可知：在机理驱动-2 作用下的机器学习模型（M2）也可以对数据集范围外的情况进行合理外推。这说明，通过机理驱动-2 引入的边界条件也可以有效地引导模型训练朝着满足客观物理规律的方向进行。但需要注意的是，根据实验研究结果还无法推导出疲劳寿命演化关于应力率的合理边界条件。相应地，如图 5-24（c）所示，在机理驱动-2 作用下的机器学习模型（M2）仍无法对数据集范围外的应力率-疲劳寿命曲线进行合理外推。

与前一小节中通过限制模型参数的更新空间来实现机理驱动的策略相比，基于领域知识的数据增强策略与神经网络的网络结构、模型参数之间并没有过强的耦合，可更灵活地适用于复杂的神经网络中。但前者的优势在于仅需对客观物理规律有定性的认识，而后者需要对物理现象有较为准确的定量/半定量分析。

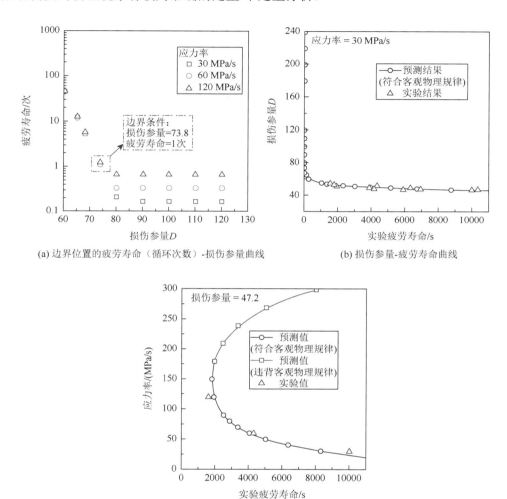

(a) 边界位置的疲劳寿命（循环次数）-损伤参量曲线　　　　(b) 损伤参量-疲劳寿命曲线

(c) 应力率-疲劳寿命曲线

图 5-24　机理驱动-2 作用下的机器学习模型（M2）的预测效果[2]

3）机理驱动-1 和机理驱动-2 相结合的效果

本节构建的两类策略，即机理驱动-1 和机理驱动-2 具有各自的优势，在运行逻辑上也相互独立，因此，可在神经网络的训练过程中同时使用。但是，即使是在运行逻辑上相互独立的机理驱动策略，在训练过程中也可能会因过度竞争而使得训练过程不稳定，从而无法收敛到全局最小。

如表 5-5 中所示，与纯数据驱动的机器学习模型（M0）相比，具有机理驱动-2 的模型 M2 的预测效果明显更差。这说明，模型 M2 中构建的边界条件过于严格（即损伤参量为 73.8 时，疲劳寿命仅为 1 次循环），所生成的样本与其他实验数据的特征分布不完全一致。同时，机理驱动-2 还与机理驱动-1 之间存在过度竞争，使得最终的预测精度（模型 M3）进一步降低。为了缓解这一问题，适当放宽了机理驱动-2 中的边界条件，即增加了边界位置处样本的输出疲劳寿命（即疲劳寿命设置为 10 次循环，而不再仅为 1 次循环），相应的预测精度也在表 5-5 中给出（模型 M4 和 M5）。可见，放宽的机理驱动-2 不再降低模型的预测精度（比较模型 M4 与 M0），同时也不会和机理驱动-1 过度竞争（比较模型 M5 与 M1）。

图 5-25 给出了模型 M5 的预测效果。如图 5-25（a）所示，虽然在机理驱动-2 中放宽了边界条件，训练后模型能充分体现疲劳寿命演化的客观物理规律，即当损伤参量接近或超过临界值 73.8 时，疲劳寿命渐进趋于极小值。此外，如图 5-25（b）和图 5-25（c）所示，在两类机理驱动同时作用下的机器学习模型也能对损伤参量-疲劳寿命曲线和应力率-疲劳寿命曲线给出符合客观物理规律的外推。

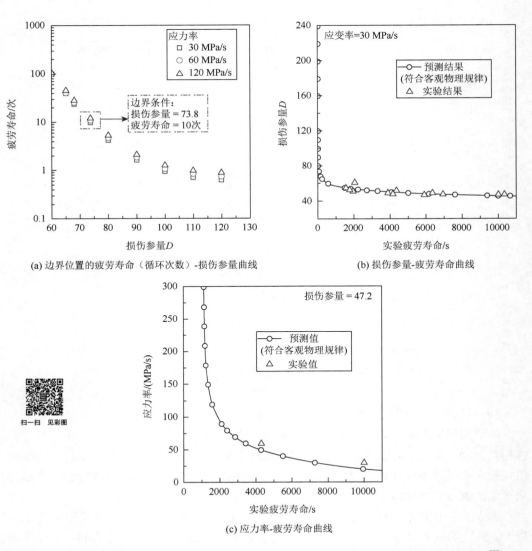

(a) 边界位置的疲劳寿命（循环次数）-损伤参量曲线　　　(b) 损伤参量-疲劳寿命曲线

(c) 应力率-疲劳寿命曲线

图 5-25　机理驱动-1 和放宽后机理驱动-2 同时作用下的机器学习模型（M5）的预测效果[2]

　　为了使基于机器学习的疲劳寿命预测方法实现真正的工业应用，势必要解决有限数据集下的模型训练问题。除了本节探究的机理驱动的机器学习外，还存在以下两种可行方法。

　　（1）"预训练 + 微调"模式。该方法在自然语言处理（natural language processing，NLP）领域中已取得了显著的成效，解决了很多有限样本 NLP 任务的训练问题[33]。其思路是将大量低成本收集的训练数据放在一起，经过某种"预训练"方法去学习其中的共性，然后将其中的共性移植到特定任务的模型中，再使用该任务中的少量数据进行"微调"，基于共性去"学习"该任务的特殊部分即可。对于疲劳寿命预测来说，该模式可展望为：通过已有的大数据集样本（材料 A）来训练出一个预训练模型；该模型应可直接移植到材料 B（材料 B 与材料 A 属于同类材料，具有类似的寿命变化规律）的寿命预测中，仅需以材料 B 的小数据集对该模型进行再次训练（即微调）。

　　（2）多尺度系统模式。目前疲劳寿命预测方法的发展受限的关键在于无法厘清疲劳失效过程的跨尺度内在联系。然而，随着机器学习强大的表示能力，相关算法近期也成功应用于跨尺度的材料性能关联之中。例如，Liu 等[34-35]利用深度神经网络，基于微尺度材料特征实现了对三种代表性多尺度材料系统（即具有马林斯效应的橡胶复合材料、具有限变形的、率相关晶体塑性特征的多晶材料及弹塑性的碳纤维增强复合材料）的宏观力学行为预测；Balamurugan 等[36]基于集成机器学习算法中的 XGBoost（eXtreme gradient boosting，极限梯度提升）[37-38]构建了增材制造材料的表面粗糙度和缺陷特征与疲劳寿命的映射关系。因此，可以基于机器学习构建一个庞大的、多尺度系统，在该系统的子模块中考虑材料的宏观、微观性能对疲劳寿命变化规律的影响。通过该多尺度系统，可基于已有材料 A 的大数据集（涵盖应用中涉及的全部加载条件）来外推材料 B 的寿命变化规律，仅需少量实验和模拟来获得材料 B 的宏观和微观性能。

　　第一种"预训练 + 微调"模式可能更有希望在短期内实现以满足大规模的工业应用需求；然而，第二种多尺度系统应是最理想的解决方案，但还需要长期的探索。

　　本节进一步验证了基于 LSTM 和自注意力机制的疲劳寿命预测方法在实际工程中的应用价值，尤其是针对复杂多轴变幅疲劳、热-机械疲劳、腐蚀疲劳等实际工况进行了广泛的实验对比分析。结果表明，所提出的方法不仅能有效应对多种复杂工况下的疲劳寿命预测问题，且具备良好的泛化能力和高预测精度。通过大量实验验证，本节强调了机器学习模型在不同领域和材料中的潜力，为工程实际应用提供了可靠的理论和技术支持。

5.4　基于领域知识引导符号回归的增材制造金属疲劳寿命预测

　　增材制造是现代装备制造技术的一次革命性突破。推动增材构件大批量生产、高可靠应用及从功能件拓展至主承力件，关键在于要实现制造的可重复性、质量的可靠性和性能的可预测性。一些研究指出[39-41]，增材制造金属内部不易根除的气孔和未熔合缺陷是导致疲劳性能劣化和疲劳寿命离散性大的重要因素。进一步发现，诱导裂纹萌生的临界缺陷的几何特征（尺寸、位置、形貌、取向）在很大程度上决定着高周疲劳寿命。尽管采用考虑缺陷几何特征的、基于 Murakami（穆拉卡米）参数（$\sqrt{area}$）和缺陷容限思想的系列方法在一定程度上提高了增材制造金属疲劳寿命的预测精度，但缺陷空间分布的多样性和复杂性，使得传统力学模型在深入挖掘缺陷几何特征与疲劳寿命之间隐含的复杂规律方面存在局限性。在缺乏有效的力学模型的情况下，机器学习为增材制造金属疲劳寿命研究提供了一种可行的技术途径。本节首先介绍增材制造缺陷特征-疲劳寿命映射模型中数据集的建立过程，然后介绍领域知识引导的符号回归模型，最后对疲劳寿命预测结果进行分析[4]。

5.4.1　数据集建立

研究材料为选区激光熔化成形 AlSi10Mg 铝合金。沿着平行于和垂直于建造方向各切割若干根高周疲劳试样，分别用符号 Z 和 X 表示。经表面机械抛光后，在高频疲劳试验机上开展高周疲劳实验，结果如表 5-6 所示[4, 41]。采用扫描电镜观察失效试样的疲劳断口，发现所有试样的疲劳破坏均源于增材制造缺陷。根据试样断口上疲劳沟线的汇聚点确定诱导疲劳裂纹萌生的临界缺陷，进而通过 ImageJ 图像处理软件统计临界缺陷的几何特征。研究采用的描述缺陷几何特征的参数定义如下：

（1）与缺陷尺寸相关的 Murakami 参数 $\sqrt{area}$：定义为缺陷在垂直于加载方向上的投影面积的平方根值。

（2）与缺陷形貌相关的纵横比 AR：定义为拟合椭圆的半短轴与半长轴之比，且 AR≥1（AR = 1 代表缺陷形貌为完美的圆形）。

（3）与缺陷形貌相关的锯齿度 J：

$$J = \frac{\sqrt{2}P}{2\pi\sqrt{a^2 + b^2}} \tag{5-48}$$

式中，P 为缺陷的周长；a 为半长轴；b 为半短轴。当 $J \approx 1$ 时，表明缺陷的轮廓线长度接近于椭圆的周长。

（4）与缺陷位置相关的参数 l^*：

$$l^* = \frac{l\sqrt{\pi}}{\sqrt{area}} \tag{5-49}$$

式中，l 为缺陷质心到材料表面的最短距离。其中，$l^* \approx 1$，代表近表面缺陷；$l^* < 1$，代表表面缺陷；$l^* \geq 1$，代表内部缺陷。

（5）与缺陷取向相关的参数 φ：拟合椭圆的长轴与材料表面切线之间的夹角，φ 的取值范围为 0°～90°。

表 5-6　高周疲劳实验结果（应力比为 0.1）[4, 41]

第一批试验					
试样编号	最大应力/MPa	疲劳寿命/次	试样编号	最大应力/MPa	疲劳寿命/次
Z05	144	2, 188, 400	Z35	144	215, 600
Z36	144	2, 015, 500	Z38	144	185, 200
Z07	144	1, 080, 200	Z45	144	174, 700
Z34	144	757, 100	Z44	144	152, 000
Z08	144	432, 000	Z41	144	122, 800
Z37	144	277, 100	Z39	144	114, 500
Z46	144	233, 400	Z50	144	113, 000
Z11	144	228, 700			
第二批实验					
X18	200	152, 000	Z22	140	69, 100
X14	180	99, 000	Z12	100	384, 100
X11	180	55, 800	Z13	100	316, 100
X13	160	120, 000	Z19	100	180, 200
X02	160	365, 400	Z06	100	124, 800
X01	160	354, 700	Z21	100	188, 700
X15	147	265, 000	Z01	80	674, 700
X10	147	244, 300	Z18	80	648, 700
X17	140	345, 000	Z20	80	687, 800
X16	140	835, 600	Z05	80	669, 800
X12	140	693, 400	Z11	80	1, 364, 800
Z02	140	47, 100	Z03	60	1, 917, 300
Z04	140	46, 100	Z14	60	3, 350, 000
Z09	140	56, 200	Z17	60	1, 726, 300
Z07	140	67, 900			

图 5-26 展示了代表性的疲劳断口及其上统计的缺陷几何参数示意图。除了上述的 5 个缺陷参数之外，施加的应力水平对材料的疲劳寿命也具有显著影响。因此，图 5-26 中将最大应力 $\sigma_{\max}$、$\sqrt{\text{area}}$、AR、J、l^* 和 φ 作为输入特征。

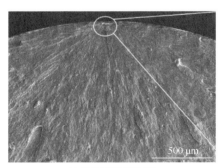
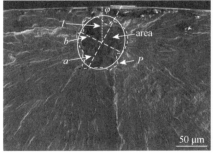

(a) 低倍下的Z46试样　　　　　　　(b) 高倍下的Z46试样

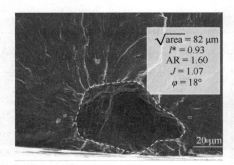 

(c) Z08试样　　　　　　　　　　　　　　　(d) Z38试样

图 5-26　典型疲劳断口上的临界缺陷（白色虚线圈区域）[4]

5.4.2　领域知识引导的符号回归模型

基于领域知识引导的符号回归方法，提出了考虑应力水平和缺陷几何特征（尺寸、位置、形貌、取向）综合影响的激光选区熔化成形 AlSi10Mg 合金疲劳寿命预测模型。为了限制符号回归模型的搜索空间，从考虑缺陷几何特征影响的 Murakami 模型[42]、Z 参数[43]和 X 参数[44]疲劳寿命经验模型中提取领域知识。

1）Murakami 模型

$$c \cdot \left(\frac{2\sigma_a \cdot \left(\sqrt{\text{area}} \right)^{1/6}}{C \cdot (\text{HV} + 120)} \right)^m = N_f \tag{5-50}$$

式中，σ_a 为应力幅；HV 为材料的维氏硬度；C 为缺陷的几何修正因子（表面缺陷，$C = 1.41$；近表面缺陷，$C = 1.43$；内部缺陷，$C = 1.56$）；N_f 为疲劳寿命；c 和 m 为拟合参数。

2）Z 参数模型

Murakami 模型同时考虑了缺陷尺寸和相对位置的影响。为了更精确地考虑缺陷位置的影响，并将缺陷形貌纳入分析中，Zhu 等[43]提出了 Z 参数疲劳寿命模型：

$$c \cdot \left(Y \cdot \sigma_a \cdot \left(\sqrt{\text{area}} \right)^{1/6} D^\beta \right)^m = N_f \tag{5-51}$$

式中，Y 为缺陷的形貌因子（球形缺陷，$Y = 1$；二维面缺陷，$Y = 0.9$）；D 为缺陷的位置因子，表达式为 $D = (d-l)/d$，其中 d 为试样的直径；c、m 和 β 为拟合参数。

3）X 参数模型

Z 参数模型中仅粗略地考虑了缺陷形貌，为了进一步区分不同形貌的缺陷对疲劳寿命的影响，Hu 等[44]引入圆度参数 C'，提出了 X 参数模型：

$$c \cdot \left(\frac{\sigma_a \cdot (\sqrt{\text{area}})^{1/6} \cdot D^\beta}{C'^\alpha} \right)^m = N_f \tag{5-52}$$

$$C' = \frac{\text{area}}{L_{\max}^2 \pi} \tag{5-53}$$

式中，$L_{\max}$ 为从缺陷投影区域的中心到投影区域轮廓的最远距离。

由上述经验模型发现，$\sigma_{\mathrm{a}} \cdot \sqrt{\text{area}}$ 为一种固定的搭配。此外，缺陷几何参数之间呈现指数项相乘形式。基于这些发现指导符号回归模型演变，如图 5-27 所示。

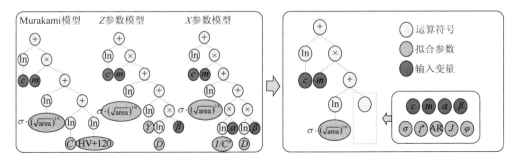

图 5-27　三个疲劳寿命经验模型的符号回归树[4]

为了简化计算，采用了固定项的对数形式作为输入变量。具体来说，采用 $\ln\left(\sigma_{\max} \cdot \left(\sqrt{\text{area}}\right)^{1/6}\right)$ 和 $\ln\sigma_{\max}$ 作为输入。考虑到 AR、J、l^{*} 和 φ 为无量纲参数，将它们的原始形式和对数形式均作为输入变量。输出的疲劳寿命也采用对数形式，即 $\ln N_{\mathrm{f}}$。基于上述定义，得到式（5-54）和式（5-55）的表达式：

$$\ln N_{\mathrm{f}} = g\left(\ln \sigma_{\max}, \ln\left(\sigma_{\max} \cdot \left(\sqrt{\text{area}}\right)^{1/6}\right), \ln l^{*}, \ln \text{AR}, \ln J, \ln \varphi \right) \tag{5-54}$$

$$\ln N_{\mathrm{f}} = g\left(\ln \sigma_{\max}, \ln\left(\sigma_{\max} \cdot \left(\sqrt{\text{area}}\right)^{1/6}\right), l^{*}, \text{AR}, J, \varphi \right) \tag{5-55}$$

前期研究[45]表明，l^{*} 和 φ 与疲劳寿命成正比。同时，根据应力集中效应，AR 和 J 与应力集中程度成正比，与高周疲劳寿命成反比。因此，引入了基于比例关系的物理定律，得到如下表达式：

$$\ln N_{\mathrm{f}} = g\left(\ln \sigma_{\max}, \ln\left(\sigma_{\max} \cdot \left(\sqrt{\text{area}}\right)^{1/6}\right), \frac{l^{*}}{\text{AR}}, \frac{l^{*}}{J}, \frac{\varphi}{\text{AR}}, J \right) \tag{5-56}$$

利用基于遗传编程的符号回归算法，并在公开可获取的 PySR 软件包[46]中实施了此算法。PySR 通过项数和运算符的数量来定义方程的复杂度。通常，所有运算符、常数和变量的复杂度均被设置为 1。方程的复杂度是所有项的复杂度之和。将均方误差 MSE 视为损失函数。采用名称为 SCORE 指标（即分数指标）的评估方法，旨在在预测模型的准确性和复杂度之间取得良好的平衡。SCORE 指标的定义如下[46]：

$$\text{SCORE} = \frac{-\left[\ln(\text{MSE}^{i}) - \ln(\text{MSE}^{i-1}) \right]}{\text{Complexity}^{i} - \text{Complexity}^{i-1}} \tag{5-57}$$

式中，Complexity 为模型的复杂性；上标 i 为当前样本。

利用 PySR 软件包建立符号回归模型，选取的相关参数如下：迭代次数设置为测试后较稳定的值 1000。为了避免符号回归生成的方程过于复杂及出现深嵌套，max_size 设置为 30，max_depth 设置为 5。使用的运算符为"+"、"-"、"*"、"/"和"ln"。为了避免方程中出现类似 ln(·)/ln(·) 或 ln(ln(·)) 的高对数项，对"/"函数进行约束，限制分母最多只能包含一个变量，并且还对嵌套进行约束，即 $''\ln''$：$\{''\ln''$：$0\}$。采用决定系数 R^2 评估疲劳寿命预测模型的准确性。

相较于"黑匣子"数值回归，符号回归模型在可解释性、泛化能力和小数据集性能方面表现出优势。然而，基于符号回归的遗传编程本质上是一个随机搜索过程，它搜索的表达式空间通常是巨大的，这使得采用符号回归方法搜索可解释公式的过程繁琐和耗时。因此，从三个疲劳寿命经验模型中提取领域知识，引入到符号回归模型中，以限制其搜索空间并引导模型的演化。

5.4.3　预测结果与讨论

图 5-28 展示了方程的复杂性与均方误差之间的关系。为了更直观地呈现结果，采用对数坐标形式。结果表明，随着方程复杂度的增加，损失逐渐减小，回归精度提高。当复杂度小于 11 时，式（5-54）～式（5-56）的损失几乎相同。当复杂度超过 17 时，三个方程的损失迅速减少。考虑物理规律的式（5-56）的损失下降速度最快，在复杂度达到 21 时趋于稳定。另外两个方程的损失则一直以较缓慢的速度下降。最终，在同一复杂度的限制下，三个方程达到的最小损失值基本一致。

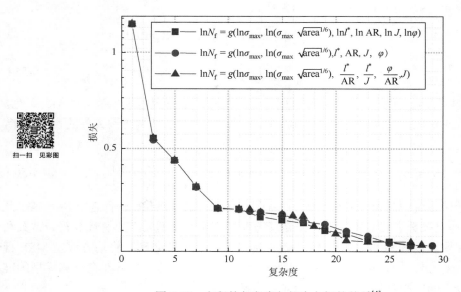

图 5-28　方程的复杂度与损失之间的关系[4]

表 5-7～表 5-9 分别为式（5-54）～式（5-56）的具体表达式。可见，当复杂度小于11 时，三个模型得到的方程形式相同。其中，当方程的复杂度为 3 时，SCORE 指标最高，约为 0.41，这表明与其他方程相比，它具有预测精度和方程复杂度之比的最优值。然而，该方程仅包含一个特征变量 $x1$，即固定输入项，而本研究旨在建立包含多个缺陷几何参数的疲劳寿命预测模型，因此不符合要求。当复杂度大于 11 时，三个模型推导的方程形式不尽相同，后文将对这些表达式进一步分析。

　　表 5-7 列出了基于缺陷几何参数对数形式得到的方程。当复杂度大于 11 时，对数缺陷几何参数出现在分母上，即出现对数除法的高阶对数项，而这些高阶对数项的方程无法简化为 ln N_f= ln f 形式，其中，f 为最大应力和缺陷几何参数的函数。因此，考虑对数缺陷几何参数的模型无法提供简单且可解释的表达式。

表 5-7　PySR 基于缺陷几何参数的对数形式获得的方程[4]

复杂度	损失	SCORE	方程
1	1.23	0	12.58
3	0.54	0.412	$71.25/x1$
5	0.46	0.080	$x1*(-3.291) + 31.25$
7	0.38	0.095	$x1*(-4.402) + 32.72 + x0$
9	0.33	0.077	$x1*(-6.094) + 34.2-x0*(-2.688)$
11	0.32	0.003	$x1*(-6.094) + 24.75 + 9.04 + x0*2.762$
13	0.31	0.027	$x1*(-6.23)-0.002794/x4 + 34.3-x0*(-2.818)$
15	0.30	0.011	$x1*(-6.23)-0.001478/x4/x2 + 34.3-x0*(-2.818)$
17	0.29	0.011	$x1*(-6.23) + 34.3-x0*(-2.814)-(x4-x3)/x2/x1$
19	0.28	0.026	$x1*(-6.23) + 0.0026/x2/x4/x2/-6.23 + 34.3-x0*(-2.818)$
21	0.27	0.012	$x1*(-6.23) + 0.005417/x5/x5/x4/x2/x2 + 34.3-x0*(-2.818)$
23	0.26	0.024	$x1*(-6.23)-(x4-x3)/x2 + (x4-0.1827)/0.5527/x5 + 34.3-x0*(-2.818)$
25	0.26	0.004	$x1*(-6.402)-(x4-x3)/x2 + (x4-0.162)/0.5825/x5 + 24.77 + 8.98 + x0*3.133$
27	0.25	0.011	$x1*(-6.402)-(x4-x3)/x2 + (x4*x5-0.64)8/x5/x5 + 24.77 + 8.98 + x0*3.133$

注：$x0$、$x1$、$x2$、$x3$、$x4$ 和 $x5$ 分别代表 $\ln\sigma_{max}$、$\ln\left(\sigma_{max}\cdot(\sqrt{area})^{1/6}\right)$、$\ln AR$、$\ln J$、$\ln l^*$ 和 $\ln\varphi$

　　表 5-8 列出了基于缺陷几何参数原始形式得到的方程。当复杂度达到 12、13 和 15 时，常数项的系数相同，涉及缺陷几何参数的项组成不同，此处选取具有最低损失、复杂度为 15 的方程作为待定方程。当复杂度为 17～29 时，方程中总是出现组合项（$x4-x3$），即（l^*-J），而与缺陷形貌相关的参数减去与缺陷位置相关的参数的物理意义不明，因此舍去这些方程。此外发现，无论方程形式如何，$x0$ 项的系数一直稳定在 3 左右。

表 5-8　PySR 基于缺陷几何参数的原始形式获得的方程[4]

复杂度	损失	SCORE	方程
1	1.23	0	12.59
3	0.53	0.418	$70.0/x1$
5	0.46	0.074	$x1*(-3.365) + 31.31$
7	0.38	0.095	$x1*(-4.273) + 31.64-x0$
9	0.33	0.076	$x0*2.926 + 34.2-x1*6.367$

续表

复杂度	损失	SCORE	方程
11	0.32	0.005	$x0*3.1 + 32.94 + 0.672 + x1*(-6.406)$
12	0.32	0.012	$x0*2.996 + 33.4-1/x5 + x1*(-6.273)$
13	0.32	0.008	$x0*2.996 + 33.4-x4/x5 + x1*(-6.273)$
15	0.31	0.007	$x0*2.996 + 33.4-x4/x3/x5 + x1*(-6.273)$
17	0.30	0.026	$x0*3.105 + 34.16-(x4-x3)/x2/x2 + x1*(-6.52)$
19	0.29	0.010	$x0*3.068 + 34.16-(x4-x3)/x2/x2/x2 + x1*(-6.484)$
21	0.28	0.025	$x0*3.105 + 34.16-(x4-x3)/x2/0.464/x2/x2 + x1*(-6.52)$
23	0.27	0.018	$x0*3.105 + 34.16-(x4-x3)/x2/x2/x2/0.3293 + x1*(-6.52)$
25	0.26	0.022	$x0*3.068 + 34.16-[(x4-x3)/x2/x2/0.2656-x4 + x3]/x2 + x1*(-6.484)$
27	0.25	0.009	$x0*3.068 + 34.16-[(x4-x3)/0.1859/x2/x2/x2-x4 + x3]/x2 + x1*(-6.484)$
29	0.25	0.001	$x0*3.068 + 34.16-[(x4-x3)/0.181/1.006/x2/x2/x2-x4 + x3]/x2 + x1*(-6.484)$

注：$x0$、$x1$、$x2$、$x3$、$x4$ 和 $x5$ 分别代表 $\ln\sigma_{max}$、$\ln\left(\sigma_{max}\cdot(\sqrt{area})^{1/6}\right)$、$AR$、$J$、$l^*$ 和 φ。

表 5-9 列出了基于考虑领域知识的缺陷几何参数获得的方程。基于上述分析，首先排除复杂度小于 11 的方程和存在高阶对数项的方程。对于其余方程，选择 SCORE 指标最高、复杂度为 18 的方程，以及损失最低、复杂度为 28 的方程作为待定方程，其中 $\ln\sigma_{max}$ 项的系数也约为 3。

表 5-9　PySR 基于考虑领域知识的缺陷几何参数获得的方程[4]

复杂度	损失	SCORE	方程
1	1.23	0	12.59
3	0.54	0.412	$71.3/x1$
5	0.46	0.080	$x1*(-3.357) + 31.62$
7	0.38	0.095	$x1*(-4.402) + 32.72 + x0$
9	0.32	0.079	$x1*(-6.094) + 33.78-x0*(-2.77)$
11	0.32	0.000	$x1*(-5.945) + 0.04742 + 33.84-x0*(-2.566)$
12	0.32	0.010	$\log(x5)-[x0*(-40.44)]/x1-x0*4.527$
13	0.32	0.026	$x1*(-6.094)-x3/x4 + 33.78-x0*(-2.785)$
15	0.31	0.006	$x1*(-6.094)-x3/1.344/x4 + 33.78-x0*(-2.785)$
16	0.31	0.041	$x1*(-6.195)-x2*x2*\log(x2) + 33.78-x0*(-2.879)$
17	0.31	0.022	$x1*(-6.023)-\log(x2)*\log(x2)*x2 + 33.78-x0*(-2.727)$
18	0.29	0.044	$x1*(-5.99)-x2*x2*\log(x2/1.289) + 33.62-x0*(-2.637)$
20	0.27	0.026	$x1*(-5.996)-x2*x2*x2*\log(x2/x5) + 33.62-x0*(-2.66)$
21	0.26	0.011	$x1*(-6.023)-\log(x2)/0.2437*\log(x2)*x2*x2 + 33.78-x0*(-2.748)$

续表

复杂度	损失	SCORE	方程
23	0.26	0.007	$x1*(-6.023)-\log(x2)*x2*0.719*\log(x2)*x2*x1 + 33.78-x0*(-2.758)$
27	0.26	0.005	$x1*(-6.105)-x1*(-5.27)*x2*\log(x2)/2.035*0.2795*\log(x2)*x2 + 33.78-x0*(-2.854)$
28	0.25	0.004	$x1*(-6.402)-\log(x2/1.244)*x2/x3*x2*x2*x2*1.875 + x0 + 33.78-x0*(-2.1)$

注：$x0$、$x1$、$x2$、$x3$、$x4$ 和 $x5$ 分别代表 $\ln\sigma_{max}$、$\ln\left(\sigma_{max}\cdot(\sqrt{area})^{1/6}\right)$、$l^*/AR$、$l^*/J$、$\varphi/AR$ 和 J

　　将上述确定的三个待定方程总结如下，如式（5-58）～式（5-60）所示。其中，C、M、a 和 b 为拟合参数，c、m、α 和 β 是对数方程中相应的拟合参数。为了确保方程中拟合参数数量的一致性，将 σ_{max} 项的系数固定为 3。基于三个待定方程得到的疲劳寿命预测结果如图 5-29 所示。由于方程（5-60）具有最高的决定系数 R^2，约为 0.79，因此，选择式（5-60）作为最终的疲劳寿命预测模型。

$$\ln N_f = \ln C + M \cdot \ln\left(\sigma_{max}\cdot\left(\sqrt{area}\right)^{1/6}\right) + a \cdot \ln\sigma_{max} + b \cdot U$$
$$= \ln\left(c\cdot\left[\sigma_{max}\cdot\left(\sqrt{area}\right)^{1/6}\cdot\sigma_{max}^\alpha\cdot(e^U)^\beta\right]^m\right) \tag{5-58}$$

$$\ln N_f = \ln C + M \cdot \ln\left(\sigma_{max}\cdot\left(\sqrt{area}\right)^{1/6}\right) + 3\ln\sigma_{max} + a \cdot V + b \cdot V \cdot \ln\left(\frac{l^*}{AR}\right)$$
$$= \ln\left(c\cdot\left[\sigma_{max}\cdot\left(\sqrt{area}\right)^{1/6}\cdot\sigma_{max}^3\cdot(e^V)^\alpha\cdot\left(\left(\frac{l^*}{AR}\right)^V\right)^\beta\right]^m\right) \tag{5-59}$$

$$\ln N_f = \ln C + M \cdot \ln\left(\sigma_{max}\cdot\left(\sqrt{area}\right)^{1/6}\right) + 3\ln\sigma_{max} + a \cdot W + b \cdot W \cdot \ln\left(\frac{l^*}{AR}\right)$$
$$= \ln\left(c\cdot\left[\sigma_{max}\cdot\left(\sqrt{area}\right)^{1/6}\cdot\sigma_{max}^3\cdot(e^W)^\alpha\cdot\left(\left(\frac{l^*}{AR}\right)^W\right)^\beta\right]^m\right) \tag{5-60}$$

式中，U、V、W 分别为 $(l^*\varphi)/J$、$(l^{*2})/AR^2$ 和 $(l^{*3}J)/AR^4$。

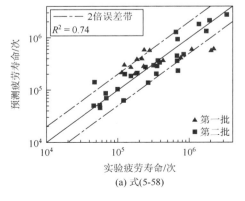

(a) 式(5-58)

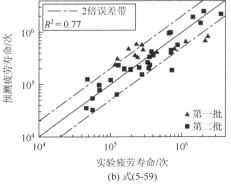

(b) 式(5-59)

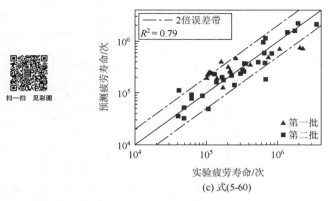

(c) 式(5-60)

图 5-29 基于三个待定方程的实验疲劳寿命（循环次数）与预测值比较[4]

为了验证模型的预测精度和泛化能力，收集文献[47]～文献[51]中的疲劳数据作为测试集，记为第三批，该组数据包括不同应力比和超高周疲劳实验数据，具有更大的分散性。采用 Walker 公式[52]将不同应力比的疲劳数据转换为应力比为 0.1 的疲劳结果。基于第一批、第二批和第三批疲劳数据，将符号回归模型的预测效果与传统的 Z 参数和 X 参数模型进行对比，如图 5-30 所示。其中，Z 参数模型、X 参数模型和符号回归模型（式 5-60）的拟合参数如式（5-61）～式（5-63）所示：

$$\ln N_{\mathrm{f}} = 27.68 - 3.22 \cdot \ln\left(\sigma_{\mathrm{a}} \cdot \left(\sqrt{\mathrm{area}}\right)^{1/6}\right) - 15.94 \cdot \ln D - 3.22 \cdot \ln Y \tag{5-61}$$

$$\ln N_{\mathrm{f}} = 29.88 - 3.49 \cdot \ln\left(\sigma_{\mathrm{a}} \cdot \left(\sqrt{\mathrm{area}}\right)^{1/6}\right) - 15.35 \cdot \ln D + 0.52 \cdot \ln C' \tag{5-62}$$

$$\ln N_{\mathrm{f}} = 29.86 - 5.64 \cdot \ln\left(\sigma_{\max} \cdot \left(\sqrt{\mathrm{area}}\right)^{1/6}\right) + 0.42 \cdot W - 0.19 \cdot W \cdot \ln\left(\frac{l^*}{AR}\right) + 3 \cdot \ln \sigma_{\max} \tag{5-63}$$

仅有第一批和第二批数据的情况下，Z 参数和 X 参数模型的 R^2 分别为 0.69 和 0.68，而引入第三批数据后，两者的 R^2 分别降至 0.56 和 0.60，尤其是在超高周疲劳寿命预测时精度较低。与之相比，随着第三批数据的引入，符号回归模型的预测精度略有提高，R^2 达到 0.80，这表明领域知识引导的符号回归模型对不同应力比、生产批次、尺寸和取向的增材制造 AlSi10Mg 试样均具有较高的预测精度，对训练集以外的数据也具有良好的泛化能力。

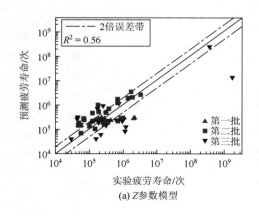

(a) Z 参数模型

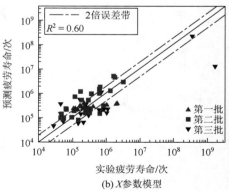

(b) X 参数模型

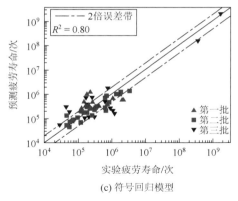

扫一扫　见彩图

(c) 符号回归模型

图 5-30　基于经验模型和符号回归模型的实验疲劳寿命（循环次数）与预测值比较[4]

　　本节主要讨论了如何通过领域知识引导的符号回归方法，提升增材制造金属疲劳寿命的预测精度。增材制造金属内部不易根除的气孔和未熔合缺陷是导致疲劳性能劣化和疲劳寿命离散性大的重要因素。通过构建缺陷几何特征与疲劳寿命之间的映射模型，使用符号回归算法并引入 Murakami 参数、Z 参数和 X 参数模型等领域知识，指导符号回归模型的演变，提升了模型的预测精度和可解释性。最终，通过实验证明领域知识引导的符号回归模型对不同应力比、生产批次、尺寸和取向的增材制造铝合金试样均具有较高的预测精度，对训练集以外的数据也具有良好的泛化能力。

5.5　本 章 小 结

　　本章围绕基于机器学习方法的材料疲劳寿命预测，以几类典型的机器学习方法为例，重点介绍了基于长短期记忆网络的多轴疲劳寿命预测、基于自注意力机制的复杂疲劳寿命、基于机理驱动的机器学习疲劳寿命预测，以及基于领域知识引导符号回归的增材制造金属疲劳寿命预测。目前，融合多种物理信息、领域知识和机理驱动的机器学习方法正广泛应用在疲劳寿命预测中，取得了丰硕的研究成果。然而，这些基于机器学习的疲劳寿命预测研究多针对确定性的疲劳寿命预测，对概率疲劳寿命分析的研究还比较有限。开展系统的、考虑不确定性的疲劳实验，并基于此开展相关的机器学习建模研究将是未来重要的研究方向。

参 考 文 献

[1]　Yang J Y，Kang G Z，Liu Y J，et al. A novel method of multiaxial fatigue life prediction based on deep learning[J]. International Journal of Fatigue，2021，151：106356.

[2]　Yang J Y，Kang G Z，Kan Q H. A novel deep learning approach of multiaxial fatigue life-prediction with a self-attention mechanism characterizing the effects of loading history and varying temperature[J]. International Journal of Fatigue，2022，162：106851.

[3]　Yang J Y，Kang G Z，Kan Q H. Rate-dependent multiaxial life prediction for polyamide-6 considering ratchetting：Semi-empirical and physics-informed machine learning models[J]. International Journal of Fatigue，2022，163：107086.

[4] Yu H, Hu Y N, Kang G Z, et al. High-cycle fatigue life prediction of L-PBF AlSi10Mg alloys: A domain knowledge-guided symbolic regression approach[J]. Philosophical Transactions of the Royal Society A, 2024, 382 (2264): 20220383.

[5] Al-Assaf Y, El Kadi H. Fatigue life prediction of unidirectional glass fiber/epoxy composite laminae using neural networks[J]. Composite Structures, 2001, 53 (1): 65-71.

[6] Maleki E, Unal O, Reza Kashyzadeh K. Fatigue behavior prediction and analysis of shot peened mild carbon steels[J]. International Journal of Fatigue, 2018, 116: 48-67.

[7] Zhan Z X, Li H. A novel approach based on the elastoplastic fatigue damage and machine learning models for life prediction of aerospace alloy parts fabricated by additive manufacturing[J]. International Journal of Fatigue, 2021, 145: 106089.

[8] Glorot X, Bordes A, Bengio Y. Deep sparse rectifier neural networks[C]. Proceedings of the Fourteenth International Conference on Artificial Intelligence and Statistics, New York, 2011: 315-323.

[9] Santecchia E, Hamouda A M S, Musharavati F, et al. A review on fatigue life prediction methods for metals[J]. Advances in Materials Science and Engineering, 2016, 2016 (1): 9573524.

[10] Kamal M, Rahman M M. Advances in fatigue life modeling: A review[J]. Renewable and Sustainable Energy Reviews, 2018, 82: 940-949.

[11] Mars W V, Fatemi A. Multiaxial fatigue of rubber: Part II: Experimental observations and life predictions[J]. Fatigue & Fracture of Engineering Materials & Structures, 2005, 28 (6): 523-538.

[12] Kang G Z, Liu Y J, Ding J. Multiaxial ratchetting-fatigue interactions of annealed and tempered 42CrMo steels: Experimental observations[J]. International Journal of Fatigue, 2008, 30 (12): 2104-2118.

[13] Kang G Z, Liu Y J. Uniaxial ratchetting and low-cycle fatigue failure of the steel with cyclic stabilizing or softening feature[J]. Materials Science and Engineering: A, 2008, 472 (1/2): 258-268.

[14] Lee S B. A criterion for fully reversed out-of-phase torsion and bending[M]//Miller K J, Brown M W. Multiaxial fatigue. Philadelphia: ASTM International, 1982: 553-568.

[15] Susmel L, Petrone N. Multiaxial fatigue life estimations for 6082-T6 cylindrical specimens under in-phase and out-of-phase biaxial loadings[M]//European Structural Integrity Society. Amsterdam: Elsevier, 2003: 83-104.

[16] Cláudio R A, Reis L, Freitas M. Biaxial high-cycle fatigue life assessment of ductile Aluminium cruciform specimens[J]. Theoretical and Applied Fracture Mechanics, 2014, 73: 82-90.

[17] Wu Z R, Hu X T, Song Y D. Multiaxial fatigue life prediction for Titanium alloy TC4 under proportional and nonproportional loading[J]. International Journal of Fatigue, 2014, 59: 170-175.

[18] Vaswani A, Shazeer N, Parmar N, et al. Attention is all you need[C]. Proceedings of the 31st International Conference on Neural Information Processing Systems, New York, 2017: 6000-6010.

[19] Devlin J, Chang M W, Lee K, et al. BERT: Pre-training of deep bidirectional transformers for language understanding[EB/OL].[2024-1-12] http://arxiv.org/abs/1810.04805v2.

[20] Hendrycks D, Gimpel K. Bridging nonlinearities and stochastic regularizers with gaussian error linear units[C]. The 5th International Conference on Learning Representations, Toulon, 2017.

[21] He K M, Zhang X Y, Ren S Q, et al. Deep residual learning for image recognition[C]. 2016 IEEE Conference on Computer Vision and Pattern Recognition, Las Vegas, 2016: 770-778.

[22] Zhao L G, Tong J, Hardy M C. Prediction of crack growth in a Nickel-based superalloy under fatigue-oxidation conditions[J]. Engineering Fracture Mechanics, 2010, 77 (6): 925-938.

[23] Jones J, Whittaker M, Lancaster R, et al. The influence of phase angle, strain range and peak cycle temperature on the TMF crack initiation behaviour and damage mechanisms of the Nickel-based superalloy, RR1000[J]. International Journal of Fatigue, 2017, 98: 279-285.

[24] Li D H, Shang D G, Xue L, et al. Real-time damage evaluation method for multiaxial thermo-mechanical fatigue under variable amplitude loading[J]. Engineering Fracture Mechanics, 2020, 229: 106948.

[25] Carpinteri A, Spagnoli A, Vantadori S. A review of multiaxial fatigue criteria for random variable amplitude loads[J]. Fatigue

　　　　　　& Fracture of Engineering Materials & Structures，2017，40（7）：1007-1036.

[26]　　Anes V，Reis L，Li B，et al. New cycle counting method for multiaxial fatigue[J]. International Journal of Fatigue，2014，67：78-94.

[27]　　Karpatne A，Atluri G，Faghmous J H，et al. Theory-guided data science：A new paradigm for scientific discovery from data[J].
　　　　IEEE Transactions on Knowledge and Data Engineering，2017，29（10）：2318-2331.

[28]　　Chen J，Liu Y M. Fatigue property prediction of additively manufactured Ti-6Al-4V using probabilistic physics-guided
　　　　learning[J]. Additive Manufacturing，2021，39：101876.

[29]　　Chen J，Liu Y M. Physics-guided machine learning for multi-factor fatigue analysis and uncertainty quantification[C].AIAA
　　　　Scitech 2021 Forum，Reston，Virginia，2021：1242.

[30]　　Chen J，Liu Y M. Probabilistic physics-guided machine learning for fatigue data analysis[J]. Expert Systems with
　　　　Applications，2021，168：114316.

[31]　　Karniadakis G E，Kevrekidis I G，Lu L，et al. Physics-informed machine learning[J]. Nature Reviews Physics，2021，3：
　　　　422-440.

[32]　　Lee J D，Simchowitz M，Jordan M I，et al. Gradient descent converges to minimizers[EB/OL]. [2023-12-20]
　　　　http://arxiv.org/abs/1602.04915v2.

[33]　　Qiu X P，Sun T X，Xu Y G，et al. Pre-trained models for natural language processing：A survey[J]. Science China
　　　　Technological Sciences，2020，63（10）：1872-1897.

[34]　　Liu Z L，Wu C T，Koishi M. A deep material network for multiscale topology learning and accelerated nonlinear modeling of
　　　　heterogeneous materials[J]. Computer Methods in Applied Mechanics and Engineering，2019，345：1138-1168.

[35]　　Liu Z L，Wu C T. Exploring the 3D architectures of deep material network in data-driven multiscale mechanics[J]. Journal of
　　　　the Mechanics and Physics of Solids，2019，127：20-46.

[36]　　Balamurugan R，Chen J，Meng C Y，et al. Data-driven approaches for fatigue prediction of Ti-6Al-4V parts fabricated by laser
　　　　powder bed fusion[J]. International Journal of Fatigue，2024，182：108167.

[37]　　Chen T Q，Guestrin C. XGBoost：A scalable tree boosting system[C]. Proceedings of the 22nd ACM SIGKDD International
　　　　Conference on Knowledge Discovery and Data Mining，San Francisco，2016：785-794.

[38]　　Goodfellow I J，Pouget-Abadie J，Mirza M，et al. Generative adversarial nets[C]. Proceedings of the 27th International
　　　　Conference on Neural Information Processing Systems-Volume 2，New York，2014：2672-2680.

[39]　　Wang S H，Ning J S，Zhu L D，et al. Role of porosity defects in metal 3D printing：Formation mechanisms，impacts on
　　　　properties and mitigation strategies[J]. Materials Today，2022，59：133-160.

[40]　　Hu Y N，Wu S C，Withers P J，et al. The effect of manufacturing defects on the fatigue life of selective laser melted Ti-6Al-4V
　　　　structures[J]. Materials & Design，2020，192：108708.

[41]　　Peng X，Wu S C，Qian W J，et al. The potency of defects on fatigue of additively manufactured metals[J]. International
　　　　Journal of Mechanical Sciences，2022，221：107185.

[42]　　Murakami Y，Takagi T，Wada K，et al. Essential structure of S-N curve：Prediction of fatigue life and fatigue limit of defective
　　　　materials and nature of scatter[J]. International Journal of Fatigue，2021，146：106138.

[43]　　Zhu M L，Jin L，Xuan F Z. Fatigue life and mechanistic modeling of interior micro-defect induced cracking in high cycle and
　　　　very high cycle regimes[J]. Acta Materialia，2018，157：259-275.

[44]　　Hu Y N，Wu S C，Xie C，et al. Fatigue life evaluation of Ti-6Al-4V welded joints manufactured by electron beam melting[J].
　　　　Fatigue & Fracture of Engineering Materials & Structures，2021，44（8）：2210-2221.

[45]　　Wu Z K，Wu S C，Bao J G，et al. The effect of defect population on the anisotropic fatigue resistance of AlSi10Mg alloy
　　　　fabricated by laser powder bed fusion[J]. International Journal of Fatigue，2021，151：106317.

[46]　　Li Y Z，Wang H Y，Li Y，et al. Electron transfer rules of minerals under pressure informed by machine learning[J]. Nature
　　　　Communications，2023，14（1）：1815.

[47]　　Awd M，Siddique S，Johannsen J，et al. Very high-cycle fatigue properties and microstructural damage mechanisms of
　　　　selective laser melted AlSi10Mg alloy[J]. International Journal of Fatigue，2019，124：55-69.

[48] Domfang Ngnekou J N，Nadot Y，Henaff G，et al. Fatigue properties of AlSi10Mg produced by additive layer manufacturing[J]. International Journal of Fatigue，2019，119：160-172.

[49] Qian G A，Jian Z M，Qian Y J，et al. Very-high-cycle fatigue behavior of AlSi10Mg manufactured by selective laser melting: Effect of build orientation and mean stress[J]. International Journal of Fatigue，2020，138：105696.

[50] Sausto F，Carrion P E，Shamsaei N，et al. Fatigue failure mechanisms for AlSi10Mg manufactured by L-PBF under axial and torsional loads：The role of defects and residual stresses[J]. International Journal of Fatigue，2022，162：106903.

[51] Shi T，Sun J Y，Li J H，et al. Machine learning based very-high-cycle fatigue life prediction of AlSi10Mg alloy fabricated by selective laser melting[J]. International Journal of Fatigue，2023，171：107585.

[52] Dowling N E，Calhoun C A，Arcari A. Mean stress effects in stress-life fatigue and the Walker equation[J]. Fatigue & Fracture of Engineering Materials & Structures，2009，32（3）：163-179.

第 6 章　基于机器学习的固体结构分析

固体结构变形、疲劳与断裂是固体力学的核心研究领域，其影响因素复杂，定量预测一直是固体力学面临的重要挑战。近年来，大数据、机器学习和人工智能蓬勃发展，在诸多科学与工程领域获得成功应用，为解决结构的短时和长效服役性能预测提供了新的契机和思路。这些技术一般依靠海量数据作支撑，通过训练过程提取蕴藏在数据内部的抽象映射关系，目前已成功应用在结构变形预测、力学性能优化、疲劳断裂性能预测等领域。本章重点介绍机器学习在固体结构的变形、疲劳和断裂分析中的典型应用。

6.1　基于机器学习的固体结构变形分析

本节关注机器学习在固体结构的变形分析中的应用。首先介绍 Fan 等[1]基于深度卷积神经网络（CNN）模型预测不同铺层顺序的碳/环氧复合层板的工艺诱导变形云图，并通过实验证实用作深度卷积神经网络样本集的有限元模型的有效性方面的应用成果。然后，介绍 Oh 等[2]结合卷积神经网络和生成对抗网络（GAN）提出的一种深度学习方法在加筋板的三维变形快速而准确预测方面的应用。最后，介绍 Lew 和 Buehler[3]提出的基于变分自编码器（VAE）模型-长短期记忆（LSTM）模型及其在梁的屈曲预测方面的应用。

6.1.1　基于机器学习的复合材料工艺诱导变形预测

复合材料的工艺诱导变形一直是一个重要的制造难题，增加了复合材料产品的研发周期，阻碍了其进一步的工程应用。各种因素，如热膨胀与化学收缩的不匹配以及工具与零件之间的相互作用，导致了结构中残余应力的积累，从而引发了尺寸变化和结构损伤。因此，准确预测工艺诱导变形是复合结构制造中最重要的问题之一[4]。为了预测工艺诱导变形，人们发展了许多有效的方法，包括数值方法、实验方法和数字图像相关技术等。虽然基于数值计算的工艺诱导变形预测方法可达到很高的精度，但大量的变量更新使得这些模型的求解时间很长，无法满足设计人员对快速预测的需求，导致航天部件设计制造过程中效率相对较低、成本较高、资源浪费等问题。近年来，机器学习，特别是人工神经网络（ANN）算法在逼近复杂非线性关系方面表现突出，适用于设计和分析具有强非线性特征的复合材料结构。本节介绍 Fan 等[1]提出的、基于机器学习的复合材料工艺诱导变形预测方法。该方法通过复合材料的热-化学-力学行为和变形分析的顺序耦合来获得数据集，并基于卷积神经网络建立固化变形与叠层顺序之间的映射模型，进而实现不同叠层顺序下复合层板工艺诱导变形云图的快速预测。

1. 机器学习模型

本节主要介绍机器学习数据集的获取与建立过程，卷积神经网络（CNN）的训练以及模型对测试样本的预测。固化硬化瞬时线弹性模型（CHILE）是预测工艺诱导变形的常用有效模型之一[5]，该模型考虑了温度、固化度梯度、残余应力与工艺诱导变形之间复杂的耦合关系。因此，本节采用该方法建立有限元模型，计算复合材料层压板的工艺诱导变形，从而建立所需的数据集。使用 Python 脚本的随机选择方法，从 –75°、–60°、–45°、–30°、–15°、0°、15°、30°、45°、60°、75°、90°这 12 个角度中随机选择 4 个角度作为纤维的铺设角度，并写入 inp 文件，最终生成 1200 个 inp 文件提交 ABAQUS 计算位移；提取最后一个增量步最顶层的 780 个节点的节点编号、初始坐标和平均位移，作为构建卷积神经网络的数据集；对数据进行归一化和标准化，将数值类别的输入数据转换为图像输入。然后，将数据集分为两部分，即训练集和测试集，分别占数据集的 70% 和 30%，并使用训练集来构建 CNN。模型的优化器选用 Adam 算法，并使用平均绝对百分比误差（MAPE）计算卷积神经网络模型的损失，数学表示可见第 2 章式（2-27）。

图 6-1 对本案例中卷积神经网络模型的结构和算法进行了说明，具体的数学描述和介绍可见第 2 章 2.1.2 节。图 6-2 给出了卷积神经网络模型在不同超参数下训练过程中的损失曲线，表 6-1 是优化后的超参数。

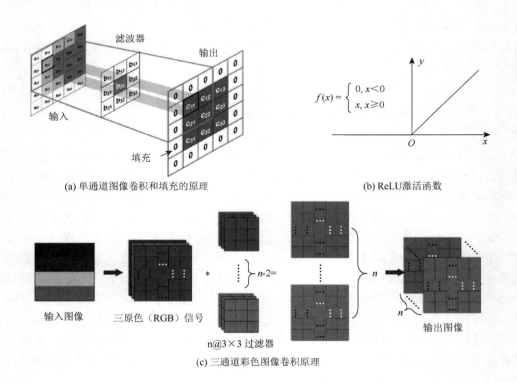

(a) 单通道图像卷积和填充的原理　　　　　　　　(b) ReLU激活函数

(c) 三通道彩色图像卷积原理

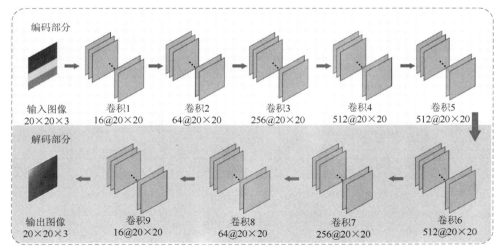

(d) 卷积神经网络结构示意图（编码和解码）

图 6-1　基于卷积神经网络的 PID 深度学习方法框架[1]

PID：process-induced deformation，加工引起的变形

扫一扫　见彩图

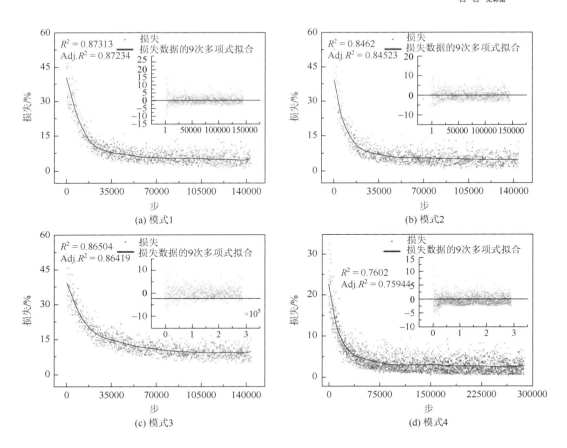

(a) 模式1　　　　　　　　　　　　　　　　　(b) 模式2

(c) 模式3　　　　　　　　　　　　　　　　　(d) 模式4

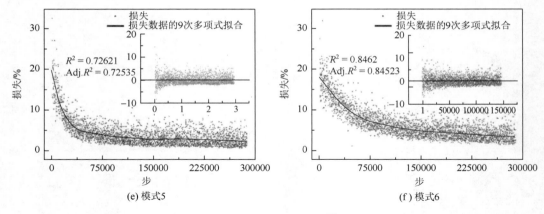

(e) 模式5　　　　　　　　　　　(f) 模式6

图 6-2　训练损失曲线[1]

表 6-1　用于训练卷积神经网络模型的超参数[1]

模式	学习率	批量大小	β_1	β_2
模式 1	0.00005	10	0.98	0.98
模式 2	0.0001	10	0.98	0.98
模式 3	0.001	10	0.98	0.98
模式 4	0.00005	5	0.98	0.98
模式 5	0.00005	5	0.95	0.90
模式 6	0.00001	5	0.95	0.999

2. 结果分析与总结

图 6-3 是采用卷积神经网络对非矩形截面复合材料结构的工艺诱导变形的预测结果。为了提高预测精度，同时降低计算成本，将模型分为四个部分，并且训练了四个不同的 CNN 模型。在生成最终预测云图时程序会同时调用以上四个模型，并对生成的图像进行拼接后输出相应截面组件的完整云图，这可以有效克服单一 CNN 模型在预测复杂或大型模型时的不足。CNN 的预测结果与有限元分析结果的高度吻合表明了该建模方法在处理非矩形截面构件时也具有通用性和可行性。此外，模型的损失值在 3×10^5 步长时达到稳定，这表明可以使用更少训练样本的训练集来达到类似的效果。在精度方面，CNN-4 的预测精度最高 [对比图 6-3（g）～（j）]，整体 CNN 模型的预测准确率超过 96%，且仅需 9.67 s 就可得到飞机尾舵复合材料结构的工艺诱导变形预测云图。

(a) 飞机尾舵结构示意图

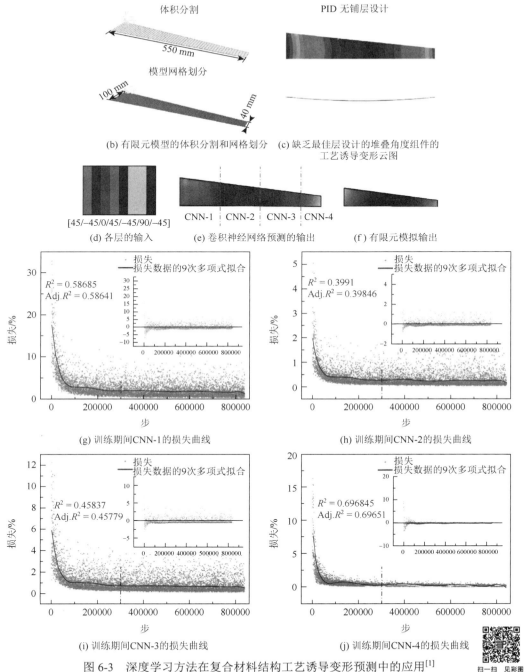

图 6-3　深度学习方法在复合材料结构工艺诱导变形预测中的应用[1]

6.1.2　基于深度学习的加筋板三维变形预测

近年来，深度学习技术已经在解决复杂非线性问题方面取得了显著进展，例如结构布局优化、微观变形表征、机械性能预测等。本节介绍 Oh 等[2]结合深度卷积神经网络

（CNN）和生成对抗网络（GAN）提出的一种深度学习方法及其在快速而准确的加筋板三维变形预测方面的应用。

1. 机器学习模型

卷积神经网络和生成对抗网络已在 2.1.2 节进行了介绍，本节介绍利用深度学习预测甲板在安装阶段变形的方法，主要分为数据集获取、模型建立与训练和结果预测三部分。首先使用简化的热弹性方法和 ABAQUS 6.13 进行非线性屈曲有限元模拟，得到对应的变形相关图像。板形状和边界反作用力是从实际结构制造过程中获得的。对于模型的训练、验证和测试，从总共的 244 个数据中分别选取了 171 组、49 组和 24 组（其中，A 型 111 组，B 型 74 组，C 型 59 组）数据。为了增加训练数据的多样性，应用了翻转操作，包括 X 轴翻转、Y 轴翻转以及同时对 X 轴和 Y 轴进行翻转，这一操作使得整个训练数据集扩展到了 684（171×4）组数据。模型的应用过程如图 6-4 所示。

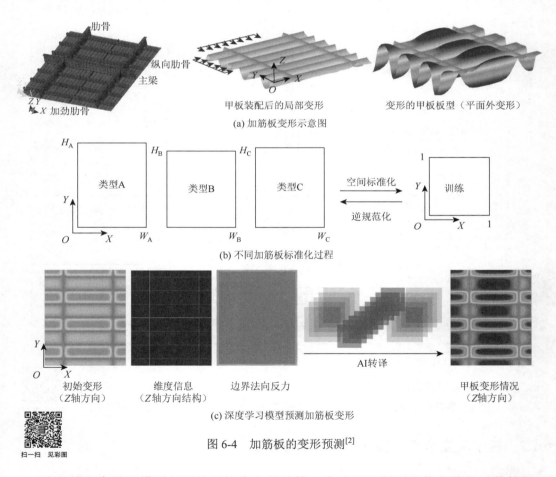

(a) 加筋板变形示意图

(b) 不同加筋板标准化过程

(c) 深度学习模型预测加筋板变形

扫一扫　见彩图

图 6-4　加筋板的变形预测[2]

建立的深度学习模型以对抗网络为主体结构，生成器和判别器的参数化函数使用深度卷积神经网络，如图 6-5 所示。该模型一共有三个输入特征（三个二维矩阵），第一个输入是加筋板的初始变形（即面外高度分布）；第二个输入是安装在加筋板上的所有加固结构的尺寸信息，其中每个像素值代表结构的高度和宽度；第三个输入是安装阶段沿边界作用的法向反作用力。将三个单通道输入组合形成一个三通道图像，输入到深度学习模型中，用于预测单通道的变形图像。

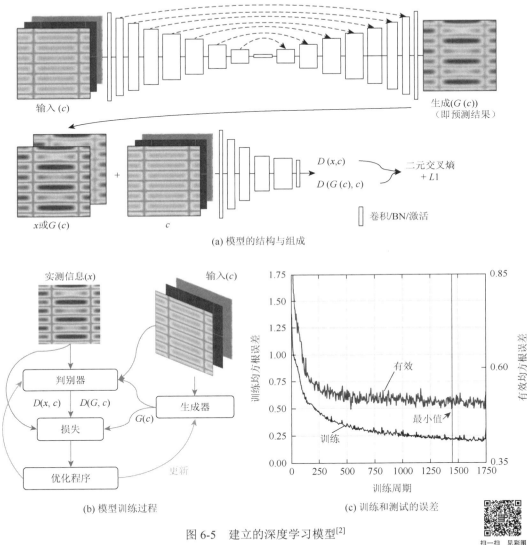

图 6-5　建立的深度学习模型[2]

2. 结果分析与总结

图 6-6 展示了 6 个测试数据集下的有限元结果和深度学习模型的预测结果，对于所有结构类型和 y 范围，有限元方法和机器学习预测的变形曲线的幅度和周期几乎完全匹配。此外，所有测试样品的绝对误差和 R^2 的平均值分别为 0.124 mm（平均标准差为 0.124 mm）和 99.7794%，如图 6-7（a）中的上下两条水平线所示。预测结果显示，与有限元法结果

相比，预测准确度非常高，同时预测所需的时间也非常短，即所提出的深度学习模型非常适合精确预测加筋板的垂直位移。

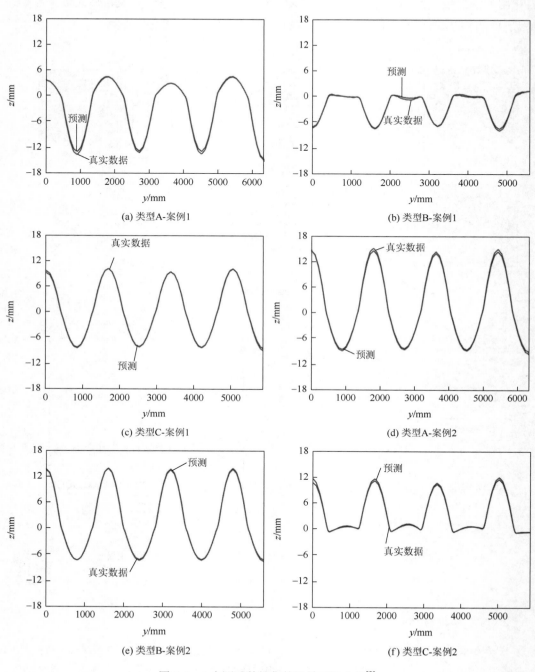

图 6-6　　6 个测试数据集的误差对比曲线[2]

类型 A 中 $x = W_A/2$，类型 B 中 $x = W_B/2$，类型 C 中 $x = W_C/2$

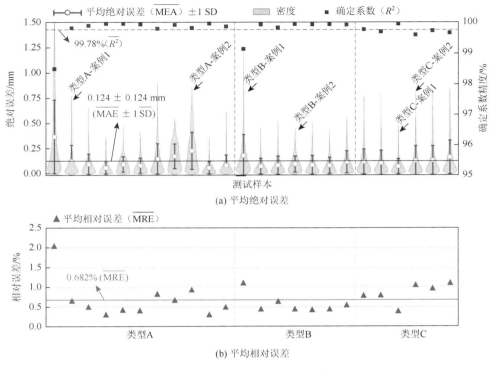

图 6-7　测试样本的误差分析[2]

6.1.3　基于机理驱动机器学习的梁屈曲预测

屈曲是结构构件在载荷作用下发生突然变形的关键力学过程。具有均匀材料的简单梁的屈曲问题可以进行解析求解，无闭合形式解的屈曲问题也可以采用有限元方法来解决。然而，随着结构形式和材料力学行为复杂性的增加，需要考虑更为复杂的参数设置和涉及更大规模的计算资源。如何快速地模拟复杂结构的屈曲行为仍然是一个悬而未决的问题。机器学习方法的出现，为这一问题的解决提供了一个很好的选择。为此，本节介绍 Lew 和 Buehler[3]提出的基于变分自编码器（VAE）-长短期记忆（LSTM）模型的梁屈曲分析方法（标记为 DeepBuckle 方法）。该方法通过生成一个简化的潜在空间，能够直接对梁结构进行定量评估和预测，可帮助理解屈曲的复杂性，并对更复杂的材料进行合理预测。

1. 机器学习模型

DeepBuckle 模型基于 VAE-LSTM 方法从而实现对梁结构的直接定量评估和预测。首先对塑料梁样品进行压缩试验并使用摄像装置获取视频，然后逐帧读取视频并通过二进制阈值转换为黑白图像，最后进行人为去噪以生成用于训练的干净图像。将经过处理后的图像用于训练变分自编码器模型，以便在二维潜在空间中表示梁的结构。具体来说，使用一个由 5 个卷积层（convolutional layer）、1 个平坦层（flatten layer）和 1 个密集层（dense layer）组成的 7 层编码器来获得潜在空间的矢量编码。随后，使用由 1 个密集层、1 个重塑层（reshaping layer）和 6 个卷积转置层（convolutional transpose layer）组成的 8 层解码器对原始图像进行重构。长短期记忆模型首先由两个 LSTM 层组成，其次是密集层、双曲正切激活（tanh activation）和重复向量；接着是另外两个 LSTM 层、1 个时间分布层（time distributed layer）和最后的线性激活（linear activation）。LSTM 模型的介绍详见第 2 章 2.1.2 节。为了训练关于屈曲进程的 LSTM 模型，将 32 个屈曲视频分割成 16000 个 15 帧的片段。这些片段进一步分成 2 帧长的输入序列和 13 帧长的输出序列。然后，通过变分自编码器将这些图像中的结构编码到潜在空间中，以提供压缩路径上的序列潜在变量值列表。在 Python 中调用 TensorFlow 包以实现两个模型，均采用 Adam 优化器，其中 80% 的数据用于训练，其余 20% 用于验证。VAE 的学习率为 0.0001、批大小为 32，LSTM 默认学习率为 0.001、批大小为 16。

图 6-8 展示了梁的压缩试验［图 6-8（a）、图 6-8（b）］和数据集生成的过程［图 6-8（c）、图 6-8（d）］，压缩试验考虑 4 个缺陷位置并且每个位置重复 8 次，总共拍摄 32 个视频。VAE 模型经过训练，成功将原始的黑白屈曲梁结构图像转换为了二维潜在空间中的缩小向量，如图 6-8（d）所示。

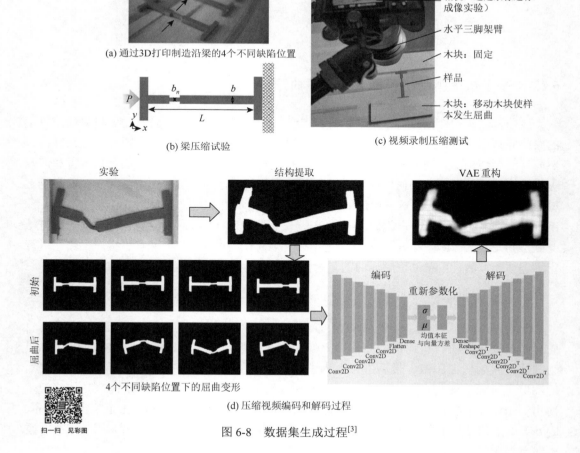

图 6-8　数据集生成过程[3]

2. 结果分析与总结

在二维的潜在空间中可以很容易地将压缩过程中结构之间的关系可视化。如图 6-9（a）所示，虚线箭头标出了从最初的原始结构到最终的屈曲结构的过程，不同的起始缺陷位置和潜在空间中的起始位置对应；从图 6-9（b）中发现压缩过程中结构向第二个潜在变量的较小值和第一个潜在变量的发散值漂移；潜在空间的左侧或右侧区域的发散分别对应于屈曲结构向下或向上偏转的真实空间发散，如图 6-9（c）所示。在屈曲过程中，梁结构会在原始结构中心线的下方或上方演化出更多的材料，导致厚度方向的增加，即模型试图在已知屈曲路径之间插值不清晰的结构。此外，经过训练的 VAE 模型在未断裂的屈曲训练样本中不断学习，直至缺口处梁的厚度减小为零，从而产生不连续的断裂梁结构。

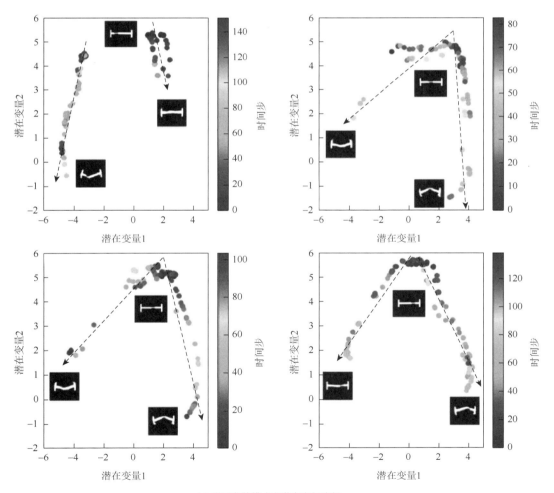

(a) 不同发散模式和潜在空间路径

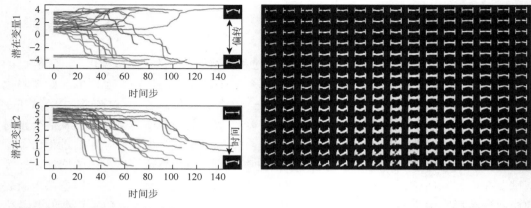

(b) 潜在变量随时间变化　　　　　　　　　　　(c) 潜在空间中的每个点解码出的梁结构

扫一扫 见彩图

图 6-9　基于变分自编码器的梁屈曲图像绘制过程[3]

通过检测潜在空间的几何形状来证实模型已经捕捉到了屈曲的定量趋势。压缩试验的初始屈曲结构与最终屈曲结构之间的潜在空间距离与梁实际承受的实际空间挠度大小具有良好的线性相关性［该指标的具体形式参见第 2 章公式（2-26）］，如图 6-10（a）所示，R^2 值大于 0.9。如果将向下屈曲和向上屈曲的情况分开来评估路径分岔的性能，则向下挠度与实际挠度的线性拟合 R^2 值低于向上挠度（0.97），这是因为训练数据中向上屈曲的实例多于向下屈曲的实例，所以该模型能够以更高的精度学习向上屈曲。将潜在空间中每个样本的路径加以区分，可以得到如图 6-10（b）所示的路径，其中孤立的峰值代表小时间跨度内的大结构变化。

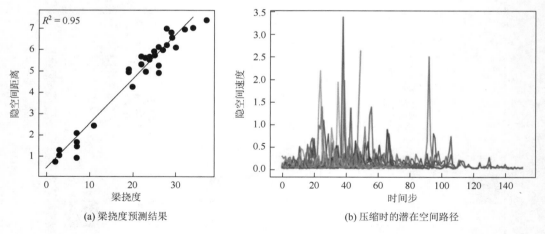

(a) 梁挠度预测结果　　　　　　　　　　　(b) 压缩时的潜在空间路径

图 6-10　实验和预测之间的相关性[3]

变分自编码器模型学习到潜在空间可以根据给定的压缩路径识别屈曲发生的时间和次数以及屈曲梁挠度的大小。图 6-11 显示了 LSTM 模型在预测压缩路径的成功，实验、VAE 重建潜在空间的结构过程和 VAE-LSTM 预测的压缩路径之间有很好的一致性。

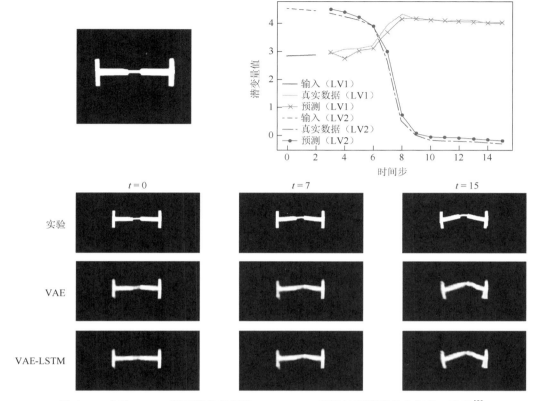

图 6-11　实验、VAE 重建潜在空间和 VAE-LSTM 预测的压缩路径之间的一致性[3]

　　结合 VAE-LSTM 模型能够从潜在空间的任何起点对压缩和屈曲进行预测，因此，可以评估训练数据之外的各种结构的屈曲行为并识别潜在空间中屈曲弹性较强或较弱的区域。在图 6-12（a）中绘制了潜在空间中每个起始结构预测达到屈曲所需的时间，表明不同的结构屈曲的难易程度存在差异；图 6-12（b）绘制了每个起始结构的预测屈曲值，对比可发现一些结构屈曲相当快但是屈曲的程度很小，而有些结构需要很长的时间才能屈曲且挠度很大，为此定义了一个与屈曲值成正比、与达到屈曲时间成反比的值来比较更一般的屈曲倾向，如图 6-12（c）所示。

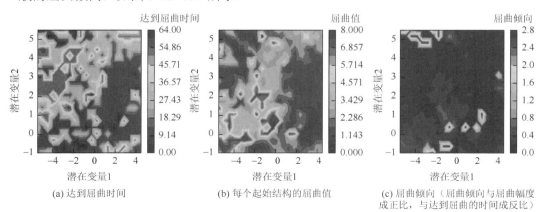

(a) 达到屈曲时间　　　　　　　　(b) 每个起始结构的屈曲值　　　　　(c) 屈曲倾向（屈曲倾向与屈曲幅度成正比，与达到屈曲的时间成反比）

  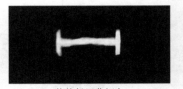

最高屈曲倾向　　　　　　　　　　最低屈曲倾向　　　　　　　　　　传统低屈曲倾向

(d) 最高屈曲倾向结构　　　　　　(e) 最低屈曲倾向结构　　　　　　(f) 低屈曲倾向的常规结构

图 6-12　长短期记忆模型预测潜在空间中任意点在压缩过程中的演变[3]

比较图 6-12（d）～图 6-12（f）可知，长短期记忆模型在预测具有较高屈曲倾向的结构时将很快发生灾难性的破坏，而预测具有较低屈曲倾向的结构时则只发生轻微的偏转。

DeepBuckle 人工智能驱动方法有望应用于快速表征和预测结构屈曲，未来还可以结合其他编码器架构，如对抗网络，进行改进或扩展。

本节介绍了基于深度学习的多种方法用于固体结构变形的快速预测。首先，通过深度卷积神经网络模型预测复合材料的工艺诱导变形，并与有限元分析结果对比，验证了机器学习模型的准确性。其次，利用生成对抗网络和卷积神经网络结合的方法，对加筋板的三维变形进行准确快速预测。最后，结合变分自编码器和长短期记忆网络，建立了对梁屈曲的直接预测模型。所有方法均通过实验验证，证明机器学习模型在复杂结构变形预测中的精确性和高效性。

6.2　基于机器学习的工程结构疲劳分析

第 5 章讨论了基于机器学习的固体材料疲劳寿命预测方法，但并没有涉及结构构件的疲劳寿命预测问题。因此，本节关注机器学习方法在工程结构疲劳分析方面的应用。首先，介绍基于深度学习进行激光粉末床融合 AlSi10Mg 缺口试样疲劳寿命的预测[6]；然后，介绍通过机器学习来预测各种聚合物薄膜的弯曲疲劳寿命[7]；最后，介绍基于机器学习的高强度螺栓疲劳寿命预测方法[8]。

6.2.1　基于深度学习的激光粉末床融合 AlSi10Mg 缺口试样疲劳寿命预测

激光粉末床熔融（laser powder bed fusion，LPBF）作为广泛采用的增材制造技术之一，由于其分层性质以及在原料沉积过程中涉及的复杂物理现象，这些部件本质上具有多种内部和表面缺陷[9-10]。通常而言，金属 LPBF 材料的微观结构呈各向异性，并具有各种复杂的内部缺陷，这些缺陷对材料的力学和疲劳性能产生不利影响，使得 LPBF 结构的疲劳寿命预测面临挑战。考虑到增材制造材料存在极不规则形态的粗糙表面及其对材料疲劳的不利影响，通常采用化学和机械表面处理等方法加以解决。目前基于人工智能的替代方法，如神经网络，在预测、优化和分析各种科学和工程领域的不同复杂现象方面已表现出强大的能力。神经网络也被广泛应用于增材制造领域，特别是在疲劳行为的预测和分析方面。本节基于 Maleki 等[6]的工作，通过开发不同类型的神经网络，包括浅层神经网络（shallow neural network，SNN）、深度神经网络（deep neural network，DNN）

和堆叠自编码器分配深度神经网络（stacked autoencoder distributing deep neural network，SADNN），对处理后的、缺口试样的疲劳寿命进行预测。

1. 机器学习模型

如文献[11]所述，神经网络已被用于具有不同有效参数的非线性过程的建模和分析。图 6-13（a）展示了分别输入 r 和 s 个输入值 p 和输出参数 a 的单层神经网络结构示意图，

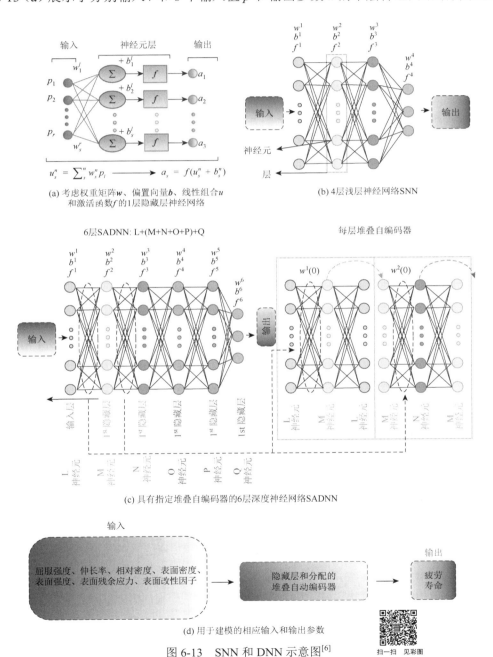

$$u_s^n = \sum_s^n w_s^n p_i \longrightarrow a_s = f(u_s^n + b_s^n)$$

(a) 考虑权重矩阵 w、偏置向量 b、线性组合 u 和激活函数 f 的 1 层隐藏层神经网络

(b) 4 层浅层神经网络 SNN

6层SADNN: L+(M+N+O+P)+Q　　　　　　　　每层堆叠自编码器

(c) 具有指定堆叠自编码器的 6 层深度神经网络 SADNN

输入：屈服强度、伸长率、相对密度、表面密度、表面强度、表面残余应力、表面改性因子　→　隐藏层和分配的堆叠自动编码器　→　输出 疲劳寿命

(d) 用于建模的相应输入和输出参数

图 6-13　SNN 和 DNN 示意图[6]

扫一扫　见彩图

以及相应的权重矩阵 w、偏置向量 b、线性组合 u 和激活函数 f，具体详见第 2 章 2.1.2 节。通过试错法开发不同的 SNN 和 DNN，以获取性能最优的神经网络。80%的数据集（19 个样本）用于训练，剩下的 20%（5 个样本）用于测试已训练的网络。此外，使用随机函数选择训练和测试步骤的数据。根据预测结果的准确性来确定网络的性能，并通过决定系数（R^2）进行评估。R^2 的数学计算详见第 2 章公式（2-26）。

图 6-13（b）和图 6-13（c）分别展示了具有两个隐藏层的典型 SNN 和 SADNN 架构的示意图，详细情形参见文献[12]。

在神经网络模型构建之前，研究了 4 种不同的后处理方法[包括热处理（heat treatment，HT）、喷丸强化（shot peening，SP）和电化学抛光（electrochemical polishing，ECP）以及混合处理组合]对 LPBF V 型缺口 AlSi10Mg 样品的微观结构、力学性能和疲劳行为的影响。在此基础上，排列组合（考虑单独的样品和后处理方式）得到 8 组样本，用以研究每种后处理方法的单独影响及其混合条件的影响。图 6-13（d）显示了已开发网络考虑的输入，包括表面粗糙度、表面改性因子、表面硬度、表面残余应力、相对密度、屈服强度和伸长率，疲劳寿命被视为所开发网络的输出。在获得精度最高、性能最佳的神经网络结构后，生成由权值和偏置值组成的网络模型函数，用于进一步的参数化和灵敏度分析。

通过人工神经网络进行建模时，输入数据在反馈到网络之前应进行归一化。标准的归一化方法之一是将每个输入参数的值除以对应数据集中的最大值，该部分的内容参见第 2 章 2.2.1 节。如此，网络的所有数据均处于 0～1 的范围内。因此，为了研究表面改性因子，考虑范围为 0～1 的数值准则来描述每种处理后表面质量的提升情况（图 6-14）。

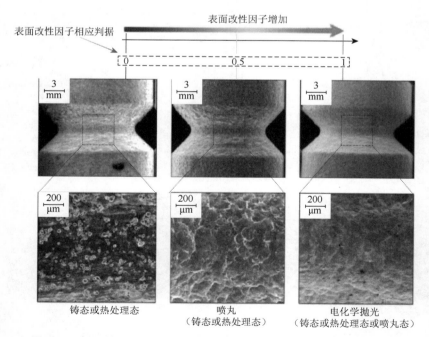

图 6-14　不同样品的表面形貌及采用新准则作为表面改性因子的情况[6]

2. 结果分析与总结

在获取实验结果后，根据考虑的输入和输出参数进行排列，采用不同的神经网络来模拟缺口 LPBF AlSi10Mg 试样的疲劳行为。为了获得具有最高性能和效率的神经网络结构，对几种不同结构和网络参数的网络，包括 SNN、DNN 和 SADNN，进行了评估和比较。从具有 1 层和 2 层隐含层的 SNN 中获取疲劳寿命输出参数的结果精度与每层神经元数量的函数关系，如图 6-15（a）所示。可以看出，通过增加每个考虑层的神经元数量，SNN 的准确性得到了提高。

图 6-15（b）比较了使用 SNN、DNN 和 SADNN 估计疲劳寿命的精度。在所有已开发的网络中，输入层和输出层分别使用了 7 个和 1 个神经元。此外，在所有情况下的学习率保持为 0.185，并在隐藏层和输出层均使用对数 Sigmoid 激活函数。结果表明，结构为 7 +（24 + 20 + 10 + 4）+ 1 的 SADNN 在所有已开发的神经网络中表现出最高的性能，在训练和测试过程中的准确率分别为 0.99 和 0.96。此外，可以看出，通过增加神经网络的深度（增加层数），准确率也得到了提高，使用堆叠自编码器的预训练过程可以显著提高 SADNN 的性能。

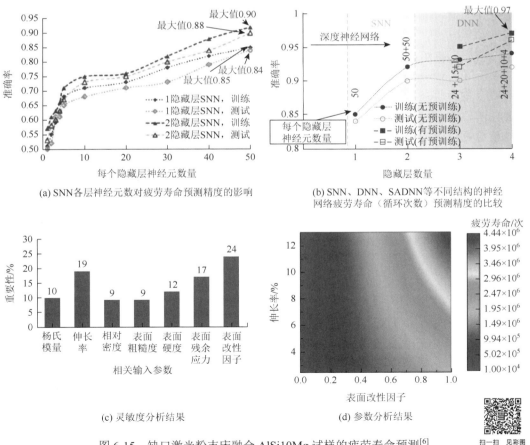

(a) SNN各层神经元数对疲劳寿命预测精度的影响

(b) SNN、DNN、SADNN等不同结构的神经
网络疲劳寿命（循环次数）预测精度的比较

(c) 灵敏度分析结果

(d) 参数分析结果

图 6-15　缺口激光粉末床融合 AlSi10Mg 试样的疲劳寿命预测[6]

验证构建的 SADNN 的高性能后，生成相应的模型函数用于灵敏度和参数分析，以评估各输入参数对 LPBF AlSi10Mg 缺口试样疲劳行为的影响。图 6-15（c）描述了灵敏度分析的结果。分析表明，所建立的 SADNN 的所有输入参数都直接影响其疲劳行为。疲劳行为对表面改性因子更为敏感，因为大多数疲劳失效始于材料表面，其次分别是伸长率、表面残余应力、表面硬度、杨氏模量和表面粗糙度及相对密度。在参数分析时考虑表面改性因子和材料伸长率这两个最重要的输入参数（通过灵敏度分析得到）。对于每一个参数都考虑了实验数据的整个区间，以达到参数分析的一般情况。图 6-15（d）是以表面改性因子和伸长率为参数进行疲劳行为分析的二维轮廓图。可以看出，通过喷丸强化，特别是电化学抛光来提高表面改性因子，以及通过热处理来提高材料的伸长率和延展性，LPBF AlSi10Mg 缺口试样的疲劳性能均得到了提高。

采用深度学习方法，通过人工神经网络对疲劳行为进行建模。该网络以表面粗糙度、表面改性因子、表面硬度、表面残余应力、相对密度、杨氏模量和伸长率为输入，以疲劳寿命为输出。通过开发不同的 SNN、DNN 和 SADNN 神经网络进行神经网络建模。比较已发展网络获得输出的准确性表明，预训练的 SADNN 表现出最高的性能。敏感性分析表明，提高疲劳寿命的重要性因素依次为伸长率、表面残余应力、表面硬度、表面粗糙度和相对密度。基于人工智能的方法，如堆叠自动编码器，可作为分析增材制造结构疲劳行为的强大工具。

6.2.2 基于随机森林的薄膜弯曲疲劳寿命预测

聚合物薄膜被广泛用作柔性器件的基材，具有各种特性，如透明度、尺寸稳定性和抗循环弯曲的机械耐久性。循环弯曲会引起疲劳，包括裂纹萌生、裂纹扩展和断裂[13]。预测聚合物薄膜的弯曲疲劳寿命对于选择或设计适合柔性器件应用的聚合物薄膜基材至关重要。然而，目前尚无理论模型可以准确地预测聚合物薄膜在循环弯曲下的疲劳寿命，因为弯曲涉及比单轴拉伸更复杂的变形行为，而且聚合物薄膜的复杂高阶结构与弯曲疲劳之间的关系尚不清楚。因此，理论性地预测弯曲疲劳寿命具有挑战性，通常需要依赖实验方法获得 S-N 曲线，而疲劳试验的耗时性以及实验条件变化时须重建 S-N 曲线的缺点亦不容忽视。机器学习作为一种加速理解材料特性和设计功能材料的方法，在材料科学的材料信息学领域正受到广泛关注。这些方法已经应用于预测材料的电导率[14]、形态[15]、强度[16-17]等性能，同时应用于预测单轴变形材料的疲劳寿命。本节基于 Kishino 等[7]的工作，介绍基于随机森林（RF）模型预测聚合物薄膜的弯曲疲劳寿命，为开发适用于机械耐久性柔性器件的基材提供新的思路。

1. 机器学习模型

随机森林是一种监督学习算法，通过构建多个决策树进行集成学习（详细叙述参考第 2 章 2.1.1 节）。数据集的输入特征包括力学特性、薄膜尺寸、弯曲速度和弯曲角度，预测值为对应的疲劳寿命（对薄膜进行三次以上的疲劳试验，并使用两个数值接近的疲劳寿命进行机器学习）。首先，数据集被随机分成 80% 和 20%，分别用作训练数据和测试数据。

接下来，通过网格搜索和 5 次折叠交叉验证来对机器学习模型的超参数进行优化，以提高模型的准确性。网格搜索有助于为机器学习模型找到最佳的超参数组合，而交叉验证则通过以下步骤来估计机器学习模型的性能：首先将数据划分成固定数量的数据组（人为设定为 5），然后对每个数据组进行分析，最后通过平均总体误差来估计模型性能。在进行超参数优化后，利用经过训练的机器学习模型来预测测试数据和新数据的疲劳寿命。

为了减少随机误差和系统偏差的影响，学习过程用不同的训练和测试数据重复了 100 次，并采用平均绝对百分比误差（MAPE）和决定系数（R^2）对模型的预测精度进行评价。MAPE 提供了以百分比表示的预测误差的直接结果，而不考虑数据规模。MAPE 越低，预测越准确。R^2 值显示预测数据与测量数据的近似程度。R^2 越接近 1，预测越好。采用线性回归（LR）和随机森林（RF）作为模型预测疲劳寿命的机器学习模型。LR 和 RF 的相关描述见第 2 章 2.1.1 节。需要注意的是，线性回归和随机森林模型均是基于 Scikit-learn 开源软件包来实现。

由实验测得聚合物的力学性能，发现对于聚氯乙烯（PVC）和聚苯乙烯（PS），平行主链取向的聚合物薄膜比垂直主链取向的聚合物薄膜具有更高的杨氏模量和断裂应力。相反，垂直主链取向聚合物薄膜的断裂应变大于平行主链取向聚合物薄膜的断裂应变。屈服应变、屈服应力和韧性与主链取向没有很强的相关性。一共收集了 152 例不同测试条件下不同聚合物薄膜的疲劳寿命数据，并将该数据作为机器学习模型的输出参数，用于模型构建。需要注意的是，厚度、弯曲角度和弯曲速度对疲劳寿命的影响随聚合物结构的不同而不同。

在应用机器学习之前，对特征进行选择以避免因特征的高度相关性而干扰其重要性的预测和计算。每个特征的 Pearson 相关性（ρ_{xy}）的数学表述可见第 2 章公式（2-20）。相关性显示为图 6-16 中的热图，其中颜色表示相关性的大小。从中可以发现杨氏模量、屈服应力、断裂应力和疲劳寿命高度相关（>0.90）。

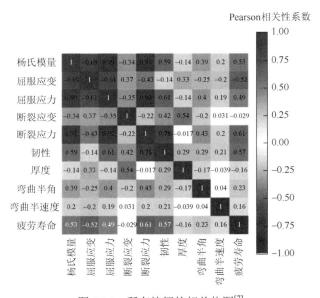

图 6-16　所有特征的相关热图[7]

注：暖色和冷色分别表示正相关和负相关

表 6-2 列出了为机器学习模型选择的特征。输入参数为屈服应力、韧性、厚度、弯曲半角和弯曲半速度，输出参数为疲劳寿命。由于预测精度降低，从输入参数中去掉了屈服应变和断裂应变。

表 6-2　机器学习模型选择的特征[7]

编号	特征	编号	特征
X_1	屈服应力/MPa	X_4	弯曲半角/(°)
X_2	韧性/(MJ/m³)	X_5	弯曲半速度/(°/s)
X_3	厚度/μm	y	疲劳寿命

2. 结果分析与总结

利用 LR 模型对聚合物薄膜的弯曲疲劳寿命进行了预测。图 6-17 显示了训练和测试数据的预测结果。可以看出，图中的数据点远离作为精度参考的虚线（$y = x$）。训练数据和测试数据的 MAPE 分别为 95.2%±1.09% 和 102%±3.58%，R^2 值分别为 0.165±0.0240 和−0.328±0.293。结果表明，LR 模型不能预测弯曲聚合物的疲劳寿命，即变量之间存在非线性关系。

因此，利用 RF 模型预测弯曲聚合物薄膜的疲劳寿命，该模型可以处理变量之间的非线性关系。通过 5 次折叠交叉验证的网格搜索优化 RF 模型的超参数（图 6-18）。考虑到网格搜索的结果，采用深度值为 15，树的数量为 50 的 RF 模型。利用训练数据对优化后的 RF 模型进行训练。

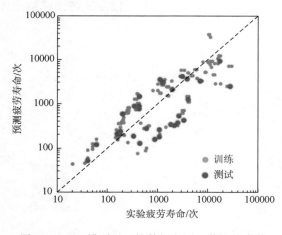

图 6-17　LR 模型对训练数据和测试数据的疲劳
寿命（循环次数）预测结果[7]

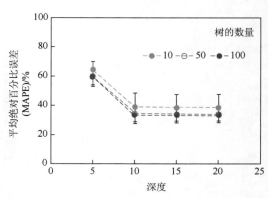

图 6-18　RF 模型的 MAPE 与不同决策树数量
深度的函数关系[7]

训练好的 RF 模型对测试样本的疲劳寿命进行了较好的预测。如图 6-19 所示，在参考线附近可以观察到，测试数据的 MAPE 和 R^2 值分别为 22.3%±0.235% 和 0.892±0.0272，表明 RF 模型的预测效果明显优于 LR 模型。此外，100 次预测的计算速度得相当快（小于 1 分钟）。这一结果表明，RF 模型可以准确快速地预测弯曲聚合物薄膜的疲劳寿命。

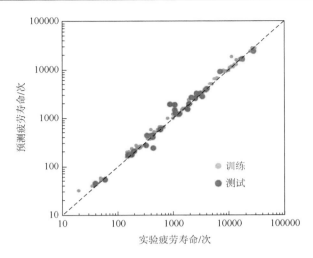

图 6-19　基于 RF 模型利用训练数据和试验数据对疲劳寿命（循环次数）进行预测的结果[7]

使用 RF 模型预测具有半弯曲角（62.5°和 82.5°）和半弯曲速度（135°/s 和 285°/s）的弯曲聚合物的疲劳寿命（图 6-20），对这些新数据的疲劳寿命的预测精度分别是 MAPE 为 29.2%±1.62%，R^2 为 0.660±0.0119，证实了 RF 模型的泛化能力。而对于较高疲劳寿命数据的误差大于低疲劳寿命数据误差，因此需要扩展更多的较高疲劳寿命数据来进一步提高模型的精度。从图 6-21 中也可以发现这个问题，图 6-21（a）和图 6-21（b）分别为聚氯乙烯膜和聚苯乙烯膜的预测结果。RF 模型能较好地预测聚氯乙烯膜材料的疲劳寿命（MAPE 为 27.6%±1.21%，R^2 为 0.748±0.0066）。但其对聚苯乙烯膜疲劳寿命的预测并不理想（MAPE 为 48.5%±0.461%，R^2 为−0.271±0.0161）。这种低精度的预测归因于聚苯乙烯比聚氯乙烯膜表现出更长的疲劳寿命，尽管它们的力学性能在应力-应变方面十分相似。

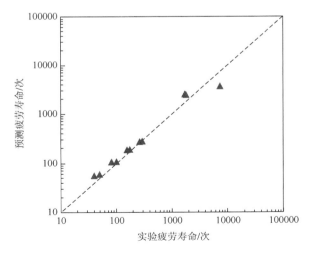

图 6-20　用 RF 模型对新的弯曲半角和弯曲半速度数据进行疲劳寿命（循环次数）预测的结果[7]

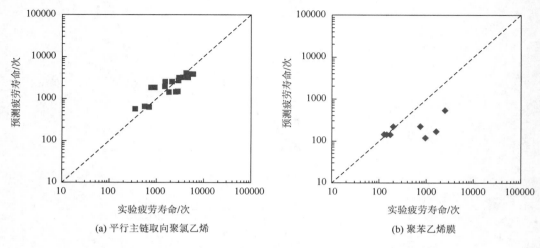

(a) 平行主链取向聚氯乙烯　　　　　　　　(b) 聚苯乙烯膜

图 6-21　基于 RF 模型对新数据的疲劳寿命（循环次数）预测的结果[7]

图 6-22 总结了使用 RF 模型进行每次预测的 MAPE 和 R^2。RF 模型成功地预测了各种弯曲聚合物薄膜的疲劳寿命，但聚苯乙烯膜的疲劳寿命可能超出了模型的范围。此外，RF 模型可以根据试验条件和聚合物结构的变化准确预测对应的疲劳寿命。因此，机器学习是准确、高效预测弯曲聚合物疲劳寿命的有效工具。

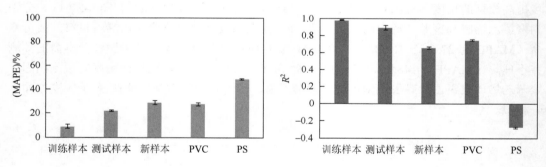

图 6-22　RF 模型预测的 MAPE 和 $R^{2[7]}$

最后，还通过计算 RF 模型的排列重要度，估计了影响弯曲聚合物膜疲劳寿命的主要参数。排列重要性定义为每个特征排列时训练模型的准确率下降的平均值，计算方法如下：

$$i_j = s - \frac{1}{B}\sum_{b=1}^{B} s_{b,j} \tag{6-1}$$

式中，i 为特征 j 的重要性；s 为排列前模型的参考分数；$s_{b,j}$ 为排列 j 后模型的分数；B 为重复次数。在本例中，使用 R^2 作为分数计算五次排列重要性。因此，韧性、厚度和屈服应力在 RF 模型的预测中表现出相对较高的重要性，如图 6-23。值得注意的是，韧性和屈服应力直接反映了聚合物的机械强度。因此，具有更高的韧性和屈服应力就会具有更长的疲劳寿命[12, 17]。

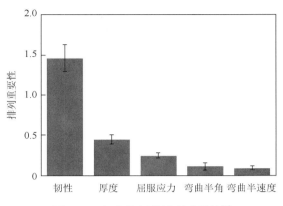

图 6-23　每个特征的排列重要性[7]

本节利用易于测量的输入参数，通过机器学习成功预测了弯曲聚合物薄膜的疲劳寿命。RF 模型具有较高的预测精度，测试数据的 MAPE 为 22.3%。此外，RF 模型还可预测用于模型构建数据之外的新数据的疲劳寿命。除了预测之外，机器学习还提供了弯曲聚合物疲劳寿命的重要因素排序，有助于了解疲劳机制并设计具有高机械耐久性的聚合物薄膜。通过机器学习进行高精度和高效率的疲劳寿命预测，为开发具有机械耐用性的柔性器件的基材提供了重要支持。

6.2.3　基于机器学习的高强度螺栓疲劳寿命分析

高强度螺栓因其出色的力学性能而在钢结构中得到广泛应用，其在循环荷载下的疲劳破坏是钢结构主要的损伤形式[18]。因此，高强度螺栓的疲劳性能成为钢结构设计中重要的考虑因素。与 6.2.2 节类似，研究高强度螺栓的疲劳寿命通常需要进行疲劳试验，获取相应数据后绘制螺栓的 *S-N* 曲线，以揭示应力幅值与疲劳寿命的关系。同时，通过电镜观察试样疲劳断口形貌，以了解其与加载历史的关系。有限元模型可分析高强度螺栓的应力集中情况，确定疲劳破坏位置。随着人工智能和交叉学科的发展，机器学习理论在材料科学疲劳寿命计算中得到了广泛的应用。机器学习模型可以综合考虑多种因素，利用数据驱动的方法得到螺栓的疲劳寿命性能。本节针对一组高强度螺栓疲劳寿命数据集进行研究[8]，螺栓的几何特征和应力状态作为输入特征，疲劳寿命作为输出标签。此外，将 30%的疲劳测试数据作为测试集进行分离，以比较机器学习模型预测的结果。共计 6 种不同类别的机器学习模型被用于螺栓疲劳数据集的寿命预测，并通过比较 Shapley 值确定了高强度螺栓疲劳寿命最不利的因素组合。

1. 机器学习模型

数据集是建立机器学习模型的基础。本书经过文献调研收集了 184 组高强度螺栓的疲劳实验数据（10.9 级钢结构高强螺栓，原材料为 40Cr），每组数据记录了螺栓的几何特征和实验过程的应力条件。螺栓疲劳寿命数据集的数据分布如表 6-3 所示。在训练过程中随机抽取数据集的 30%作为测试集，以评估模型的预测性能。

表 6-3　高强螺栓的疲劳测试数据分布[8]

直径	规格	样本数量	直径	规格	样本数量
M20[19]	大六角头型	18	M27[24]	大六角头型	8
M20[20]	扭转剪切型	10	M30[18]	大六角头型	14
M22[21]	大六角头型	7	M30[25]	大六角头型	37
M24[22]	大六角头型	14	M39[26]	大六角头型	24
M24[23]	扭转剪切型	25	M60[27]	大六角头型	27

注：样本数量合计为 184

　　输入特征中的几何特征包括螺栓的直径 D 和螺栓的型号 M，应力状态包括应力幅值 SA、加载频率 F、最大加载载荷 MAXF 和最小加载载荷 MINF。为比较得到预测高强度螺栓疲劳寿命的最佳机器学习模型，选择 6 种不同的机器学习模型对数据集进行训练。这些机器学习模型包括支持向量机（SVM））、k 近邻（KNN）、随机森林（RF）、回归树集成（ERT）、梯度提升决策树（GBDT）和极限梯度提升（XGBoost）。其中 RF、ERT、GBDT 和 XGBoost 是基于决策树的集成算法。SVM 是一种二元分类模型，该模型将实例的特征向量映射为空间中的点，目标是用一条线对这些点进行分类，当有新的点出现时这条线可以随时进行更新。KNN 是一种模式识别的统计方法，如果特征空间中 k 个最邻近的样本中的大多数都属于某一类别，则该样本也属于该类别，并具有该类别样本的特征。上述所有的机器学习算法详见第 2 章 2.1 节。

　　在预测任务中，衡量模型输出值与实际值之间误差的指标有 3 个，即均方误差（mean square error，MSE）、平均绝对误差（mean absolute error，MAE）和 R^2，具体可见第 2 章 2.2.3 节。为了对机器模型进行可解释性的探究，Lundberg 等[28]提出的 SHAP 方法基于附加特征属性计算输入特征对输出标签的贡献值，以此确定哪些因素将对预测目标产生积极的影响。超参数调优是控制机器学习模型训练性能的关键步骤，直接影响模型的最终输出。以 XGBoost 为例，通过调整其中的 7 个重要参数来优化模型性能，包括：学习率（Learning_rate）、最大树深（Max depth）、决策树个数（N_estimators）、节点样本最小值（Min_child_weight）、2 个正则权重（Reg_alpha 和 Reg_lambda）和防止过拟合参数（eta）。采用遗传算法进行迭代优化，表 6-4 展示了 7 个参数的取值范围及最优参数值。图 6-24 清晰展示了平均目标函数值和个体目标函数值随迭代进化的变化情况，R^2 值在 10 次迭代内迅速增加，直到 20 次迭代稳定在 0.788，这时模型的性能达到最佳状态。

表 6-4　XGBoost 超参数调试结果[8]

训练参数	搜索空间	最佳参数	训练参数	搜索空间	最佳参数
Learning_rate	[0.01, 1]	0.77	Reg_alpha	[0, 10]	0
Max_depth	[2, 40]	8	Reg_lambda	[0, 10]	2
N_estimators	[10, 1000]	935	eta	[0.1, 1]	0.74
Min_child_weight	[1, 10]	1			

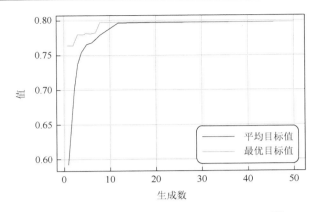

图 6-24　在 XGBoost 训练过程中的学习曲线[8]

2. 结果分析与总结

表 6-5 显示了用于预测高强度螺栓疲劳寿命的六种不同机器学习模型的性能。四种基于决策树的机器学习模型（RF、ERT、GBDT 和 XGBoost）具有明显的优势。其中，XGBoost 模型的评价指标最好，测试集和训练集的 R^2 分别为 0.881 和 0.788。训练集的 R^2 值略大于测试集的 R^2 值，说明该模型在训练集中表现较好。同时，两个值相差不大，说明模型没有过拟合。此外，XGBoost 误差是所有选定模型中最小的。SVM 和 KNN 在该预测任务中表现不佳，测试集的 R^2 小于 0.6。

表 6-5　用于预测高强度螺栓疲劳寿命的六种不同机器学习模型的性能[8]

参数项	SVM		KNN		RF		ERT		GBDT		XGBoost	
	训练集	测试集	训练集	测试集	训练集	测试集	训练集	测试集	训练集	测试集	训练集	测试集
MSE	0.142	0.124	0.077	0.105	0.041	0.076	0.071	0.072	0.049	0.073	0.027	0.055
MAE	0.284	0.265	0.196	0.242	0.131	0.206	0.188	0.201	0.150	0.199	0.089	0.165
R^2	0.374	0.506	0.661	0.581	0.822	0.697	0.685	0.714	0.781	0.711	0.881	0.788

通过将机器学习得到的疲劳寿命预测结果与试验数据进行比较，评价机器学习模型在疲劳寿命预测方面的性能。首先，观察图 6-25 中试验集输出疲劳寿命与试验结果的离散关系。在图 6-25（a）中，我们可以看到 SVM 预测结果中有 3 个点落在 3 倍误差带之外，同时有 5 个点落在 2 倍误差带之外。这表明，SVM 模型的预测结果存在较大的离散性。另外，该模型呈现明显的预测偏差，特别是在疲劳试验值 105.75 的极限情况下，SVM 模型的预测值明显高于真实值，而在实际疲劳寿命高于 105.75 时，预测结果则低于真实值。这说明 SVM 模型在较低疲劳寿命水平下高估高强度螺栓的疲劳寿命，反之亦然。同样，在 KNN 模型中 [图 6-25（b）] 也可以观察到较大的离散性和预测偏差。针对 GBDT、ERT 和 RF 模型 [图 6-25（c）～（e）]，发现只有一个点超过了 3 倍误差带，而几乎所有点都在 2 倍误差带内，这说明三种模型的预测值具有较好的离散性。值得注意的是，GBDT 和 ERT 模型在实际寿命时的预测偏差约为 105.5，而 RF 模型的偏差约为 106.1，略高于

该值。此外，RF 模型对高强度螺栓疲劳寿命的预测偏向保守。当疲劳寿命小于该值时，对比值均匀分布在 $y=x$ 两侧，说明预测结果与试验结果基本一致。最后，从图 6-25（f）可以看出，XGBoost 的预测性能最好，所有点均在 3 个误差线以内，且有 2 个点在 2～3 倍误差带之间，表现出极佳的相关性。同时，疲劳数据点均匀分布在 $y=x$ 线两侧，几乎不存在预测偏差，仅当疲劳寿命大于 106.4 时，极少数螺栓的疲劳寿命才会被低估。综上所述，XGBoost 模型能够较为准确地预测高强度螺栓的疲劳寿命。

与传统的高强度螺栓的 $S\text{-}N$ 曲线拟合方法相比，机器学习得到的结果具有两个优点。首先，预测值的误差较小。在研究 M30 高强螺栓的疲劳寿命时，得到了 M30 高强螺栓的 $S\text{-}N$ 曲线，并给出了基于 2 倍疲劳寿命误差带的寿命预测分布情况。虽然疲劳寿命值的分布是离散的，但机器学习模型得到的具体值更接近真实值。其次，机器学习方法更加全面。在高强度螺栓的 $S\text{-}N$ 曲线中，常表示单因素与螺栓疲劳寿命的关系，例如，根据螺栓直径或应力比的不同，可以得到不同的 $S\text{-}N$ 曲线。机器学习模型可以统一分析不同直径的高强度螺栓的疲劳寿命，本节研究的数据集包含 7 种不同直径、4 种不同应力比的螺栓。

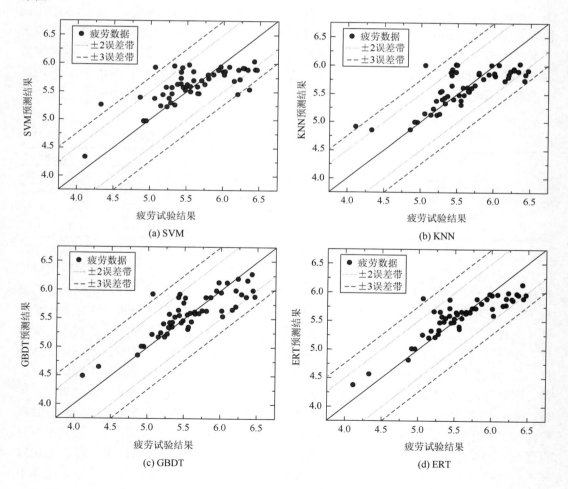

(a) SVM　　　　　　　　　　　　　　　　(b) KNN

(c) GBDT　　　　　　　　　　　　　　　(d) ERT

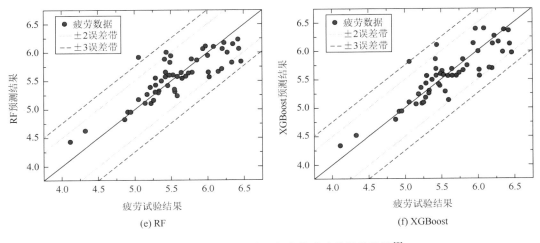

(e) RF　　　　　　　　　　　　(f) XGBoost

图 6-25　试验集预测结果与疲劳试验数据的比较[8]

　　最终，采用机器学习模型对高强度螺栓的疲劳特性进行了分析。结果发现，四种基于决策树的机器学习模型（RF、ERT、GBDT 和 XGBoost）对高强度螺栓的疲劳寿命具有良好的预测性能。其中，XGBoost 的预测水平最好，训练集的 R^2 值为 0.883，测试集的 R^2 值为 0.774。同时，该模型的预测结果也优于传统的断裂力学方法。除了 XGBoost 模型外，机器学习模型通常会低估高强度螺栓在较高疲劳寿命水平下的疲劳行为。然而，本节研究仍有一些局限性。例如，高强度螺栓数据集不够广泛，应进行更多的疲劳试验，考虑应力集中、初始缺陷、频率变化、环境温度等因素的影响，以获得更全面的分析结果。

　　本节探讨了机器学习在工程结构疲劳寿命预测中的应用。采用深度神经网络预测了增材制造 AlSi10Mg 缺口试样的疲劳寿命。研究表明，预训练的堆叠自编码器模型在疲劳寿命预测中的精度显著提升。使用随机森林算法对聚合物薄膜的弯曲疲劳寿命进行预测，模型结合了薄膜的力学性能、几何尺寸、弯曲速度等输入变量，结果表现出良好的预测性能。此外，针对高强度螺栓的疲劳寿命预测，研究同样采用了机器学习方法，模型结合螺栓的材料特性和应力水平等参数，在预测螺栓的疲劳行为时表现出优异的性能。通过不同算法的对比，本节展示了机器学习在结构疲劳寿命预测中的强大潜力和实用性。

6.3　基于机器学习的工程结构断裂分析

　　本节关注机器学习在工程结构断裂中的应用。首先基于 Bayar 和 Bilir[29]提出的机器学习算法测量、监测和预测裂纹的宽度、长度、深度、模式和几何形状。然后介绍 Zhang 等[30]提出的基于计算机视觉和机器学习方法，通过有机的力学响应激活发光方法（mechanoresponsive luminogen，MRL）对疲劳裂纹检测进行实时和可视化监测。最终介绍 Perry 等[31]提出的一种高效、自动化的钢结构评估方案，通过集成基于 U-Net 的裂纹检测和基于断裂力学的代理模型来估计钢结构的应力强度因子。

6.3.1　基于数字图像处理和机器学习的混凝土裂纹扩展预测

混凝土出现裂缝的原因包括自重、结构荷载、物理和化学效应、不同的收缩效应、地震或洪水等环境病害等。此外，裂纹会让水或其他化学品和材料进入混凝土，从而导致结构和耐久性问题。裂纹会在这些复杂条件的共同作用下萌生和扩展，最终可能发生混凝土或混凝土结构的破坏失效。此外，对于旧结构、基础设施和建筑物的耐久性、结构安全性和使用寿命的检查和预防措施是非常重要的。裂纹形态的尺寸和扩展是耐久性问题最重要的两个指标。一方面，人工测量和检查依赖于劳动力和检查员的技能，成本高昂且不准确；另一方面，自动化技术包括数字图像方法和建模方法被广泛应用于对混凝土表面裂纹宽度、裂纹长度、裂纹形态等进行评估，然而自动化技术也可能导致高成本、高技术和长耗时的问题。机器学习结合工程实例的自动化技术目前受到广泛关注，本节介绍 Bayar 和 Bilir[29] 提出的机器学习算法，用来测量、监测和预测裂纹的宽度、长度、深度、模式和几何形状。

1. 机器学习模型

本节研究的目的是根据数字图像处理（digital image processing，DIP）和 Voronoi 图[32] 开发出一种基于机器学习的建模方法，用于估算与前一条裂纹的几何形状和尺寸相关的下一条裂纹的几何形状和尺寸。Voronoi 图目前被广泛应用于计算几何、预测趋势、自动化控制、表面建模等领域，该方法的目标是在工作空间中随机建立点集，并得到这些点集之间的距离，整个集合即 Voronoi 图，具体的算法原理可见第 2 章 2.2.1 节。生成 Voronoi 图的方法可以使用图 6-26 进行说明，假设给出一组点并指定了其中两个点 A 和 B，目标是找出从 A 点到 B 点的最佳路径。在此情况下生成的 Voronoi 图如图 6-27 所示，其中一个单元和组成单元的边分别用红色区域和蓝色线条表示，每个顶点用蓝色点表示。图 6-27 中的每个点都位于一条边内，进而产生单元并且组成单元格。

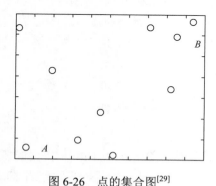

图 6-26　点的集合图[29]

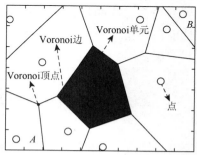

图 6-27　生成的 Voronoi 图[29]

扫一扫　见彩图

预测系统的原理如图 6-28 所示。相机作为输入设备，提供裂纹形态的图像。图像处理算法通过计算系统确定裂纹的几何形状。裂纹的几何形状是基于 Voronoi 图的机器学习算法的基础。通过对 Voronoi 图方法和学习算法进行数学计算，可以对裂纹的扩展进行预测。当在预定频率下拍摄的图像数量增加时，预测系统的性能和精度都将得到提高。

Voronoi 图的数据结构包括点、边和单元的集合。数据类型也应该使用点、边和单元来定义（图 6-27）。Voronoi 图的构建步骤和预测算法的工作原理如下：

（1）Voronoi 图初始含有的点集为 $\{x_1, \cdots, x_i\}$，接着在系统中增加第 x_{i+1} 点。

（2）通过运行搜索算法获得与 x_{i+1} 最接近的点 $x_j(1 \leqslant j \leqslant i)$。在探索到所有可能的点后，设置这些点所在的区域为边界区域。

（3）利用探索中得到的结果对初始 Voronoi 图进行剪枝。

上述步骤提供了一个识别裂纹几何特征并在每个步骤中构建基于机器学习的图像环境。通过这种方式，可监测裂纹的几何形状，并估计裂纹的扩展。此外，由于使用的是随机裂纹照片，所以裂纹几何形状的预测与混凝土试件的尺寸无关。

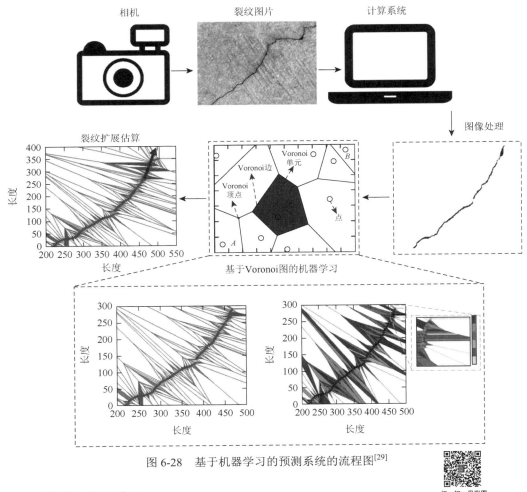

图 6-28　基于机器学习的预测系统的流程图[29]

扫一扫　见彩图

2. 结果分析与总结

采用机器学习算法在真实的混凝土裂纹上进行了测试，如图 6-29（a）所示。通过将整个裂纹照片分成 12 张局部照片来观察裂纹的扩展情况［图 6-29（b）、图 6-30］，分析每个图像并估计裂纹的方向，然后分析对应的下一张图像，并将裂纹的真实方向与估计方向进行比较。这样就完成了学习结构的验证，并确定了预测算法对裂纹未来的预测程度。

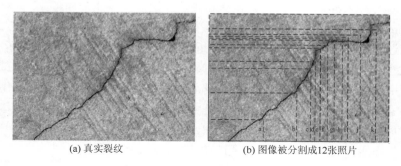

(a) 真实裂纹　　　　　　　　　(b) 图像被分割成12张照片

图 6-29　基于机器学习算法的裂纹预测[29]

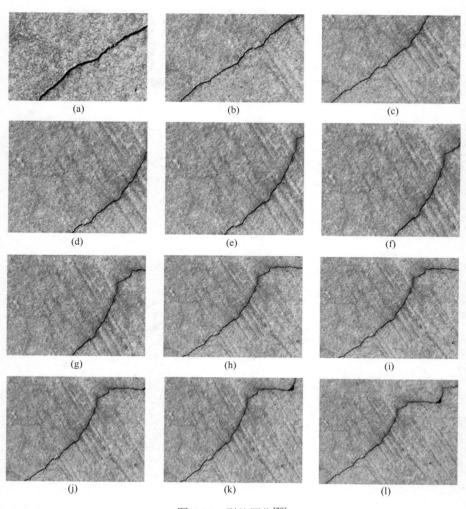

图 6-30　裂纹图像[29]

图 6-30（a）所示第一部分图像处理分析如图 6-31 所示，图 6-31（a）是对应的真实裂纹照片，随后从真实图像中提取出裂纹［图 6-31（b）］，过滤［图 6-31（c）］并去除噪点［图 6-31（d）］。

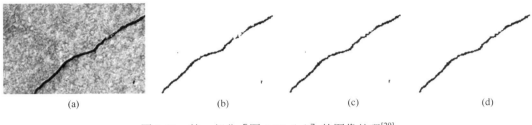

（a）　　　　　　　　（b）　　　　　　　　（c）　　　　　　　　（d）

图 6-31　第一部分［图 6-30（a）］的图像处理[29]

机器学习算法对第一部分的裂纹区域的适应情况如图 6-32（a）所示。图中显示了创建的 Voronoi 图和 Delaunay（德洛内）三角剖分图，Voronoi 图的细节也显示在放大视图中。

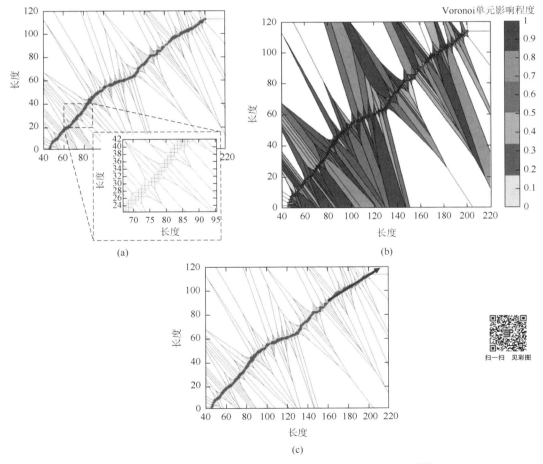

图 6-32　学习算法对裂纹部分的自适应和裂纹扩展的预测[29]

图 6-32（b）显示了每个 Voronoi 单元的影响效果，最小效果用 0 和黄色表示，最大效果用 1 和红色表示。通过分析图 6-32（b）所示的 Voronoi 图，可以得出裂纹不会改变其方向的结论，如图 6-32（c）所示。图 6-32 中的结果可以通过分析裂纹图像的下一部分来验证。机器学习算法的适应及其结果如图 6-33 所示，裂纹的扩展仍在继续，并且一直重复验证过程至第 12 部分的裂纹。

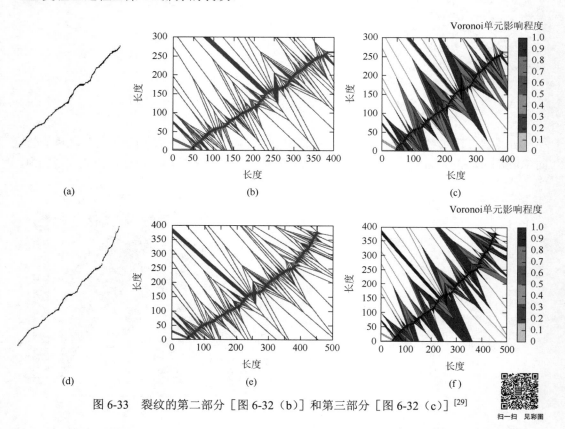

图 6-33　裂纹的第二部分［图 6-32（b）］和第三部分［图 6-32（c）］[29]

用于估计裂纹扩展而开发的算法还能够检测裂纹几何形状的厚度。裂纹厚度的结果如图 6-34 所示。为了获得裂纹厚度，在开发的算法中采用了 Canny（坎尼）边缘检测器和 Hough 变换的方法。图 6-35 显示了通过开发的算法（基于 Voronoi 的机器学习 DIP 技术）获得的裂纹几何图像的厚度信息。

在本节中，使用 Voronoi 图的机器学习算法结合 DIP 观察预测了裂纹的扩展情况。使用裂纹图片的不同部分来训练机器学习模型，发现该模型可以在裂纹扩展之前预测裂纹模式和扩展情况。这使得在健康监测应用中，预测混凝土表面裂纹成为一种简单且廉价的技术。此外，带有 Voronoi 图的机器学习算法模型可以自然地感知和估计单个裂纹的方向，它可以学习裂纹模式并使用裂纹图像对裂纹模式和扩展情况进行精确估计。因此，与其他人工智能建模技术相比，它的优势在于可以使用图像及其所有尺寸和方向直观地估计混凝土表面上的裂纹图案。这种技术可以帮助人们在裂缝出现之前就对裂缝模式进行评估，并在结构安全和结构经济问题上采取预防措施。

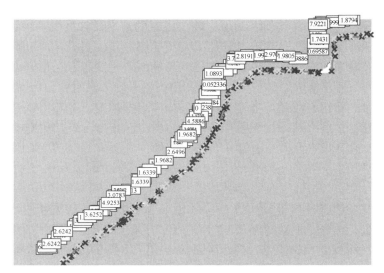

扫一扫　见彩图

图 6-34　裂纹集合形状的厚度[29]（单位：mm）

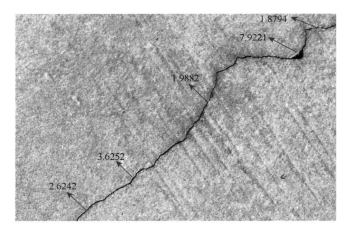

图 6-35　部分位置裂纹几何形状的厚度信息[29]（单位：mm）

6.3.2　基于机器学习的金属结构疲劳裂纹扩展检测

航空航天和汽车工业中应用了许多复杂的大型结构部件，在其服役过程中反复地交变或循环载荷容易引起疲劳断裂，因此开发实时的疲劳裂纹萌生和扩展监测方法对结构安全至关重要[33]。尽管传感器和测量系统相关的技术已经有所发展，但碍于成本高昂和测量范围有限等问题，急需全场、实时、可视化的结构健康监测方法（structural health monitoring，SHM）用于疲劳损伤评估。基于荧光的检测技术具有可视化和快速响应的优点，可用于机械响应的测量，其中荧光波长或强度可随着机械发光材料受到机械力大小而改变。疲劳损伤通常出现在材料表面，因此金属表面的诱导荧光可用来表示疲劳损伤。在计算机视觉研究领域，机器学习模型通过其提取的图像特征可以对疲劳裂纹进行检测，并已取得了良好的效果。本节介绍 Zhang 等[30]提出的基于计算机视觉和机器学习方法，通过有机的力学响应激活发光方法（MRL）对疲劳裂纹检测进行实时和可视化监测。金属中的疲劳裂纹萌生和裂纹扩展路径被转化为可见的荧光信号。在检测过程中，首先以计算机视觉作为预处理提取图像特征，然后利用机器学习方法对裂纹和非裂纹进行分类，最后在原始图像上标记裂纹部分并测量其扩展方向。根据荧光分布可确定实时的疲劳裂纹长度和疲劳裂纹扩展路径。结果表明，所提出的方法在实际应用中对于大规模和复杂结构部件的裂纹检测具有巨大的潜力。

1. 机器学习模型

机器学习模型如支持向量机（SVM）、k 近邻（KNN）、朴素贝叶斯、决策树、随机森林（RF）、集成模型、神经网络（NN）等已被广泛用于分类，相应的算法简介参见第 2 章 2.1 节。深度学习模型作为机器学习的延伸，目前已被用于裂纹检测[34]。本书采用了 7 种机器学习模型对疲劳裂纹进行检测并对每个模型进行了性能评估以选择最优模型。计算机视觉和机器学习相结合的疲劳裂纹检测和扩展路径预测方法如图 6-36 所示，包括三个步骤。

步骤 1：建立检测数据集的预处理过程，将原始图像分成若干个图像块，利用传统的图像处理方法从这些图像块中提取特征。

步骤 2：使用机器学习进行分类，即使用机器学习将块分类为裂纹和非裂纹。

步骤 3：利用分类结果进行裂纹测量，即对原始图像中的裂纹进行标记，利用裂纹的坐标来检查裂纹的扩展方向和长度。

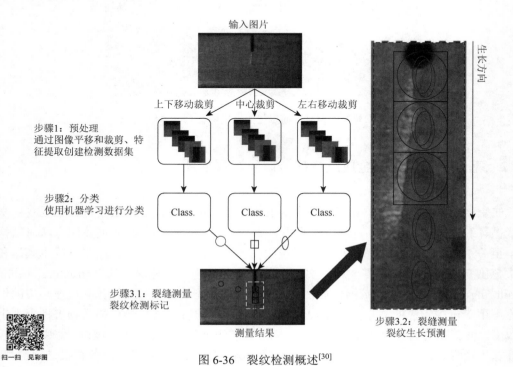

图 6-36　裂纹检测概述[30]

特征提取包括二值化、图像分离和特征像素计数。二值化之后，每张裁剪图像分别通过垂直轴和水平轴分成四个部分共计 16 张图，然后计算二值化图像中每个部分的白色像素数，最后得到对应的 16 个数字，作为裂纹分类的特征。图 6-37 是图像裁剪的流程示意图，为了解决裂纹扩展路径的预测问题，将起点向左、右、上、下四个方向移动，然后对图像进行裁剪，移位像素数定义为步长（此处取值为 2）。

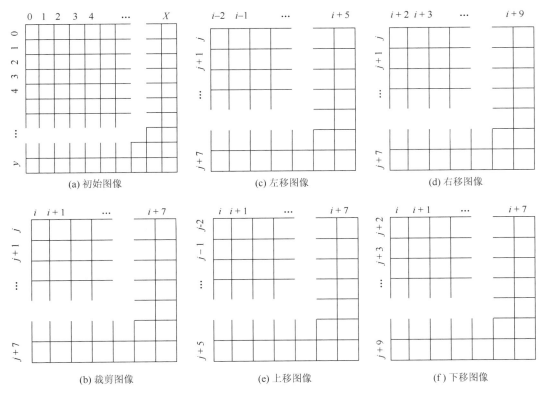

图 6-37　检测数据集创建的示例[30]

随后采用 SVM、KNN、朴素贝叶斯、决策树、随机森林、集成学习和神经网络这 7 种机器学习方法进行检验。经过分类后，有裂纹的区域用正方形、椭圆形和圆形标记，分别表示从中心块、左右块、上下块检测到裂纹。采用一个简单的图像（图 6-38）来介绍裂纹扩展预测算法，通过检查同类标记的递减来确定裂纹分支中的方向变化。例如，在左右裂纹分支的情况下，红色椭圆从两个（左和右））变为一个（左），就意味着疲劳裂纹倾向于向左侧扩展；在上下裂纹分支的情况下，蓝色循环从两个（向上和向下）变为一个（向下），意味着疲劳裂纹扩展趋于向下。

2. 结果分析与总结

基于上述建立的裂纹检测和预测模型，下面介绍相应的疲劳裂纹扩展试验下的荧光响应以及基于机器学习预测疲劳裂纹扩展的结果。图 6-39 为 A2024 铝合金表面

TPE-4N 薄膜在单调拉力作用下的荧光响应。未变形样品表面未观察到明显的荧光，而相对灰度随着施加应力的增加而逐渐增加，不可见的机械应力转化为可见的荧光信号。此外，较高的应力会导致较高的荧光强度。图 6-40 给出了 A2024 铝合金单边缺口试样在疲劳裂纹扩展试验过程中的荧光图像，除图像背景外，初始样本中的荧光信号可以忽略 [图 6-40 (a)]。从图 6-40 (b) ~ (e) 可以看出，荧光出现在疲劳裂纹附近，荧光的扩展伴随着疲劳裂纹的扩展，通过荧光信号可实时监测疲劳裂纹萌生、裂纹扩展路径和长度。

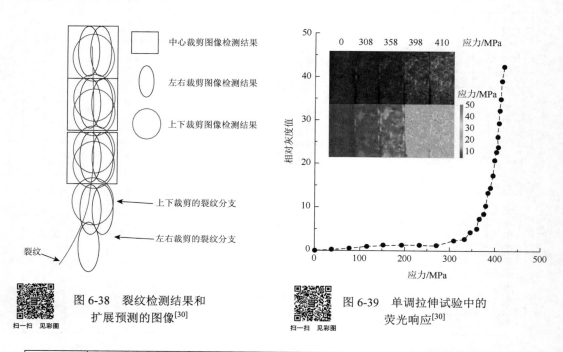

图 6-38　裂纹检测结果和
扩展预测的图像[30]

扫一扫　见彩图

图 6-39　单调拉伸试验中的
荧光响应[30]

扫一扫　见彩图

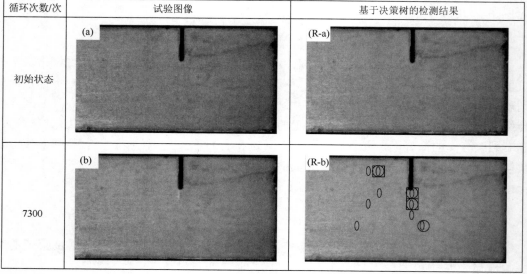

循环次数/次	试验图像	基于决策树的检测结果
初始状态	(a)	(R-a)
7300	(b)	(R-b)

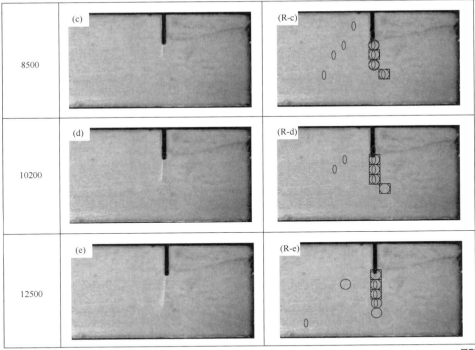

图 6-40　裂纹扩展试验过程中的荧光图像[30]

扫一扫　见彩图

　　将一幅图像分为裂纹部分和非裂纹部分，然后将裂纹裁剪成若干个 32×32 大小的块，并使用左、右、上、下平移进行数据集扩充，以突破裂纹图像的数量限制。最终生成 41 张裂纹和 63 张非裂纹 32×32 大小的图像作为训练数据集。分别采用七个机器学习模型进行裂纹分类，以测量这些模型的准确性，并与之前收集的裂纹数据进行了比较。最终发现决策树是该研究中的最佳模型，而神经网络（NN）和朴素贝叶斯模型中经常发生过拟合，其他模型也经常出现裂纹丢失的情况。因此，研究中将决策树模型作为首选机器学习模型。

　　图 6-40（R-a）、（R-b）、（R-c）、（R-d）和（R-e）显示了不同循环次数下的裂纹检测结果。如图 6-40（R-a）所示，由于图 6-40（a）的目标图像为初始状态，故未检测到裂纹。在图 6-40（R-b）中，图像的中心有两个正方形，在正方形中还标记了若干个椭圆和圆，这意味着在图像的中心存在裂纹。然后在这些痕迹下可以观察到一个椭圆，这说明此时裂纹正在向下扩展。如图 6-40（R-c）所示，在最后一个椭圆后继续观察到两个圆，证明最后的生长路径预测是正确的，裂纹继续向下生长。此外，最后一个椭圆是左椭圆，这意味着裂纹的扩展方向是左下。如图 6-40（R-d）所示，在最后一个椭圆和最后一次循环中增加了一个正方形，也证明了上一次的生长预测是正确的，裂纹继续向下生长。在图 6-40（R-e）中检测到裂纹区域的左侧增加了四个圆，预测趋势与上述一致。

　　裂纹扩展方向和裂纹长度随循环次数的变化如图 6-41 所示，可以发现裂纹的扩展方向与预测一致，并且由于裂纹长度的增加，在 10200 次和 12500 次循环之间的扩展速率最快。这也证明了模型预测的有效性，即循环次数越多，裂纹扩展越大。

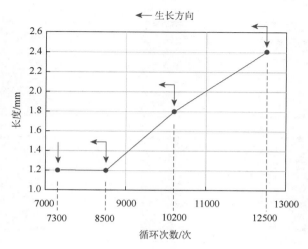

图 6-41　疲劳裂纹扩展预测[30]

　　该案例提出了一种结合计算机视觉和机器学习的疲劳裂纹扩展检测方法。计算机视觉用于数据创建，机器学习模型用于裂纹检测，然后通过计算机视觉分析疲劳裂纹扩展路径和长度。实验结果证明了本方法对疲劳裂纹扩展路径预测的有效性，实现的裂纹长度测量精度为 0.6 mm。此外，决策树更有利于实现实时的裂纹检测。但由于裂纹数据集的不充足和光线的影响，会出现一些检测错误。

6.3.3　融合机器学习和断裂力学的钢结构断裂自动化评估

　　钢结构裂纹的早期检测和评估是指导有效的维护和修复策略以延长结构寿命的关键步骤[35]。近年来，无人机系统（unmanned aircraft system，UAS）和相机技术的进步为基础设施检测提供了高效、准确的图像数据集，由于人工处理海量图像和视频存在局限性，神经网络等机器学习算法已经被应用于从钢结构和混凝土结构的图像中识别裂纹，从而提供比人工视觉检测和数据分析更可靠的结果。现有的大多数针对钢结构的研究只是利用神经网络勾勒出缺陷区域，缺少对裂纹或缺陷的像素级识别，即精确地提取裂纹长度、扭折角和深度等评估结构状态所需的关键信息。为了实现像素级的钢结构裂纹识别，并充分利用机器学习的优势，本节首先开发了一种准确高效的 U-Net 架构，然后介绍了一种高效、自动化的钢结构评估方案，通过集成基于 U-Net 的裂纹检测和基于断裂力学的替代模型来估计应力强度因子 K，最终完成钢结构断裂的自动化评估过程[31]。

　　1. 机器学习模型

　　为了快速准确地识别钢结构中的裂纹，利用开发的 U-Net 网络，从图像中确定钢结构裂纹的像素级位置。U-Net 架构是一种强大的图像分割工具（像素级检测），其结构是对称的，包括一个编码器（卷积层/池化层）和一个解码器（转置卷积层）。来自编码器的层被添加到大小相同的解码器层中，因此编码器的结构决定了解码器的结构。编码器通过卷积和池化来提取图像中的特征，从而减小输入的大小并增加深度。在 U-Net 实现过程中，编码器基于成熟的 VGG-19 CNN 分类器[36]。VGG-19 有 16 个卷积层和 3 个全连接层，由于本节的应用是分割而不是分类，最后三个全连接层被卷积层所取代；此外，为了减小网络规模并提高计算效率，还删除了部分卷积层。在 U-Net 的实际应用中，对各种网络架构进行了系统的测试，以衡量网络隐藏层的效果，重点是评估处理速度和准确性。

最初提出的 U-Net 架构如图 6-42 所示。在 U-Net 中使用的组件（卷积、转置卷积、池化、归一化等）并非独一无二，而是神经网络或 CNN 中的典型组件，但是其架构设计是独创的。卷积是 U-Net 编码器的主要过程，目的是从图像中提取特征并将特征存储在特征图中，进而确定一个像素是裂纹还是非裂纹。在提出的架构中，卷积大小为（3，3），步长设置为（1，1）。激活函数使用修正线性单元（ReLU）来约束卷积的输出，并消除梯度消失问题。在每个卷积块之后都会对特征进行归一化处理，然后使用平均池化来降低特征图的维度。在最后两个卷积块的后面加入了 dropout 层，训练时随机断开 40% 的连接以防止网络的过拟合。在 U-Net 的解码器端，使用带有 ReLU 激活函数的转置卷积技术，将较稀疏的特征图转化为更稠密的特征图。最后，增加一个 SoftMax 层对最终输出进行缩放，使像素的所有类别之和等于 1，其结果表示像素的概率分布情况。

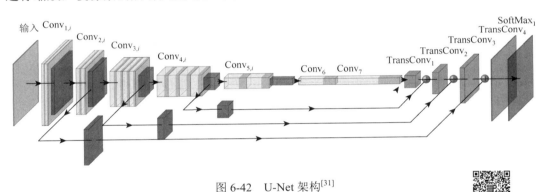

图 6-42　U-Net 架构[31]

注：橙色层为带有 ReLU 激活函数的卷积算子；红色层为平均池化算子；
蓝色层为带有 ReLU 激活函数的转置卷积算子；紫色层为 SoftMax 算子

扫一扫　见彩图

为了进一步提高 U-Net 网络的效率，测试了多种架构的精度和处理速度。通过移除初始网络的层数，构建了不同架构的网络。总共测试了 16 个网络，这里给出了 5 个代表性网络的结果，即 Net1、Net2、Net3、Net4 和 Net5。每个网络使用具有分类交叉熵损失函数和初始参数设置为正态分布的 Adam 优化器进行训练，学习率设置为 0.001，训练过程共进行 201 次迭代，每迭代 5 遍进行一次验证评估，每个 U-Net 的训练时间约为 6 小时。为了进一步降低网络规模和数据存储要求，采用灰度图像［彩色图像的形状为（256，256，3），灰色图像为（256，256，1）］输入相同的网络设计进行了测试和评估。定义了四个指标来确定 U-Net 的准确性能，即准确率、召回率、精确率和 F_1 分数。

准确率定义为

$$acc = \frac{TP + TN}{TP + TN + FP + FN} \tag{6-2}$$

召回率定义为

$$recall = \frac{TP}{TP+FP} \tag{6-3}$$

精确率定义为

$$precision = \frac{TP}{TP + FN} \tag{6-4}$$

F_1 分数定义为

$$F_1 = 2 \times \frac{precision \times recall}{precision + recall} \tag{6-5}$$

式中，TP、TN、FP 和 FN 分别代表真阳性、真阴性、假阳性和假阴性。

具体实施步骤如下：①使用开发的 U-Net 从图像中识别像素级别的裂纹位置；②利用计算机视觉技术从识别出的裂纹中自动提取裂纹的尺寸信息（裂纹长度、扭折角）；③利用线弹性断裂力学获得应力强度因子 K 值数据（可从不同特征裂纹的有限元模拟中提取），建立用于估计应力强度因子 K 的高斯过程（GP）代理模型，具体的介绍参见第 2 章 2.1.1 节；④利用从图像中识别出的裂纹（裂纹长度和角度）的尺寸信息和结构（可采用设计荷载、简化的有限元模型或通过现场监测获得）的名义应力（正应力和剪应力），利用代理模型可以很容易地估计出应力强度因子 K。

工作流程如图 6-43 所示。用户只需要提供一次检查的原始图像（输入 1）和名义应力（输入 2）；所提出的方案根据工作流程自动处理数据，并分别输出裂纹类型 I（张开）和类型 II（滑动）的估计应力强度因子 K_1 和 K_2。所提出的工作流程避开了计算应力强度因子的高保真有限元模型的需要，从而便于在实际中快速简便地应用。该工作流程的主要优点是，它允许检查人员使用数据驱动的机器学习模型，而不是传统的疲劳和断裂专家的技术，来评估钢结构的裂纹模式，并从检查图像中估计裂纹的扩展。利用所提出的工作流程，可以以较低的成本在现场实现关于结构条件、维修和维护的初步决策。

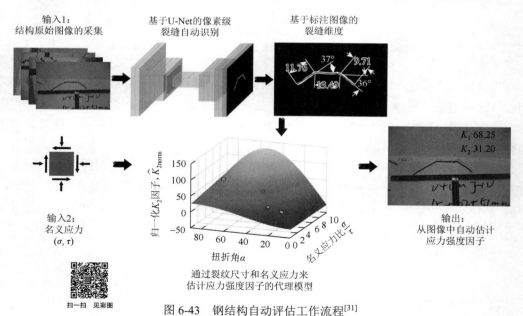

图 6-43　钢结构自动评估工作流程[31]

2. 结果分析与总结

使用训练、验证和测试数据集（数据来源于公开来源）来开发 U-Net，并评估其性能。前两个数据集进行了预标注，第三个数据集为钢裂纹图像（未标记）用于测试。由于这 3 个数据集的来源不同，具有不同的数据捕获技术、相机和分辨率，所以将数据集合并在 U-Net 中使用，证明所提出的 U-Net 的可推广性。

在准备数据集和组装组件完成 U-Net 构建后，对测试的 10 个 U-Net 架构（即 5 个彩色输入和 5 个灰色输入）进行训练。测试的 10 个 U-Net 架构的验证结果（即准确率、精确率、召回率和 F_1 分数）如表 6-6 所示。所有的网络在验证数据集中都表现出了较高的准确性。16-MP 图像的处理时间与参数数量的关系如图 6-44 所示。

表 6-6　测试的 10 个 U-Net 架构验证结果[31]

U-Net 架构	图像颜色	总参数	验证结果			
			准确率	精确率	召回率	F_1 分数
Net1	彩色	77776578	0.9983	0.9984	0.9982	0.9983
	灰色	77775426	0.9975	0.9977	0.9973	0.9975
Net2	彩色	71417922	0.9982	0.9980	0.9977	0.9979
	灰色	71416770	0.9981	0.9982	0.9989	0.9981
Net3	彩色	17012290	0.9985	0.9984	0.9981	0.9924
	灰色	17011138	0.9983	0.9984	0.9984	0.9982
Net4	彩色	11112514	0.9979	0.9982	0.9975	0.9977
	灰色	11111362	0.9977	0.9980	0.9973	0.9960
Net5	彩色	2785986	0.9964	0.9969	0.9960	0.9964
	灰色	2784834	0.9963	0.9970	0.9955	0.9963

通过对上述 U-Net 架构的测试，接下来介绍利用 U-Net 的标记输出图像来获得钢结构裂纹应力强度因子的方法。为了估计 I 型和 II 型的应力强度因子，基于 Melin 等[37] 的分析，使用有限元模型，并考虑四个参数作为模型的输入（图 6-45）：裂纹长度 a、扭折长度 s、扭折角 α 和名义应力比 σ/τ。在图像中识别出钢结构裂纹的像素位置后，从 U-Net 标注的图像中测量出裂纹的尺寸，即上述参数（a，s，α），名义应力比可基于设计荷载或简单的结构分析得到。为了训练替代模型，通过运行不同参数值组合下的有限元模型，构建有限元仿真数据库。替代模型将以上 4 个参数作为输入，预测 I 型和 II 型应力强度因子。

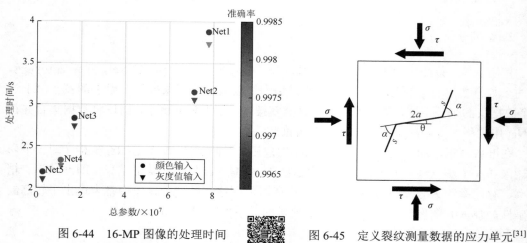

图 6-44　16-MP 图像的处理时间
与参数数量关系[31]

图 6-45　定义裂纹测量数据的应力单元[31]

扫一扫　见彩图

接下来介绍代理模型的训练和验证。通过对通用有限元模型的验证，可以生成包含大范围裂纹尺寸和名义载荷的试样。采用 Latin Hypercube 采样技术对 4 个参数（a，s，α，σ/τ）进行采样。使用数据集的图像找到 s/a 和 α 的范围，并分别设置为 0.01～8.02 和 0～90°，增量分别为 0.008 和 0.09°。应力比 σ/τ 的取值范围为 0.2～10，增量为 0.01。正应力 σ 保持恒定在 50 ksi（1 ksi = 6.895 MPa），剪切应力 τ 由取样应力比反算。由于试验是在线弹性假定下进行的，名义应力比的变化不影响归一化的应力强度因子。由于归一化应力强度因子 K_{norm} 是裂纹长度 a 的函数，初步研究表明，当改变 a 时，K_{norm} 存在约 10% 的平均误差。因此，a 也被采样为 2 in、1 in、0.5 in 或 0.25 in（in 为英寸，1 in = 2.54 cm）。在裂纹长度保持不变，尺寸比 s/a 不变的情况下，每个裂纹长度采集 1000 个试样，变化 s 共计采集 4000 个试样。编写 python 脚本，运行 4000 个二维平面模型，并计算应力强度因子。Ⅰ型和Ⅱ型应力强度因子的输出分别显示在图 6-46（a）和图 6-46（b）的三维散点图中，并保存为应力强度因子数据库，用于代替模型的训练。有限元模型仿真的样本输出如图 6-47 所示的 von Mises 应力。

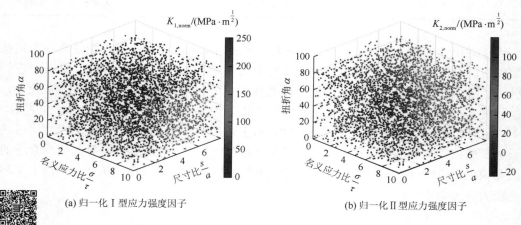

扫一扫　见彩图

(a) 归一化Ⅰ型应力强度因子

(b) 归一化Ⅱ型应力强度因子

图 6-46　应力强度因子与 s/a、σ/τ 和 α 的关系[31]

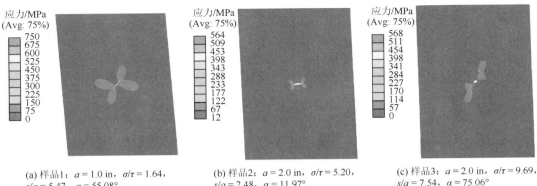

(a) 样品1: $a = 1.0$ in, $\sigma/\tau = 1.64$, $s/a = 5.47$, $\alpha = 55.08°$　　(b) 样品2: $a = 2.0$ in, $\sigma/\tau = 5.20$, $s/a = 2.48$, $\alpha = 11.97°$　　(c) 样品3: $a = 2.0$ in, $\sigma/\tau = 9.69$, $s/a = 7.54$, $\alpha = 75.06°$

图 6-47　　von Mises 应力[31]

扫一扫　见彩图

定义输入参数并建立最终的应力强度因子数据库后，使用该数据库训练代理模型。采用具有二阶回归模型和高斯相关函数的 Universal GP 进行训练。选择 GP 模型的原因是因为它对插值的鲁棒性，可以估计与每次预测相关的不确定性。使用 MATLAB 中的 DACE 工具箱来构建 GP 模型。为了检验所建立的 GP 模型的预测准确性，生成了包含 500 个样本的独立验证集。为了衡量 GP 模型的性能，在验证集上测量了两个指标，即基于 Jia 和 Taflanidis[38]提出的决定系数 R^2 和平均百分比误差 ME。

$$R^2 = 1 - \frac{\text{SSE}}{\text{SST}} \tag{6-6}$$

$$\begin{cases} \text{SSE} = \sum_{p=1}^{N}(y_p - \hat{y}_p)^2; \\ \text{SST} = \sum_{p=1}^{N}\left(y_p - \sum_{p=1}^{N}\frac{y_p}{N}\right)^2 \end{cases} \tag{6-7}$$

$$\text{ME} = \frac{\sum_{p=1}^{N}\left|y_p - \hat{y}_p\right|}{\sum_{p=1}^{N}\left|y_p\right|} \tag{6-8}$$

式中，$\hat{y}_p$ 为模型的估计值；y_p 为第 p 个有限元模型模拟的真实值。每个指标均可在两个应力强度因子 K_1 和 K_2 上取平均值，相应的指标表示为 R^2 和 ME。对于决定系数 R^2，值接近 1 表示 GP 模型的性能更好，而对于平均百分比误差 ME，值接近 0 表示性能更好。

为了确保代理模型对各种板单元结构的适用性，进行了 4000 次有限元分析以生成训练数据集，旨在包括各种尺寸的钢结构裂纹和加载情况，以全面涵盖不同工程应用中发现的钢结构断裂情况。使用这 4000 个样本对 GP 模型进行训练，然后额外开展 500 个有限元分析来生成用于模型验证的独立数据集。利用该验证数据集对 GP 模型的有效性进行验证，结果显示 R^2 为 0.99998，ME 为 0.23%。 I 型和 II 型应力强度因子的真实值与预测值的关系，以及每个模式的决定系数 R^2 和平均百分误差 ME 如图 6-48 所示。图 6-49 给出了 GP 模型的模式 Ⅰ 型和 Ⅱ 型应力强度因子的三维曲面图。为了绘制 GP 模型，将 s/a 设置为 7.66，将具有相同 s/a 的 4 个测试数据点用灰色显示。

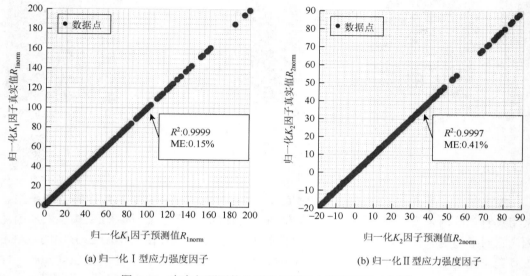

(a) 归一化 Ⅰ 型应力强度因子　　　　　　　　　(b) 归一化 Ⅱ 型应力强度因子

图 6-48　真实与预测的 Ⅰ 型和 Ⅱ 型应力强度因子对比[31]

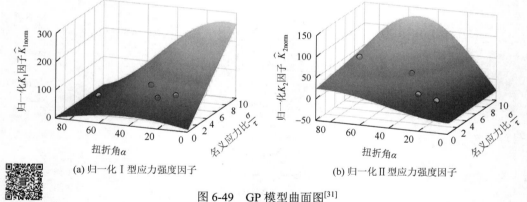

(a) 归一化 Ⅰ 型应力强度因子　　　　　　　　　(b) 归一化 Ⅱ 型应力强度因子

图 6-49　GP 模型曲面图[31]

　　本节所介绍的基于 VGG-19 分类器的 U-Net 架构可以自动识别钢结构裂纹并估计 Ⅰ 型和 Ⅱ 型应力强度因子。在具有多种 U-Net 架构的测试数据集中，即使在不同的尺度和分辨率下，裂纹的识别准确度依然很高。U-Net 相比于现有网络的优点包括：①U-Net 不需要任何后处理；②对各种网络架构进行了系统测试，使用户能兼顾精度和效率的平衡；③适用于各种裂纹外观（直的、弯曲的、双线性的、锯齿形的、焊缝上的、构件上的、干净的、污染的等），在识别图像中的像素级裂纹位置时均取得了良好的性能。同时也证明了代理模型可以利用裂纹的像素级位置信息来预测钢结构内部的断裂。在已知应力强度因子的情况下，检测人员可以知道裂纹的主导模式，能更好地预测和评估裂纹扩展的稳定性，从而以快速和准确的方式做出数据驱动且更有根据的维修和维护决策。

本节介绍了机器学习在结构断裂预测中的应用，聚焦于裂纹扩展路径和断裂行为的预测。首先，通过卷积神经网络和深度神经网络，研究了材料微观结构、缺陷形貌及加载条件对裂纹扩展的影响。实验中，模型在不同加载条件下成功预测了聚合物和增材制造金属结构中的裂纹扩展路径，预测误差控制在合理范围内，体现了模型对复杂裂纹扩展行为的良好适应性。此外，模型能够对断裂位置进行准确定位，尤其在增材制造结构的断裂分析中表现优异。本节还提出，未来可以通过结合多尺度建模和机理驱动的机器学习方法，进一步提升断裂性能预测模型的准确性和应用广度。

6.4　本　章　小　结

本章主要介绍不同机器学习方法在固体结构变形、疲劳和断裂分析中的应用，涉及复合材料工艺诱导变形、加筋板三维变形和梁屈曲预测、增材制造缺口试样疲劳寿命预测、薄膜弯曲疲劳寿命预测、高强度螺栓疲劳寿命预测、混凝土裂纹扩展预测和钢结构断裂自动化评估等。机器学习在处理复杂因素影响下的固体结构变形、疲劳和断裂问题时，在预测精度、实时性和自适应性等方面均展现出了优势，为结构分析和性能预测提供了有效的分析手段。然而，这些应用主要针对某个具体的工程问题，其适用性、规范性、数据来源可靠性等方面还值得深入研究。

参 考 文 献

[1]　Fan S J，Zhang J M，Wang B，et al. A deep learning method for fast predicting curing process-induced deformation of aeronautical composite structures[J]. Composites Science and Technology，2023，232：109844.

[2]　Oh S，Jin H K，Joe S J，et al. Prediction of structural deformation of a deck plate using a GAN-based deep learning method[J]. Ocean Engineering，2021，239：109835.

[3]　Lew A J，Buehler M J. DeepBuckle：Extracting physical behavior directly from empirical observation for a material agnostic approach to analyze and predict buckling[J]. Journal of the Mechanics and Physics of Solids，2022，164：104909.

[4]　Al-Dhaheri M，Khan K A，Umer R，et al. Process induced deformations in composite sandwich panels using an in-homogeneous layup design[J]. Composites Part A：Applied Science and Manufacturing，2020，137：106020.

[5]　Bogetti T A，Gillespie J W Jr. Process-induced stress and deformation in thick-section thermoset composite laminates[J]. Journal of Composite Materials，1992，26（5）：626-660.

[6]　Maleki E，Bagherifard S，Sabouri F，et al. Effects of hybrid post-treatments on fatigue behaviour of notched LPBF AlSi10Mg：experimental and deep learning approaches[J]. Procedia Structural Integrity，2021，34：141-153.

[7]　Kishino M，Matsumoto K，Kobayashi Y，et al. Fatigue life prediction of bending polymer films using random forest[J]. International Journal of Fatigue，2023，166：107230.

[8]　Zhang S J，Lei H G，Zhou Z C，et al. Fatigue life analysis of high-strength bolts based on machine learning method and Shapley Additive Explanations（SHAP）approach[J]. Structures，2023，51：275-287.

[9]　Maleki E，Bagherifard S，Guagliano M. Application of artificial intelligence to optimize the process parameters effects on tensile properties of Ti-6Al-4V fabricated by laser powder-bed fusion[J]. International Journal of Mechanics and Materials in Design，2022，18（1）：199-222.

[10]　Yadroitsev I，Smurov I. Surface morphology in selective laser melting of metal powders[J]. Physics Procedia，2011，12：264-270.

[11]　Maleki E，Unal O. Fatigue limit prediction and analysis of nano-structured AISI 304 steel by severe shot peening via ANN[J]. Engineering with Computers，2021，37（4）：2663-2678.

[12] Maleki E, Mirzaali M J, Guagliano M, et al. Analyzing the mechano-bactericidal effect of nano-patterned surfaces on different bacteria species[J]. Surface and Coatings Technology, 2021, 408: 126782.

[13] Sauer J A, Richardson G C. Fatigue of polymers[J]. International Journal of Fracture, 1980, 16 (6): 499-532.

[14] Liu Y, Guo B R, Zou X X, et al. Machine learning assisted materials design and discovery for rechargeable batteries[J]. Energy Storage Materials, 2020, 31: 434-450.

[15] Tu K H, Huang H J, Lee S, et al. Machine learning predictions of block copolymer self-assembly[J]. Advanced Materials, 2020, 32 (52): 2005713.

[16] Jin K, Luo H, Wang Z Y, et al. Composition optimization of a high-performance epoxy resin based on molecular dynamics and machine learning[J]. Materials & Design, 2020, 194: 108932.

[17] Taffese W Z, Sistonen E. Machine learning for durability and service-life assessment of reinforced concrete structures: Recent advances and future directions[J]. Automation in Construction, 2017, 77: 1-14.

[18] Qiu B, Yang X, Zhou Z C, et al. Experimental study on fatigue performance of M30 high-strength bolts in bolted spherical joints of grid structures[J]. Engineering Structures, 2020, 205: 110123.

[19] Yang X, Lei H G, Chen Y F. Constant amplitude fatigue test research on M20 high-strength bolts in grid structure with bolt–sphere joints[J]. Advances in Structural Engineering, 2017, 20 (10): 1466-1475.

[20] Shen Y, Feng X, Lei H. 2022. Experimental study on constant amplitude fatigue behavior of M20 high strength bolts used in pretension of prefabricated steel structures[J]. Taiyuan Univ. Technol, 53: 308-314.

[21] Wang Y. The Fatigue Analysis And Experimental Research on M22 High-Strength Bolt in Grid Structure with Bolt Sphere in Service[D]. Taiyuan: Taiyuan University of Technology, 2015.

[22] 张健, 黄文鹏, 周子淳, 等. 装配式钢结构建筑中 M24 高强度螺栓常幅疲劳设计方法的建立[J]. 太原理工大学学报, 2020, 51 (5): 737-742.

[23] Zhang J. Experomental and Theoritical Study on Fatigue Properties of Tensile Connections of M24 Torsional Shear Type High Strength Bolts[D]. Taiyuan: Taiyuan University of Technology, 2021.

[24] Tian S. Fatigue Analysis and Experimental Verification of M27 High-strength Bolt in Bolt Sphere Trusses in Service[D]. Taiyuan: Taiyuan University of Technology, 2015.

[25] Lei H. The Theoretical and Experimental Research on Fatigue Performance of High Strength Bolt Connection in Grid Structure with Bolt Sphere Joint[D]. Taiyuan: Taiyuan University of Technology, 2008.

[26] Yang X. 2017. The Theoretical and Experimental Research on Fatigue Performance of M30 and M39 High Strength Bolts in Grid Structures with Bolt Sphere Joints[D]. Taiyuan: Taiyuan University of Technology, 2017.

[27] Zhou Z C, Lei H G, Qiu B, et al. Experimental study on fatigue performance of M60 high-strength bolts with a huge diameter under constant amplitude applied in bolt–sphere joints of grid structures[J]. Applied Sciences, 2022, 12 (17): 8639.

[28] Lundberg S M, Lee S I. A unified approach to interpreting model predictions[C].Proceedings of the 31st International Conference on Neural Information Processing Systems, New York, 2017: 4768-4777.

[29] Bayar G, Bilir T. A novel study for the estimation of crack propagation in concrete using machine learning algorithms[J]. Construction and Building Materials, 2019, 215: 670-685.

[30] Zhang L, Wang Z C, Wang L, et al. Machine learning-based real-time visible fatigue crack growth detection[J]. Digital Communications and Networks, 2021, 7 (4): 551-558.

[31] Perry B J, Guo Y L, Mahmoud H N. Automated site-specific assessment of steel structures through integrating machine learning and fracture mechanics[J]. Automation in Construction, 2022, 133: 104022.

[32] Metropolis N, Sharp D H, Worlton W J, et al. Frontiers of supercomputing[M]. Berkeley: University of California Press, 1986.

[33] Zhu M L, Jin L, Xuan F Z. Fatigue life and mechanistic modeling of interior micro-defect induced cracking in high cycle and very high cycle regimes[J]. Acta Materialia, 2018, 157: 259-275.

[34] Fan R, Bocus M J, Zhu Y L, et al. Road crack detection using deep convolutional neural network and adaptive thresholding[C].

2019 IEEE Intelligent Vehicles Symposium(Ⅳ)，Pairs，2019：474-479.

[35]　Mahmoud H N，Riveros G A，Memari M，et al. Underwater large-scale experimental fatigue assessment of CFRP-retrofitted steel panels[J]. Journal of Structural Engineering，2018，144（10）：4018183.

[36]　Simonyan K，Zisserman A. Very deep convolutional networks for large-scale image recognition[EB/OL].[2023-12-25]. http://arxiv.org/abs/1409.1556.

[37]　Melin S. Which is the most unfavourable crack orientation?[J]. International Journal of Fracture，1991，51（3）：255-263.

[38]　Jia G F，Taflanidis A A. Kriging metamodeling for approximation of high-dimensional wave and surge responses in real-time storm/hurricane risk assessment[J]. Computer Methods in Applied Mechanics and Engineering，2013，261：24-38.